U0924672

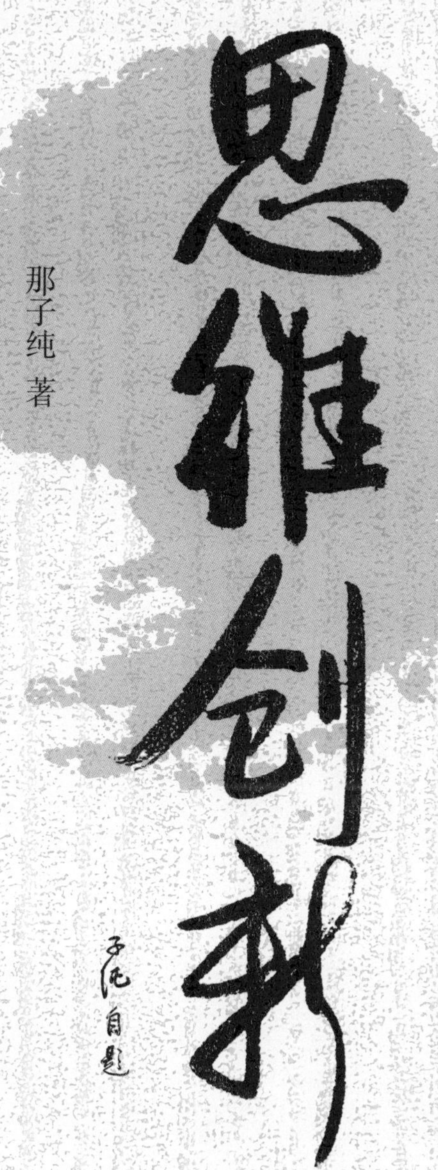

思维创新

那子纯 著

中国人民大学出版社
·北京·

序一

与作者相识二十余年，交往颇深，若说相知，亦不为过。从道理上讲，为《思维创新》这样的书作序，本应以学术评价为主，但自知功力不足，难以从更高角度或更深层次解读作者的思想。好在自己亲身经历了书成始末，大略记之，或许可以为读者提供一个新视角。

作者任大庆石油管理局党委组织部副部长时，两个规定动作必做：其一，一项工作完成后，必须集体总结；其二，外出培训考察，所闻、所见、所想，必向团队汇报。经验教训、信息知识，团队内都要共享。2006 年，作者到北大培训三个月，期间和随后一段时间，陆续给我们讲了几次收获和体会，系统化之后，在油田一些培训班上做了多场专题讲座，《思维创新》从一篇讲义，几经完善，逐步成为一本受人欢迎的专著。

坦率地讲，从作者第一次讲座到《思维创新》第一次出版，我始终是两种心态并存：一是震撼，二是疑惑。震撼也好，疑惑也罢，都源于观念上的碰撞、思想上的冲击。以我的直觉来判断，相信会有一批读者与我感同身受：有些观点精妙绝伦，让人豁然开朗，而有些观点则颠覆了我们固有的常识，它们究竟是对是错？

这几年，我多次翻阅《思维创新》，渐渐地，我感到就观点谈观点是消化不了《思维创新》的。无论是震撼，还是疑惑，甚至是自己目前还不能接受的观点，都给了我很多启示与帮助，原因何在？思来想去，我最终的答案是——在于实践！作者从来都是从实践的角度来看问题的，经世致用，这是他一以贯之、从不动摇的立场。就《思维创新》来讲，三个方面的特征是非常明显的：

第一，这本书的源头是实践，是基于企业管理实践的思考。我始终认为，本书的作者不是学者，而是一个实践者（以我的标准也可以称为实践家）。尽管《思维创新》大量引用了专家学者的观点，但根本上讲，引发他思考的，还是实践。这里所说的实践，一方面来自他直接从事的工作，另一方面来自油田广大管理者的实践，来自他在干部考核中对企业管理者及其管理活动的深入了解、持续观察与价值判断。比如，书中所讲的思维创新的第一个取径——“超前的思维”，以及第五个取径——“敏锐的思维”，最初都是在干部考核工作中提出来的。当时他强调的是，直觉是职业能力的重要组成部分，识人要培养直觉，敢于假设。有人会讲，这不是先入为主吗？准确来讲，“先入”是一定的，但不一定“为主”，直觉、假设仅仅是第一步，接下来要做的，就是长期地、全面地、深入地求证，不断地修正，这样才能在考核实践中把“点”上的突破与“面”上的认知结合起来，久而久之，识人的能力，包括识人的效率与深度，就都能提高起来。当年李鸿章请曾国藩在用人上帮助把把关，一走一过之间，曾国藩即断定某人不可用，某人适合做军需，某人适合带兵。这个适合带兵的人，就是后来在危难之际担任台湾巡抚的刘铭传。这种迅速的判断是什么，我们只有称之为直觉。直觉一定是人人有的，做到准确，才是能力。我认为，对很多职业或事业而言，灵敏、准确的直觉，一直是一种非常必要而又非常稀缺的能力。书中所讲的第八个取径——“如水的思维”，最初也是在十部考核中提出的，只不过最初讲的是“谈”无定式。一般而言，考核谈话需要一定经验和技巧，但最大的技巧是没有技巧，能够赢得别人的信任，胜过所有的技巧。这其实是需要我们从修德做起，无厚德则无以载物，对方认为你是一个可以信赖、可以依靠的人，自然会对你讲真话。实际上，这本书中的绝大多数观点，都能在实践中找到类似的影子，可以说，它是作者对多年来实践的一次系统梳理和总结，当然也是一种升华。

第二，这本书的指向是实践，直接触及企业管理中的具体问题。所谓文如其人，正像作者在思维创新第二个取径——“实际的思维”中所倡导的那样，他本人的的确确就是一个具有强烈问题意识的人。我们常讲，要善于发现问题，但对于作者来讲，这样说，程度明显不够。实际工作中，他不是发现问题，而是时刻在挖掘问题。对任何一项工作，他都在不停地想：问题在哪儿？他不仅相信问题的存在，更相信问题是可以解决的。即便是开一个无关紧要的会，别人走神儿，他也在考虑这个会怎么开才能开出效果来。他是一个对所有实践都感兴趣的人，从根本上讲，他的思考不是为了学术，而是为了实践。比如他在书中讲，“学历教育对企业来讲，远不如培训重要”，事实上，自从他意识到学历培训对企业培训资源的浪费后，就一直在推进淡化学历培训的实践，特别是任高级人才培训中心主任后，仍在推进这项工作——要知道，学历培训也是高培中心的一个重要收入来源，淡化了学历培训，等于加大了高培中心的经营难度。再如，书中多次讲到内训师队伍建设，于他来讲，不是原则性的倡导，而是长期不懈的实践，他在这方面的付出，至少在我所认识的人中是无人可比的。本书讲的是思维，于我看来，本质上讲的都是实践。

第三，这本书的逻辑是实践，主张按照实用管用而不仅仅是理论上正确的方法解决企业管理中的问题。与作者稍熟的人都知道，他最讨厌的就是绝对正确而绝对无用的观点。尽管作者在书中系统阐述了创新的初始性、科学性、应用性、人文性、相对性，但核心的思想还是应用性，所谓“企业管理不是科学，只是实践，并且全部是实践”，“学习就是实践”，“‘做实’了就是功夫”等等，他所强调的，都是用实践自身的逻辑去解决实际问题。举一个本书之外的例子，或许能更有助于理解作者的思想。一次，他列举了我的一些缺点，然后说："如果你认为自己有这些问题，你就去改；如果你认为自己没有这些问题，你要反思：为什么会给别人这样的印象？只有这样考虑问题，对自己才有帮助。"我当时很震惊，怎么可以这样想问题，太主观、太绝对、太苛刻了吧？然而，静下来越想越觉得有道理：要改变别人的评价，只有改变自己，至少要改变我们影响别人的方式，这就是我们工作的逻辑、生活的逻辑。当然，我们也可以不去这么做，但是一旦它成为某种特定职业的特定需要，从业者就必须这样去想、这样去做。可以想象得到，书中的很多观点，可能让我们很不舒服，但它们能启发我们正确地思考，能让我们刻骨铭心，更能让我们受益。

还有一条更为关键，就是《思维创新》开篇讲到的，"原创的价值不尽在于其正确性"，那么价值在哪儿呢？我认为，原创的价值，更主要是在于对实践的推动。《大国崛起》是这样叙述哥伦布发现新大陆的：为了开辟与印度的海上贸易通道，当时的第一强国葡萄牙的策略是越过好望角，经非洲向东航行。哥伦布提出，向西航行也能很快到达东方。然而这个建议遭到长达六年的冷遇，航海知识丰富的葡萄牙专家们认为：向西航行到达东方的实际距离，将远远超过哥伦布的预测。这是一个非常正确的判断，但正是这个正确的判断，使葡萄牙丧失了一次历史性的机遇，将哥伦布"送"给了西班牙。更让人感慨的是，哥伦布至死都认为他到达了印度，而事实上，他到达的既不是印度，也不是东方的任何一个国家，而是一块欧洲人从来都不知晓的新大陆。严格来讲，哥伦布"正确"过吗？然而正是他完成了有史以来最伟大的地理大发现。

这也许就是原创的价值吧！

谭成庄

2013年10月7日

再版序言

这是一本大庆油田企业“内训”的讲稿，现在仍是。不同的是，自2006年以来无数次的讲授不断丰富着一些内容，特别是新增加了整整一个章节的“工作者的六种思维”；还有就是这门课程在大庆油田外部企业也获得好评，已经成为一门企业“内训”的精品课程。

我注意到，近些年来终于有越来越多的人在谈思维方式的问题，或结合思维方式来谈创新的问题，但遗憾的是专门论述这些问题的著作仍然鲜见。所以，当中国人民大学出版社王海龙编辑提出再版的时候，我觉得这真的是一件好事情，尽管自己工作繁忙也还是承担了较为繁杂的修改工作。

那子纯

2013年10月5日于大庆油田

原版序言

这是一本直接以企业“内训”讲稿的面目出版的、严格来讲尚不能称之为著作的出版物——尽管这样也并不能算作“述而不作”。

之所以要强调这一点，是因为本讲稿中的许多观点并非从学术研究角度提出的观点，所选的案例亦非严格精心挑选的案例，引用的言论更没有经过多方查证。一方面，我觉得用于企业“内训”不需要精确到那个程度；另一方面，我本人也实在没有那个兴趣和时间。

我在本讲稿中一再强调：企业管理不是科学，只是实践，并且全部是实践。既然我所讲述的只是从实践中得来的认识，那么其科学性也就不是我要十分关注和格外追究的了。

本讲稿由我自己作序，是因为我不忍心也不需要他人费力地阅读一遍讲稿，再义务地说几句恭维的话或者根本就没有阅读讲稿却违心而好意地说几句恭维的话——何况这恭维未必贴切和到位。

名人出书，向为我所疑忌。但出版本讲稿，我却全无顾忌——这倒并非因为我不是名人，而是全出于一片有益公众的热忱，以及对本讲稿具有的原创价值、实用价值的自信。

少不得要在这里略述一下本讲稿的由来：

第一，国有企业的培训，到了非抓“内训”不可的阶段了。特别像我们大庆石油管理局这样的特大型国有企业，以石油天然气勘探开发为主营业务，既有钻井、采油、科研、化工、基建，又有机械制造、矿区建设、水电信保障、文教卫生等行业，没有自己的“内训师”、光凭花钱外请教授来授课，是绝对不可以的——缺乏实用性和针对性，不会产生多少实际效果。所以2006年初负责企业培训工作后，我决心抓“内训师”队伍建设，并带头尝试着做“内训师”，想通过亲身体验来探索建设企业“内训师”队伍的路子。

第二，诚如我在讲稿中所说的，自己参加工作20年，最大的体会是：创造性地工作是一切工作的本质要求和最高境界，而思维的创新是一切创新的基本特征和根本途径。这方面自己的体会很多，急切希望能与大家交流和分享。

于是，就在2006年的9月8日，我在大庆局物业集团园林绿化公司进行了首场思维创新讲座。之后接连在全局组织部长培训班、高级人才培训中心、昆仑集团、大庆局2007年度青年干部培训班、文化集团、创业集团等单位进行了此类讲座，每次反响都很好——至少是“内训”效果突出意义上的好。

我的目标是：再用三到五年时间，建设一支讲授内容能够涵盖大庆局主要业务的“内训师”队伍，在经营管理、专业技术和技能操作层面，有效而出色地完成企业大部分的培训任务。

我盼望着企业“内训”成熟后，可以向石油石化系统推介“内训”的精品课程，甚至在大庆承办全国企业的培训项目。我想，以大庆油田的这些精品课程，以大庆油田“铁人纪念馆”、“历史陈列馆”、“石油科技馆”、1205钻井队等传统教育基地，以大庆周边的湿地、自然保护区和五大连池等自然风光，作为承办培训的特色元素，办好油田外部企业的培训项目是没有问题的。

可能的话，今后可以通过模拟培训公司的形式进行劳务输出。我想，像讲大庆精神和铁人精神、“两论起家”基本功、油田企业思想政治工作这样的课，石油石化系统内部不可能有比我们讲得更好的，我们也没有理由讲不好，我们更没有理由不讲——因为我们义不容辞地担当着传承大庆精神、铁人精神的重任。还比如讲集团化运作、专业化管理、基层建设、企业的安全和稳定、大庆油田企业管理特色、扁平化与流程再造、市场拓展、钻采技术、科技创新这样的课程，我们都有很多体会和宝贵的经验可讲。

我的思维创新讲座受到学员如下评价："案例多，效果好"、"应当给各级领导干部都讲一讲"、"很难听到这样的课，希望能多听到这样的课"、"非常生动又发人深省"、"信息量大，观点新，思考有深度，表述清晰，案例翔实，大家听得意犹未尽"、"讲得非常好，很有哲理，看得出是精心准备的，但又是挑精华讲的，大家没有感到疲倦"、"深刻而多彩"、"耳目一新，没有听够，很有底蕴，内容与形式都是创新，比从高校请来的教授讲得还好"、"切入点把握得准确，概念解释得清晰透彻，观点独到而新颖，案例很符合实际"、"听教授讲课感觉就是传授知识，听您讲课感觉就是在用心传递一种责任感"，还有人总结出六个特点："思辨性、深刻性、实用性、启发性、冲击性、原创性"。

课后大家也反映了一些问题："内容较多，显得时间不够充分，没有展开讲透"、"跳跃性较大，观点与观点之间显得不太连贯和系统"、"不太好理解，有点儿抽象，听不太懂，有点跟不上"。

这样的评价无论准确恰当与否，作为序言是再合适不过的了。

2007年9月27日

目　　录

一、思维创新的由来

对思维创新这个问题，近些年我一直比较感兴趣。特别是结合企业里遇到的实际问题，曾经做过深入的思考。我总的感觉是：一切战略和执行问题，归根结蒂，其实首先都是思维的问题。我们不妨回想一下：我们在工作中遇到的问题，不管是什么样的问题——战略问题、政策问题、执行问题、方法问题，甚至技术问题，是不是首先都是思维的问题？也就是“采取什么方式进行思考”的问题？

我相信：从工作中抽象出来，再还原到工作中去，这是一切学问最好的循环方式。工作中得来的东西，是真正属于自己的东西，是比从书本中得来还要宝贵得多的东西。所以，我为什么要研究思维创新这个问题？简单地说，全由工作得来。也就是说，自己是在工作中受到了启发、进行了抽象，回过头来想把这种启发与抽象再应用到工作中去，并且通过“内训”的形式分享出来，也是希望能对更多的人有所启发和帮助。

在我以往听过的讲座中，很少有专门讲思维这个问题的，在图书馆或书店里也很少看到这方面的专著——少量的专著也都是过于技术性或故事性的分析，因此也就难以为我的这些思考找到佐证。不过那也没有关系，毕竟这些思考是我的真情实感。真情实感总是有价值的，这种价值当然不是单指学术意义上的价值。下面，我只是对这些“真情实感”进行一次总结式的交流。况且“佐证”并没有太多的意义，尤其在讲创新这个问题的时候。这里要给大家分享的内容是我仅基于企业行为的“原创性”的见识、“原生态”的思考，尚未来得及精细研磨，不一定正确或精确，仅供参考。交流的方式，是直接提出自己的观点，再辅以案例进行说明。所以，本讲座实在不能算是严谨的授课，我只是把自己在学习和工作中产生的一些想法积累并梳理出来，与大家共同探讨思维创新这个话题。

1. 变化的客观性与主观性

世界是变化的。有人说，这世界“唯一不变的，就是变”。我觉得，变是绝对的，不变是相对的。变化是宇宙运行的“铁则”，甚至不变也只是变的一种表现形式。

过去恐怕很多人通常总是固化地以为：变化是客观的事情，是“不以人的意志为转移”的事情。其实不尽然。为什么这么说呢？因为今日世界之变化，恐怕已经愈来愈是一个主观的事情了。也就是说，随着时间的推移，世界发展到今天这样一个充满竞争的时代、一个高科技的时代、一个能让水稻含有深海鱼类基因的时代，变化已经不尽是客观的事情，而愈来愈是一件主观的事情。且不说人类社会，甚至自然环境的变化，也愈来愈是一个主观的结果。我们看到，自然界的很多变化，往往就是由人类造成的：专家说地球正在变暖——所谓温室效应，酸雨、赤潮增多，臭氧层遭到越来越严重的破坏，野生动物等许多物种在消失，沙尘暴、土壤沙化等日益加剧。人类给这个星球、给这个世界施加的变化和影响越来越巨大而深刻，并且似乎不可阻挡。据说美国有了征服火星的庞大计划，通过改造火星的地表温度、制造大气层、促使降雨，使火星适合人类居住。从火星上发回的照片来看，的确似有洪水冲刷过的痕迹，很可能火星曾经是一个繁衍过生命的星球。数十年来，核战争、核泄露一直威胁着地球。可以说，人类已经拥有毁灭自己的绝对力量。

2. 知变、应变与求变

在这个竞争的时代，人与人之间、组织与组织之间、企业与企业之间、民族与民族之间、国家与国家之间、地区与地区之间，互相施加的影响比以往任何一个时期都更为严重和严峻。所以，变化已经更多地不再是什么客观的事情，变化已经越来越体现出明显而深刻的主观性。这种主观性，本质上就是竞争性。可以说，对现代社会而言，变化的本质就是竞争。

所以，我们要努力达到三个境界：第一，知变，也就是了解变化、预见变化；第二，应变，就是接受变化、应对挑战；第三，求变，就是创造变化、争取主动。

知变、应变与求变应成为实践中的本能

既然变化已经越来越是一件主观的事情，变化意味着竞争，那么对我们“生存者”来讲，知变、应变、求变不仅应成为行动化的理念，更应成为实践中的本能。这从人类社会的发展进程当中就能够得到充分的印证。知变、应变、求变，首先关乎生存，其次关乎发展。当然，生存与发展是同一回事——不存在没有生存的发展，也不存在没有发展的生存。对企业来讲，市场是瞬息万变的。在市场行为中，此方求变，他方即需要应变；他方应变之后，反过来对此方又意味着将面临新的变化和挑战。于是市场竞争循环加剧，变化无穷，且将不断升级。我们现在所处的这个时代——21 世纪，尤其是个剧变的世界。西方工业革命后——特别是近百年来，世界呈现的就是这样一个剧变的特征。比如说现代快节奏的生活，就是一个明显的变化。这种变化反映在人们生活的方方面面。反映在人们的心理上，就是很普遍的心浮气躁、急功近利的“症状”，有“一夜暴富”的心态，经济犯罪相对刑事犯罪在增多。生存压力在加大，有的人因精神压力过大患上了失眠症，患抑郁症的人在增多——相应地，社会上心理医生这个行业开始“吃香”。这种快节奏的生活反映在人们的饮食上，则是速食产品类型的增加。人们对超市的依赖是空前的。超市里既有称好斤两、标明价格的蔬菜，又有洗净、切

毕、组合好、配齐佐料的半成品菜肴，买回去一炒就得。更有肯德基、麦当劳、华裔日本人安藤百福发明的泡面——这些虽然被很多人称为“垃圾食品”，但许多人照吃不误，就图一个快、省事。快节奏的生活反映在文化形态上，甚至形成“快餐式”文化产品。比如电影、电视、歌曲，甚至文学作品，都越来越多地带有消费性的商业色彩。人们创作这些文化快餐产品，只求一次性消费，不求艺术地恒久地留给后人欣赏。更为严峻的是：这已经成为现代人的一种文化消费方式，甚至是审美习惯。泡面、泡网、泡吧、泡妞儿，连经济都“泡沫”，以至于“泡”成为一种文化，什么都要速成。“泡”也有无聊地消磨时光以及玩世不恭的意思，成为某些群落的一种生活形态。“泡”文化，也算本世纪一大特征。

我们都知道“物竞天择，适者生存”的道理。我们每个人都身处变化的洪流或漩涡当中。我们的老祖先作的《周易》，是很了不起的一本书，被称为“诸经之首”，思想方法很独特，对世界的阐释很有创造性。孔子说：“加我数年，五十以学易，可以无大过矣。”这个评价极高。也许有人会说《周易》太艰深了，非专家莫解。其实，“百姓日用而不知”。一切哲学思想，在百姓那里，都是浅显易懂的道理。只是这些道理往往是以俗语、古谚、笑话或民间故事的形式传承的。这个“易”，就是“变化”的意思，也是“生”的意思，“周”则是“到处都在”的意思。“周易”二字的意思就是“生生不已，无处不在”。也有人说“周”是“周期”、“循环”的意思，我认为不够贴切。说“周”是“周朝”更不对了。从“矛盾论”的角度讲，有“变”就要有“应变”，这是必然的一对矛盾。怎么应变？当年三星集团总裁李健熙提出“变化先从我做起”的口号，还讲了一句话，这句话在整个亚洲都很有名：“除了老婆、孩子，一切都要变。”他是在三星集团面临严峻挑战的时候，上任伊始就说出这番话的——他在对经理们持续吼叫的九个小时中痛击了当时三星的顽症。所以说，应变首先是内心的一种痛彻的、警醒的心理变化。也就是说，应变首先是一种认识的问题、态度的问题。

知变、应变、求变的本质就是提升核心竞争力

如果说变化的本质是竞争，那么知变、应变、求变的本质就是打造和提升核心竞争力。具体说，知变的本质就是学习，应变的本质就是实践，求变的本质就是创新。这也是达到知变、应变、求变这三个境界的根本途径。下面，我就重点说说这三个问题。

知变之道，在于学习

了解变化，既是一个感知的过程，又是一个学习的过程。预见变化，则是对感知能力和学习结果的检验。应该说，一切预见皆源于认知，而认知则必须从感知和学习开始。对学习的重视，可说是古往今来、古今中外的一等见识。卡尔·李卜克内西说："学习，学习，这是马克思向我们发出的至高无上的命令。"他说，有时他被马克思注视一眼，都会不由自主地感受到马克思仿佛在督促他要加倍地努力学习。毛泽东逝世前几个小时还在学习，这是怎样的一种对待生命的态度和对人生价值的认识！今天这个时代，就是个学习的时代。不学习就要落后，甚至无法生存。学习已经成为生命最重要的特征。尤其现代社会是个信息社会，信息工业化、工业信息化。不学习、不了解、不掌握信息，就如同被蒙上了眼睛、被塞住了耳朵、被堵上了鼻子，其结果就是窒"息"而亡。

应变之本，在于实践

这是我最想强调的一点。要应变，光学习和预见还不够。更重要的是：要在实践中抽象出自己的认识来，在实践中检验他人的理论、形成自己的理论，在实践中磨炼解决问题的本领、增长解决问题的才干。学到的只能是知识，而不是本领和功夫。本领和功夫是怎么来的？本领和功夫是操练出来的。所以说，光勤学还不够，还要苦练。甚至光"会"还不行，还要"熟"；光"熟"也不行，还要

“快”；光“快”也不行，还要沉淀为一种自然反应、本能反应、瞬间反应。这才叫功夫，这才叫本领。

大家都知道李小龙，他说要训练出“肌肉的记忆”，让身体在瞬间做出正确反应。我觉得，与其说他是位武术大师，不如说他是位技击大师。也就是说，区别套路的功夫与实战的功夫是很有现实意义的——尤其在实战当中，“花拳绣腿”是不管用的。从招式上讲，李小龙的招牌动作是“旋风腿”。也许很多人可以模仿出那个动作，但是通常却没有那个威力、达不到那个效果。为什么？道理很简单：动作不是本领，招式不是功夫。动作有没有力量、出招准不准、时机抓得好不好，那才是功夫。功夫是怎么来的？功夫是“扎马桩”——屁股底下焚着香、肩膀和头上放着水碗——“蹲”出来的，是打沙袋练出来的，更是实战中悟出来的。这才叫真功夫，这才叫“核心竞争力”。所以，功夫不是招式，而是一种含量。高贤峰老师把这叫作“招可学，功要练”。有一句话叫“一犬吠影，百犬吠声”。好多学问，本来是不错的，但很多人却是捕风捉影、道听途说、人云亦云、“知其然，不知其所以然”。这样跟着“吠”出来的学问是没有用的。

从应用这一点说，没有实践做底蕴，学问往往是没有力量的。任何个人的体验不管多么丰富多么厚重，说出来写出来，都是常识。我们真正需要尊崇的，往往就是那些耳熟能详的常识。常识很不简单，否则不会成为常识。常识的背后都是血、汗和泪。没有通过实践而轻易得来的常识对个人来说是没有大用的，那只会是他经历失败后脑子里首先闪现出来的最惨痛的知识性记忆。要真正弄懂常识，必须付诸实践。一切学问，要真正弄懂就必须付诸实践。招式是可以学来的，但功夫却是实打实练出来的。

企业的“功夫”，就是核心竞争力。练就功夫，关键在于持续不断的努力，否则再好的创新也是没有用的。拉链的发明，被誉为是“影响现代生活的重大发明”。拉链的发明者贾德森原本是为了解除系鞋带的麻烦而想到的——这说明“懒惰”也是创新的动力之源。

贾德森在1893年取得了专利权后，一个叫霍克的军官在筹备建厂中遇到了困难，因为这项专利本身只是一种“可行”创意，并没有广泛应用的“成熟技术”。霍克持之以恒地经过19年的时间才研制出拉链机。对个人来讲，19年是个相当漫长的时间。可生产出来了拉链，却没有人用这个东西代替鞋带，可见创新的好处起初往往并不是显而易见的。后来一个服装店老板将思路引向了鞋带以外——这是联想式思维，生产出带拉链的钱包，赚了一大笔钱。从那以后，拉链几乎渗透到人类日常生活、社会生产、军事等很多角落，如衣服、枕套、帐篷等。拉链从创意到应用，是个持续不断地努力的过程，这说明单靠好的创意是打造不出企业核心竞争力的，“功夫”是持续不断地努力才能获得的。

求变之要，在于创新

接着讲前面李小龙的例子，现在我们进一步推想：如果李小龙光靠“旋风腿”，能“一招鲜，吃遍天”吗？肯定也不行。他还有什么“寸拳”、“双节棍”，要花样翻新才行。他的“寸拳”很厉害，据说他的背肌是全世界最完美的背肌，有着超强的爆发力，是他刻苦训练出来的。李小龙自幼身体并不好，他的成功乃在于他的过人天赋、勤奋刻苦、强烈的自信和争胜欲望，以及他的哲学思想。李小龙不满33岁就意外离世，但他独创出思想性很强的“截拳道”，很有创造性。

李小龙风靡西方世界，其在技击界的尊崇地位至今无人能及，不仅是因为他出色的功夫，还有他高超功夫背后的哲学精神。他是在西方生活过的，曾用心研究过东西方哲学，他在华盛顿州立大学选择了当时乃至今天也是冷门的哲学专业。他对信念的执著和训练的刻苦，使他达到身心合一的状态。他的思想外化为一种独特的迷人气质，他的热情散发出一种自强不息的张扬活力，特别是他的自信和“忠诚于自己”，使他能够突破传统，具备超人的创新能力，所有这一切使他的偶像魅力达到永恒。

李小龙的武学思想是把功夫分为三个层次：第一是思想，第二是知识，第三才是技巧。要我说，搞营销完全可以借鉴他的这一思想。可以说，有思想的拳头造就了李小龙的不凡。他的“截拳道”，按“截拳道”教练石天龙的说法，不是方法，而是方法论。“截”是什么？截阻。预见对方的来招和攻势，有效地截阻对方的攻击。所以说，不输的境界才是最高的境界。你看李小龙临敌时的动作，侧身而立，等待对方出手，却后发先至。这是最有效的技击方法。所以，“截拳道”是很能磨炼快速反应的一种功夫。现在的孩子一窝蜂地学柔道、空手道、跆拳道，殊不知当年这些领域的很多高手都曾败在李氏手下——那是个盛行民间高手互相挑战的英雄时代。一个民族如果失掉了自信力，是会连自己老祖宗的好东西、自己民族文化的精华都不知道珍爱和传承的。

其实，前面讲的什么柔道、空手道、跆拳道，都源于博大精深的中华武术，连“截拳道”也是如此，李小龙就是学咏春拳出身的。他1.73米的身高，在被大个子控制住的时候，怎么办？咬人！李小龙的电影里有这个镜头。所以泰森咬人不是独创。咬人，似乎是“下流”动作，但是，“有效”！遇到不同的对手，就要创出不同的招数来应对。

知变要靠学习，应变要靠实践，求变要靠创新。学习、实践与创新的关系是：没有学习的实践是盲目的实践，没有实践的学习是空洞的学习；学习与实践会促进创新，但缺乏创新的学习与实践是停滞不前的，也是毫无意义的。

3. 打造企业核心竞争力的关键

没有低素质的员工，只有低素质的管理者

打造企业核心竞争力，是一件很艰难的事情，需要整个团队的共同努力。因此，常听到一些管理者抱怨员工“素质低”、“队伍不

好带”。其实，凡事都要从自身找原因——尤其作为领导者。当年，秋收起义的时候，毛泽东的队伍素质就很高、就很好带吗？很多都是不识字的、长期禁锢在土地上的、思想狭隘的农民。毛泽东亲自动笔起草的“三大纪律”、“六项注意”——起初是“六项注意”，后来发展到“八项注意”——“一切行动听指挥”、“不拿群众一针一线”、“借东西要归还”、“不损坏庄稼”等等，从“文本”上看似乎很简单，但“做实”了就是功夫。领导者要从根本上感染和影响下属，但要从末节上要求和检查下属。前者是抓价值观的塑造，后者是抓落实的方法。简单的事情做成日常功夫就是不简单。“三大纪律”、“八项注意”，就是毛泽东的“大手笔”，是锻造革命队伍的秘诀。所以，毛泽东说：没有落后的群众，只有落后的干部。我们是不是也可以说：没有低素质的员工，只有低素质的管理者。

创造性地工作，是一切工作的本质要求和最高境界

我们很多企业组织人员到海尔学习，究竟能学到什么？真功夫是学能学到手的吗？要知道：海尔最初靠的是“不许随地大小便”、“不许把工厂的东西拿回家”等 13 条厂规起家的——很像“三大纪律”、“八项注意”，一直到今天这样的一个局面，这是一个历练的过程，是一个积累起来的高度。我们今天去海尔，恐怕多数学到的只是一些新鲜好看的“招儿”，却不知道这是须从“不许随地大小便”开始历练的。如果从海尔回来只是感慨一番，不结合自己的实际苦练真功、推陈出新、创造性地“做自己的事情”，是留不下任何印记、起不到任何作用、收不到任何功效的。可以说，创造性地工作，是一切工作的本质要求、原始要求和最高境界。

“创新度”已经成为衡量企业投资价值的最佳“晴雨表”

目前，创新成功的企业，更有可能获得 20%甚至更高的增长率。

“创新度”已经成为衡量企业投资价值的最佳“晴雨表”。据埃森哲的一份调查报告显示：全球83%的高层管理人员深信，本企业今后的发展“将更多地依赖于创新”。在“快鱼吃慢鱼”、“聪明鱼吃笨鱼”的时代，要求个人必须是创新型个人，团队必须是创新型团队，企业必须是创新型企业。不创新、创新慢、“创新度”不够，就会死——并且会死得很惨。中国是最早生产VCD的国家，美、日则将之升级为DVD。没有创新，就是死路一条。比尔·盖茨讲：“微软离破产永远只有18个月。”张瑞敏说，要“永远战战兢兢，永远如履薄冰”。华为总裁任正非脑子里充满了危机意识，他关于企业“危机管理”的理论与实践，曾在业内外产生过广泛影响。他的名篇佳作《华为的冬天》，曾经被许多企业——尤其是IT界，视为企业危机管理的范本。张瑞敏还说：“创新就是一种创造性的破坏。”德鲁克说：“创新是一种最宝贵的企业家精神”，“对企业来讲，要么创新，要么死亡”，因为市场经济是一种“开拓进取型”的经济模式。其实，市场经济本身就是自主创新的典型，市场经济走到今天已经证明了这一点，而且在日趋成熟。西方发达国家的市场经济搞得很成功，尚且问题不少，我们的市场经济才搞了几年？所以，我们要走的路其实还很长。

创新的条件性

我们人类社会的发展，本身就是一部创新史。比如远古时期，由于自然条件的变化，类人猿从树上生活过渡到地面生活，这就是个创新，并由此带来了直立行走，因为在树上是便于瞭望的，而下到地面后采用直立行走，除了是瞭望的需要，还有手与足分工的需要，而手的使用又促进了大脑的发育。所以，从树上到地面，应该是人类第一次伟大的创新。当然，创新有时候就是这样一种被动性的适应。所以，对环境的适应，从来就是创新的一个主要特征。很多动物的颜色就是根据环境而进化形成的。这是创新的条件性特征。

环境就是第一个条件，也是很重要的一个条件。但条件太好也不利于创新。印度能购买到全球最先进的武器，所以它的民族军事工业发展不起来；中国正相反，除以色列外的西方国家封锁对华武器出售，反而使我们的军事工业发展很快。

现代社会，人本身就是最大的环境。前面讲的应变，往往是环境先变了，然后我们才被动地去适应、去应变。聪明的做法应该是：预见到变，先于变而变。如果说现在很多优秀企业有什么特别的地方，我看主要就是这一点：先于他人做到了预见性的应变。

4. “简易”、“变易”与“不易”

《易经》里对变化讲了三个层次的意思。第一个层次，叫作“简易”，是指化繁为简，所谓“大道至简”。也就是抽象，可以说强调的是“简单的力量”。

第二个层次，叫作“变易”，是讲创造变化、利用变化、引领变化、驾驭变化的。也是“变化之变化”——我想这有点数学几何式增长的意思。还有“权”、“权变”的意思，它的意思很丰富。

创造变化就是求变。比如我们每每提到开拓市场，总是说要“占领市场”。其实营销的最高境界是创造市场，通过创造需求来创造一块全新的、短期内无人竞争的市场。比如电冰箱，这种高度成熟的产品竞争是很激烈的，利润率很低，而日本人却在趋于饱和的电冰箱市场中投放了一种与 19 英寸电视机外形尺寸一般大小的冰箱。这种微型冰箱一问世，立即开辟了一大块崭新的市场。特别在北美，人们发现除了可以在办公室使用外，还可安装在野营车、娱乐车上，并由此改变了许多人的生活方式。其实微型电冰箱与普通家用冰箱在工作原理及技术上没有区别，其差别只是产品更小。这使新型冰箱的使用方向由家居转换到了办公室、汽车、旅游等其他方向，从而改变了产品的使用环境，引导和开发了人们潜在的消费需求，从而达到了创造需求、创造市场的目的。

我们说消费者是上帝，可上帝通常说不清楚自己想要什么，只有将全新的产品放在上帝面前，他才会说“对！这就是我想要的！”福特汽车公司创始人亨利·福特说：“如果当初我问我的客户的话，那么他们只会说要一匹更快的马。”史蒂夫·乔布斯在1998年接受《商业周刊》采访时表示：“很多时候，要等到你把产品摆在面前，用户才知道自己想要什么。”索尼公司联合创始人盛田昭夫说：“我宁愿花钱推出一款产品，而不愿把钱花在市场调查上。”我想，最好的营销策略应该是靠品质取胜。有利润的企业不一定有价值，有价值的企业一定有利润——短期没有，长期也会有。所谓“桃李不言，下自成蹊”，好的营销应该是没有推销员的。或者说，好的营销是每名员工都是推销员。

第三个层次，叫作“不易”，是指宇宙周期变化的大规律是不变的。也有“经是不变的”、“天不变，道亦不变”的意思。当然这个“不易”是相对的，在特定时期内、特定场合下，可以“以不变应万变”。也有人说“不易”是指“不变的是变化”，这么解释也通。大家知道，牛津大学一向以近乎刻板的严谨著称。而就是这种“以不变应万变”的作风，让它屹立于世界名牌大学之林。曾有一位女学生，各科考试全A，被牛津以“不具备创造潜质”而拒之门外。女学生所在的地方比较偏僻，好不容易才出了这么一个全A的宝贝，进不了牛津不甘心，找到英国议会，议员找到教育大臣，教育大臣找到副首相，副首相找到首相布莱尔，统统在牛津碰壁。布莱尔很没面子，偷偷发了点牢骚，说牛津“太古板了，不能与时俱进，必须进行改革”。牛津师生听到后，大为不满，立即取消了原打算颁发给布莱尔荣誉博士学位的计划。其实这“与时俱进”的说法，也不够全面。从系统思维的角度看，应该叫“与时俱进退”，讲“与时俱进”，也要讲“与时俱退”。当然，也可以说，“进”的意思中，已经包含了“退”的意思。只是常人往往不这么理解。我想，牛津看重“创造潜质”的原则尤其值得我们学习。这也就是他们独特思维背后的价值观。我们有些中国留学生非常善于考试，在西方动辄把学校的奖学金全“包”了，曾经多次引起西方学生的抗议和游行。但毕业找工作却不灵了，就是缺乏“创造潜质”的问题。

5. 用什么理念指导工作，用什么方法解决问题

以上这些关于变化、关于实践、关于创新的体会，源于我在多年实际工作中的两大观察：工作中我们为什么常常苦于没有思路？有了思路为什么又常常不够切合实际？相信很多人都遭遇过这两大困扰的折磨。其实，我以为这恰恰是一切工作最根本、最核心的两个非同小可的问题。我的切身感受和结论是：解决这样的问题，要靠思维的创新。

于是，我在工作中经常对大家讲，不论做什么工作，一定要解决好这样两个问题：用什么理念指导工作？用什么方法解决问题？对应前面讲的“思路”的问题、“切合实际”的问题，这是必须首先明确的两大根本性问题。前者是价值观问题、世界观问题，后者是方法论问题。比如国企的干部工作怎么搞？用什么样的理念来指导工作？用什么样的方法来解决问题？我在实践中坚持两点理念，第一点是以“大匠无弃材”为理念，力争将每名干部都放到相对合适的岗位上，这是国企的特点决定的，否则任何一名干部都会成为不可估量的消极因素；第二点是以“配备有合力的班子”为理念，力争将每个班子配备到相对合理的程度。至于解决问题的方法则有很多，主要是两大方面：一是研究政策，靠卓有成效的工作形成政策，靠切合实际的政策推进工作；二是加强考核，以事实为依据教育干部，以事实为依据调整班子。

再比如国企的培训工作怎么搞？用什么样的理念来指导工作？用什么样的方法来解决问题？记得2001年的时候，我在抓油田干部管理的时候就遇到了如何开办后备干部培训班的问题。经过思考和策划，在培训实施中我以“做管用的培训”为理念，以“挖掘和培养企业内训师”为方法，在此后几年的后备干部培训中取得了比较

好的效果。自2006年初具体负责大庆局培训工作，特别是2010年7月调任大庆油田高级人才培训中心主任至今，我又提出企业培训工作要以“为企业持续发展所需要的高层次人才、急需人才、创新型人才的培养提供智力支持”为使命，以“做高品质培训”为核心价值观，以“做强内训，内训外化，做精外训，外训内化”为战略，以“建设一支高素质、高水平的企业内训师队伍”为基本方法，有效地推进了企业培训工作的转型。其实，现实成就上的差距反映的就是理念上的差距，而理念上的差距会造成方法上的差距。

北欧有些国家，高度重视开展职业技能教育。据世界经济论坛的一份有关国际竞争力的报告称，瑞士全球竞争力第一，世界品牌占有量第一。瑞士国土面积只相当于黑龙江省的1/10，人口不足800万，为何能取得这样的成就？据专家介绍，瑞士的主要资产是教育，其职业教育和培训制度为其综合竞争力和经济繁荣做出了重要贡献。瑞士每年超过2/3的初中毕业生进入中等职业学校，90%～95%的中等职业学校毕业生直接就业。学生就是学徒，每周1～2天在职业学校学习，3～4天在企业实习。国家根据劳动力市场对职业资格的要求和岗位空缺情况，决定职业教育和培训招生计划。这与我们“望子成龙”的理念不同，瑞士人认为“职业不分高低贵贱”。我们国家的现实情况正相反，本科毕业生太多，却往往找不到工作，甚至有些硕士、博士都找不到工作。在这方面，瑞士等北欧一些国家的做法非常值得我国借鉴。不很好地解决理念的问题，就不可能很好地解决方法的问题，也就不可能很好地解决企业发展的问题。

其实不论做什么行业、做什么工作，人们都是为了追求幸福。自市场经济诞生以来，人类并没有比过去变得更聪明，但却明白了一个道理：只有更好地利他，才能更好地利己。所以对企业来讲，要使人在幸福的工作状态中去实现人生的幸福。从这一点来讲，以人为本、对人的关怀、人文精神，就是效率，就是生产力。企业管理的模式可以千差万别，但仁爱却是共同的、根本的、最好的理念。“铁人”王进喜说过一句话：“不干，半点马列主义也没有！”他的话生动形象地说明了一个道理：实干才是最好的方法。最好的方法，总在实践之中。不去实践，是得不到方法的。当年立井架，“铁人”的方法是“人拉肩扛”，这就是当时艰苦条件下最好的方法。“有条件要上，没有条件创造条件也要上！”“铁人”这种实干的精神，也是我们民族的精神。

6. 培养抽象的意识与抽象的能力

如何实现思维创新，我总结了八个取径。“取径”即“选取路径”之意。这八个取径，是我从学习和实践中抽象出来的一种总结和归纳。假如思维创新是一朵“雪莲”，那么我并不能把这样的一朵“雪莲”送到大家手里——相信任何课程都达不到这样的效果。我只能告诉大家，我自己是通过什么样的途径，去找寻这样的“雪莲”的。找寻是一个不可省略的过程，一切真知或体验，都在这个亲力亲为的过程当中。

抽象既是提升学习的需要，又是提炼实践的需要。对于职场人士来说，培养抽象的意识和抽象的能力是很重要的。好比寻找羊脂玉，在新疆，寻玉世家通常都会将大量的实践经验抽象为几条规律性的认识作为家传“秘技”。没有抽象的意识与抽象的能力，工作就上不了层次和境界。

但要注意，在抽象的过程中，不能陷入“文字相”。这个“相”，是佛教中的一个概念，就是皮相。简单说，“文字相”，就是对白纸黑字的迷信。为什么佛祖释迦牟尼、智者苏格拉底、圣人孔子，三个差不多同时代的东西方思想巨人，不约而同地选择了“述而不作”？就是怕后人陷入“文字相”。结果呢，还是陷入了。释迦牟尼说：“我于佛法一字未说。”所以佛经上都是“如是我闻”，意思是“我是这样听说的”。如同“子曰”，属弟子们的追述。后世不识字的禅宗六祖说：“佛法与文字无关”，“我不识字，只识佛法。”佛祖圆寂后，辩经大会很热闹，分出好多流派，有大乘、小乘之分，流传到亚洲各国的，变异更大。《论语》也编辑出来了，光注解就一直注解到现在，各代大儒乐此不疲。今天于丹又搬上了电视，给出一个大众化的、现代化的解释，又有什么“十博士联名倒于”，热闹得很。可见，“文字相”是不可避免的一个“怪圈儿”，人类还要好好地继续在里面转下去呢。我认为，这全是文本之过。孔子只好编《诗经》、作“微言大义”的《春秋》，稍以聊发著述之情。老子出关，被胁迫了，才作了五千言的《道德经》。鲁迅为此写过一篇历史小说《出关》，写得很有趣。鲁迅写过很多篇历史小说，看一看，能联想到很多现在的事情，很该一读。记得纪伯伦说过一句话：“思想是空间的鸟，在语言的笼里，也许会展翼，却不会飞翔。”可见，有时候头脑中朦胧的想法才是最真实的。所以孔子说“文不及言，言不及义”，指的也是这个道理。以上这些，都是在讲不能陷入“文字相”。

7. 什么是创新

在谈思维创新这个问题之前，我想先谈谈几个前提性的问题。这非常必要。第一个问题，就是关于创新的概念。现在大家都在谈创新，就如当年的“言必称希腊”一样，现在是言必称“创新”。可是，究竟什么是创新？这恐怕是个很难简单回答的问题。

创新的含义

在英文中，“创新”这个词是 Innovation，它起源于拉丁语，原意有三层含义：一个是“更新”，一个是“创造新的东西”，一个是“改变”。我想这些意思都对，但我认为，创新应该从广义和狭义两个方面去理解。大凡人类的活动，不外乎属于思与行之范畴，也就是思想与行为的范畴。凡是新的思想、新的行为，都是创新。所以广义地讲，创新就是：思前人所未思，行前人所未行。这是创新的初始性特征。

如果从狭义的角度讲，创新还有另外特别重要的含义，就是：科学性、应用性、“人文性”和相对性——尤其是对企业来讲。下面我就重点谈谈这几个问题。

科学性，是说你的创新是不是科学的，是不是正确的，是不是经得起推敲的。我们看到有些企业在绩效量化考核和评价上出台了一些有新意的政策——绩效考核是一道世界性难题，但科学性这一点普遍难以真正实现。比如，对难度系数的确认就不够准确，甚至有的根本就没有考虑。有的企业是盈利的，但是不是可以更盈利？有的企业是亏损的，但是不是逐渐在减亏？减亏 100 万与盈利 100 万是同等的价值——甚至前者分量更重。

应用性，是说你的创新虽然很科学了，理论上站得住脚了，但在这里——你要实行创新的地方——能不能执行。不是说所有那些有道理的东西就一定能应用——“放之四海而皆准”，恰恰好多好的东西就是不能在这里——某一个特定的场合——应用。我常讲，不能一味地强调先进性，先进性归根结蒂要体现在：它在多大程度上是符合实际的——要追究这个“度”。说原子弹比弓箭“先进”显然是可笑的，说英、美的民主政治比非洲原始部落的政治制度“先进”也是可笑的。这没有可比性——这么比也不公平。只能说非洲某个部落的政治制度比另一个处于相同阶段部落的政治制度先进。不是说最先进的就该不分场合地去执行，这里有个基础的问题，有个符不符合实际的问题。但是，“完全地符合实际”也是错误的，因为它包含了对现实的无条件迁就，所以前面说要讲究个“度”。有的企业搞的发展规划看上去都很不错，令人振奋，但应用性不强，缺少可执行性，往往落空。我们只要回过头来看看自己企业这些年规划的落实情况，就大致清楚了。其实，真正好的规划并不一定是理论上很超前、听起来很完美的，甚至恰恰是不那么超前、不那么完美的——正因为如此，它才是符合实际的，才是“可执行的”。前面也提到过创新与条件——环境的关系问题，这就是创新的“条件性”。还有的企业搞的诸如内控、信息化建设、监管分开运行、行业重组等等，都是书面上很好的东西、理论上很好的东西，或者说其他企业搞得很好的东西——这往往成为推行者很好的依据或借口，可一旦拿到自己的实践中去，就会遇到很多实际的问题。

“人文性”这个词——《辞海》里没有这个词，在这里是想借这个词说创新应该体现出一种人文关怀。经济者，经世济民之意也。所谓人文关怀，不仅对人类是有益的，对自然环境和自然生态，甚至对整个宇宙都应该是有益的——根本上还是对人类有益。比如卫星，用于气象观测或电视转播是好事，用于军事侦察、定位打击就是坏事。核能，用于热力发电就是好事，用来制造杀人武器就不是好事。当然这些若是用在抵御外敌入侵，打“正义”之战，就另当别论了——但我想，杀人总归不是好事。好坏总是相对的。“正义”之战从另一方来讲就是“非正义”之战。两者是同一场战争。战争是残忍的、愚蠢的，极不人道。我看墨子讲“非攻”还是对的。现实中，有的创新就不具备“人文性”的要求。比如有人发明出一种五彩缤纷的墨水，专为男士写情书之用，用这种墨水写出的信——与同样五彩缤纷的、带有香水味儿的信纸配套使用效果更佳——特别能打动爱慕虚荣的女性。妙的是这种墨水尤其符合见异思迁的男性的需求——不够长久，几个月后字迹会自动消失，正可以不留痕迹地抛弃女友。想赖账自然也可以用这种墨水打欠条。还有那种打手机总是显示“不在服务区”的所谓技术创新，让人总觉得不那么对味儿，只图自己省事，却无端地浪费了别人的时间，等于谋财害命。世界著名建筑大师沃尔特·格罗培斯说：“最人性的，就是最好的。”他设计的迪士尼乐园中的小路，就很有“人文性”，也很有创意。他的方法是：迪士尼乐园建成后先不设计小径，而是撒上草种提前开放，使整个乐园的空地都被绿草覆盖，短短半年里，草地就被踩出许多小道。第二年，格罗培斯让人按这些踩出的痕迹铺设了人行道，这些依据脚印设计的小道有宽有窄，优雅自然，又实用方便。1971 年在伦敦国际园林建筑艺术研讨会上，迪士尼乐园的路径设计被评为世界最佳设计。当人们问他，为什么会采取这样的方式设计迪士尼乐园的道路时，格罗培斯说了前面的那句话："最人性的，就是最好的。"在我看来，格罗培斯简直就是位艺术大师。与之相比，我们的朱熹老夫子讲的"存天理，灭人欲"，仅从居家生活的角度来讲，也是大违"经济之道"的，更何况深究别意。什么是艺术？艺术就是人性的最高表现。路，算规矩的一种。但，规矩本身不是目的，它应是人性的理性外化的帮衬。格罗培斯对路的设计是高明的，是洞悉人性的佳作。

相对性，是说你的创新别人已经搞过了，并且成功了，但对你来讲，仍然是创新，因为你没有搞过。这就是创新的相对性。我们应该承认和鼓励这样的创新，否则我们就会流于庸俗化的创新。那就是刻意标新立异、为创新而创新。虽然光鲜炫目、五光十色，但仅仅是一堆泡沫而已，不禁实践的一戳，待泡沫破碎，一无所有，只留下一道道贻笑后人的垢渍。何况，相对性的创新，往往实行起来同原创一样地艰难，并不轻松。只有那些邯郸学步、东施效颦的人，才会觉得省事、好办。其实，一切创新都有继承性。但只有创新，才是真正的继承。没有创新，继承就会失去本来的意义。

求知与求实

其实，不论是从广义上还是从狭义上讲，创新的本质更在于求知与求实。求知，包含两个意思：第一个是占有知识，追求对现有知识的了解和掌握；第二个是创造知识，追求对未知世界的探索和发现。尤其是这第二点，不断迈向未知领域，这是人类生存和发展的需要。不能想象我们的一切创造与求知无关。从某种程度上可以这样说：创新是求知的一个过程，求知是创新的必由之路。求知和创新，这是人类的基本特征。那么，求实是怎么回事呢？我觉得，求实是个手段的问题，是求知和创新的手段。真理是客观的，不求实就无法求知，也就无法创新。矛盾是普遍存在的，不求实是无法解决矛盾的，不解决矛盾的创新不是真正的创新。事实上，求实必然包含创新，不创新难以求实，反过来创新必然依靠求实，不求实难以创新。没有创新的求实与没有求实的创新都是软弱无力的、没有用的。我感觉，要真正达到最经济地、最有效地推进企业发展和推动社会进步，还是要靠求实。一般来讲，主观上不求实的人是不存在的，只有客观上才会造成没有求实的结果。特殊情况下，才会从主观上就不去求实，那就是“阶级敌人”了，是在“搞破坏”，或者是为了某种个人目的去“作秀”。所以，创新的本质乃在于求知和求实。只有解决好求知和求实这两个问题，特别是使求知和求实高度统一起来，人类社会才能在创新中前进。

“三个高度统一”

前面说要在求知与求实上实现高度的统一，这是笼统而言。具体讲，是“三个高度统一”，即：创新对象要前所未有地在形式与内容、理论与实践、人性与自然规律方面重新形成高度统一。注意两处关键词：“前所未有地”、“重新形成”。

形式与内容，是一个永恒的哲学命题，也是一对深刻的矛盾。形式与内容最完美的结合，是事物的最高表现形式。但随着事物的发展，必然就会慢慢出现形式与内容不相统一的时候，不是形式大于内容了，就是内容胀破了形式。形式大于内容，就要犯形式主义错误。内容胀破形式，就要犯实用主义错误。两者都要不得。这个时候就需要创新。创新可以解决这个矛盾。形式大于内容时，内容需要创新。内容胀破形式时，形式需要创新（当然，不论是形式大于内容还是内容胀破形式，实际上形式与内容两方面都需要创新，但是应各有侧重）。这是一个循环，没有止境。因此所谓创新，其实就是“前所未有地”在形式与内容上“重新形成”高度统一的问题。

理论与实践也是一个永恒的哲学命题和一对深刻的矛盾。理论与实践两者最为和谐的关系，就应该是实践、认识、再实践、再认识的一个良性循环。理论与实践最完美的结合，也是事物的一种最高表现形式。同样，随着事物的发展，必然会慢慢出现理论与实践不相统一的时候，不是理论超前于实践了，就是实践领先于理论了。理论超前于实践，就会好高骛远、脱离实际，就要犯教条主义错误、犯列宁所说的“‘左派’幼稚病”。实践领先于理论，就要犯经验主义错误。两者都要不得。这个时候又需要创新。创新可以解决这个矛盾。理论超前于实践时，实践需要创新。实践领先于理论时，理论需要创新（当然，不论是理论超前于实践还是实践领先于理论，实际上理论与实践两方面都需要创新，但也应是各有侧重）。因此，创新就是“前所未有地”在理论与实践上“重新形成”高度统一的问题。当然，这也是一个没有止境的循环。

人性与自然规律也是一个永恒的哲学命题和一对深刻的矛盾。人性与自然规律的关系也应该是和谐的，就是要达到“天人合一”的理想境界。这个“天”，就是自然规律，这个“人”，就是指人性。这里所谓的人性，就是指人的自身发展的总和。人性与自然规律最完美的结合，是宇宙，至少是当今世界最高的表现形式。同样，随着人类社会的发展，必然会慢慢出现人性与自然规律不相统一的时候。人性是发展的，是个变数。但应该铭记：任何时候，人性的发展不能不受自然规律的制约。人性不能无限制地演变或膨胀，否则就要受到自然规律的惩罚。但是，我们还要知道，在自然规律的面前，人既是客体，同时又是主体。人工降雨，就是人发挥了主体作用的例子。“天”，这时本来没有要下雨的意思，是“人”，改变了这一时的规律。核泄露，更能影响自然规律。切尔诺贝利现象就是个例子，它使周围的海洋、气候、植物、动物，都改变了运行和生长的规律。所以，随着人类社会的发展，必然会慢慢出现人性与自然规律不相统一的时候。不是人性违背了自然规律，就是自然规律限制或阻碍了人性。人性违背了自然规律，就会受到惩罚。自然规律限制或阻碍了人性，就会被人类改变（改变的结果有好有坏）。这个时候，同样需要创新。创新可以解决这个矛盾。人性违背了自然规律，就需要通过创新的方式进行自我改造。自然规律限制或阻碍了人性，就需要人类通过创新的方式得到某种改变，从而满足人性，为人类服务。这也是一个循环，没有止境。

8. 为什么创新

前面讲，创新应该是科学的，应该是能够应用和管用的，应该是有益的。其实这就涉及我要谈的第二个问题：创新的目的。我们为什么要创新？这涉及一个“创新观”和创新的“功利性”的问题。

创新观

当今世界的主题就是发展。国家、社会、企业、个人都要发展。怎样才能发展？主要是靠创新求发展。没有创新就没有发展。创新是发展的主要标志。在发展的进程当中，我们需要什么样的创新观？我认为，特别对企业来讲，创新就是为了应用，而不是哗众取宠，不是标新立异，不是为了创新而创新。在创新这个问题上，我们一定要说明什么不是创新，这更有实际意义。马克思在《关于费尔巴哈的提纲》中也讲道：“哲学家们只是用不同的方式解释世界，问题在于改变世界。”我们应该清楚：不正确的思想与行动是有害的，不管用的思想与行动是于事无补的。所以，如果有一些思想与行动听起来很动听，做起来很好看，但不管用，那是不能算作创新的——只能算作秀。可惜很多国企乃至政府部门所谓的“创新”，大多是作秀。我们常能听到、看到这样的作秀。当然这种作秀常常是有目的的，比如为了捞取政绩、捞取个人政治资本，明知没用，为了图好看、热闹、好听，也要投入成本去干，最后遭受损失的是企业、是国家。所以，我们应该知道，创新的反面其实有两个：一个是保守——保守主义，一个是作秀——形式主义。作为一名领导者，其创新观如何，是很重要的。正确的创新观应该是使创新成为解决问题的手段，不正确的创新观只是使“创新”成为解决个人问题的手段。不正确的创新观会导致数字出干部、干部出数字、作秀出干部、献礼工程、形象工程、短期行为、这一届不为下一届负责等等现象。事实上，我们很多企业的老总，把企业发展与个人的升迁联系得太紧密了，这对企业是个大损害。

创新的“功利性”

另外，对企业来讲，为什么要创新，一定要强调创新的“功利性”这个问题。这个“功利”，不是“急功近利”的意思，而是“以功求利”。功，就是企业的功力。这个功力，是积累起来的一个文化总量，包括战略化的企业、制度化的员工、人性化的管理。

战略是对未来的取舍。一个战略化的企业，就是知道“应该做什么”、“能够做什么”以及“什么时候做”。好的战略甚至能规划亏损或破产。比如有些外企在中国进行的生产加工，其实就是策划好了要亏损或阶段性亏损的，这都是为了服从一个大的战略。这是跨国公司常用的“转移价格”的手段，这招“合法”，很厉害。客观上造成了某个分体账上无利润，但大盘子的利润留在体内了。

所谓制度化的员工，就涉及我常说的一个观点：“人治是目前最好的管理”。也许马上会有人聪明地说：“法治才是最好的管理呀。”这就不仅是观点之争，而且涉及“阶段性”的问题了。简单地说，我们所处的这个阶段，还不具备完全实行法治（这里仅指企业管理意义上的法治）的基础。何况，我认为，法治其实仍然是人治的一种。因为法是人来制定的，是由人来执行的，用来约束人的。法有好的法和不好的法。法的好坏又是相对的。再好的法，也得有好的、过硬的、高素质的人去遵守或施行才行。即便是有缺陷的法，只要人行、人过硬、人的素质高，也一样执行得好。或者说，法治的前提是人治，法治只是人治的一种手段。管理可以有形，也可以无形。人治是属于无形的、内在的范畴，法治则属于有形的、外在的范畴。没有人治的法治，是没有灵魂的法治。孔子讲：“道之以政，齐之以刑，民免而无耻；道之以德，齐之以礼，有耻且格。”翻译成我们企业管理的语言应该是：“靠制度与流程去管理，以赏罚来约束，员工虽不敢触犯，但会不以触犯为耻；靠企业核心价值观去引导，以职业精神来约束，结合实践整章建制，员工不仅遵规守纪，而且会以此为荣。”

当然，没有法治的人治，是危险的人治，对这一点我们全民族都有痛苦的记忆。西方是法治社会，但其实人治的特征更为明显。这正是其法治得以成功的根本原因。比如想在西方的学校学习，有教授推荐是很管用的，这就是对人的一种高度信任，这就是人治的一种表现。西方的公务员办事，也是很讲“发挥”的，比如办签证，他们有时就是凭主观判断和直觉办事的，有时看谁不顺眼真就不给他签。处理问题因人而异，制度面前不一定人人平等。政府也支持，给他们这个权力空间。在加拿大，市政厅大楼没有警卫，市民可以直接进入市长办公室，这也是人治的一种表现。所以，关键是人要过硬，人要有高素质。所以，把人做成制度、把人做成规范才是最好的办法。也就是使人成为习惯人、成为观念人，让企业文化成为员工的“下意识”行为，这才是管理的最高境界。

制度其实就是理念，就是信念，就是价值观的表现形式。所以制度创新必然首先是理念创新，必然是信念的重温与坚守，必然是价值观的整合与再生。好的制度应该是沉淀下来的行为，而不是凭借美好的想象和良好的愿望“写出来”的材料。既然制度包含这些元素，那就必然要求在制度的执行过程中将这些元素体现出来，并与制度所要发生作用的对象产生情绪对接、心理共鸣乃至文化契合。当年海尔砸冰箱，是基于“不合格的产品要坚决地销毁”这样的一个理念，所以工人们是含着眼泪砸的。听说某个啤酒厂把不合格的啤酒倒掉，工人们是笑着、闹着倒掉的，结果只是作秀而已。所以说形式与海尔一致没有用，关键是砸了、倒了以后干了些什么。这是个有关企业“做实”的功力的问题，是个企业文化建设的问题。

所以，制度的合理建立和有效执行，本质上就是一个文化建设的问题，就是一个理念、信念、操守沉淀下来的过程。为什么我们许多企业制度很多，汗牛充栋，却形同虚设，就是这个文化管理的问题。现实中我们的情况是怎样的呢？制度浪费现象惊人。这样倒不如没有制度。因为这让人们对制度丧失信心，认为制度无用。所以，行不通、做不到的制度就不要出台——这种性质的“不作为”就是作为。如果不提升制度的科学性、应用性、操作性，制度就行不通、做不到。文本正确也没有用。对企业来讲，盲目追求制度的先进性害处更大。那些看起来不太先进的制度或许更适合我们，因为它们符合实际。所以制度又要与时俱进，总要变法才行。要先创造有利于制度行得通、做得到的环境和条件，并要有配套的细则来执行，程序性控制要跟上。好的程序，就像有人说的：“谁切蛋糕，谁最后拿。”

所谓人性化的管理，就是一切为了人、一切依靠人。管理就是大爱。只有做到这个程度，才称得上是真正的管理。仅仅利用人性的优点来实施管理是不够的。真正的以人为本，是基于对人性弱点的深刻洞察而进行的有效管理。这才是大爱的本意。关于这个问题，后面还要谈到。

企业如果做到“战略化的企业”、“制度化的员工”、“人性化的管理”这三点，那就可以称作是有实力、有功力了。那么不论在做哪一件具体事情上，都将有深厚的“做实”的功力，而不是停留在口头上、停留在制度上、停留在文本上、停留在规划上、停留在标语口号上。日本企业的质量控制活动开展得很好。日本人说，这招儿是跟中国人学的“合理化建议”，只是他们“坚持下来”，并“做实”了。我们的企业把这些工作放在工会组织，渐渐形式化了。材料上的数字都很吓人，合理化建议创效多少多少，大多是虚的。在国际上，日本和韩国是卖中药卖得最多的国家。这不值得我们深刻反思吗？

企业的创新，只是达到其创效与升值——包括员工本身升值这一目的——的手段。资本有升值的本能，人也一样，因为人是最大的资本。这个创效与升值就是“利”。当然，这个升值是多维的升值，包括企业资本的保值增值、企业员工的成长、企业的社会责任（企业要讲“经世济民”，要扶助社会弱势群体）、企业的文化成果、企业的国际地位，等等。这是个追求企业价值最大化的问题。企业的创新就应该追求这样的“利”。“以功求利”，就是企业要靠自身功力——一个文化的总量——去追求企业效益和员工升值，这就是创新的“功利性”的全部含义。

我参加过一个公司的创新创效表彰大会，这是我近年来参加的最有感受的一次会议。我多次去过这个公司，却从没听说过这个公司开展这项活动。参加了这次大会，才知道创新创效活动在这个公司已经开展 20 多年了——可见，一个单位的好，是全面的好，不仅仅是一个方面的好。创新创效从来不是单独存在的，而一定是从属于这个公司良好发展的整体，是整体的一部分。当有些公司追求更新鲜、更时髦的管理方法的时候，这个公司踏踏实实地做着“老题目”，扎扎实实地获取着实实在在的进步。同样，一个人的优秀，也是全面的，其品德、能力、作风从来不是单独存在的，都是有着紧密内在联系的。所以，伟人的伟大之处，常常在于不拒绝做小事情，并善于做小事情。在铅笔的顶端装上一块橡皮，就是创新。简单、常见的事也不一定不是创新或不能创新，创新不见得有多复杂。其实，创新不拘大小，创新无处不在。对企业来讲，创新的“门槛”越低越好。“蹦极”据说本是某个南太平洋岛屿土著民族瓦努阿图的成年仪式，经商家开发为专利产品，满世界风行。英国人戈登用几片塑料制作的“桌子防摇器”，曾被称为“史上最可笑的发明”，却在短时间内为他带来了 500 万英镑的销售收入。对企业来讲，创新就是为了应用。应用，就体现在企业积累的功力上。当年，毛泽东的军事思想，并不是什么秘密，国民党军队对“敌进我退，敌驻我扰，敌疲我打，敌退我追”这一套游击战术也是知道的，但就是对付不了！为什么？光知道这 16 个字没有用，关键是应用。

这完全是战争中实打实的事情。文本与能力是两回事。读了工商管理MBA、读了个“双料”博士，并不代表就有能力领导一个企业。若不经过实践的摔打，不仅做不了企业老总，甚至连一名员工都做不好。

9. 如何去创新

前面谈了对“什么是创新”、“为什么创新”的看法，自然就要谈到第三个问题：如何去创新？实际工作中我的体会是：不论是管理创新、技术创新，还是机制创新、制度创新抑或体制创新，以及其他的诸如产品创新、服务创新、文化创新、方法创新、组织创新、学习创新、理论创新、价值创新（价值创新是当代很有现实意义的一种创新境界，强调的是价值观整合、创造新的精神需求、引领和诠释全新的幸福判断）等等，在很大程度上其实首先都是思维的创新，或者说在很大程度上都是思维创新所引发的、带来的。思维的创新是一切创新的共同特征。思维的创新是原发性的、方向性的、根本性的。所以，我认为：思维的创新是至关重要的，是其他一切创新的总门径。就像进故宫，不管里面有多少院落多少门径，首先得从天安门进去——当然也可以从后花园进去，这就好比是逆向思维，但殊途同归；即便是翻墙或空投而入，也应划入超常规思维的范畴。

思考、思维、思想的区别

接下来就要谈到第四个问题：思维是什么？我们会发现：对思考、思维、思想这些类似的概念，平时我们在使用中并不注意去区分这些词语的含义。那么，这些概念究竟有没有区别呢？当然是有的。区别这些词语的意义，相当重要。

思考是一种力度，即思之考量、思之程度，它常常代表一种乐于思的愿望、惯于思的意识或正在思的状态。好比武师一拳打出的斤两，只代表分量的轻重。而思维是一种维度，即思之方式、思之模式、思之渠道、思之结构或思所活动着的空间之界限。好比武师一拳打出的线路，代表拳头运行的轨迹。拳头打出的线路是变化无穷的，思维的维度也一样是多重的、无限的、变化无穷的。至于思想，则是一种高度或亮度，即它有多高的认识，它能照亮多远，代表思之高低、思之强弱、思之善恶、思之损益，代表一种结果。好比武师一拳打出的结果，是打没打到、打没打倒的问题。这些概念之间的关联是：思维是思考的方式，思考只是纯粹的、理性的力量，思想是思考与思维合成的结果。思想的高度或者说亮度，取决于思考的力度与思维的维度。假如思想是火花，那么思维就是点燃火花的方式，而思考只是点燃火花的过程。以上的解释，不一定严谨或科学，但至少这样的解释还是有助于或者说有利于我们下面理解思维创新这个问题的。

如何改善思维方式与思维习惯，才是一个根本性的问题

武师一拳打出的分量有多重，是力量训练的结果；而这一拳的线路变化有多神奇，是技巧训练的结果。思考的力度，是由知识与经验所决定的，而思维的维度（结构、方式）是由品格与习惯所决定的。所以，要想使自己的思考更有力度，唯一的办法就是努力增长知识和积累经验。而要想使自己思维的维度更趋合理，唯一的办法就是要修炼品格，以此改变思维的运行方式与运用习惯，或者说要针对不同问题去适时转换和不断改善思维方式与思维习惯。可以说，没有好的思维方式和思维习惯，思考的力度不管多么强大，也是没有用武之地的。因为没有好的思维习惯和思维方式，等于没有一个好的使用力量的渠道。如果力量分散、力量不够集中甚至偏离了方向，是不会产生好的结果（思想）的。就是说，武师这一拳的力量再大，如果轨迹不对、线路不准，也是不会打出好拳的。反之，

若是这一拳的线路非常准确，但力量很小，也一样于对手无关痛痒。可以说，人与人之间的差别，不是学历、资历、能力的差别，而主要是思维方式的差别。也就是说，好的拳手并不是力量最大的选手，而是那些拳路变化莫测的选手——当然，如果能够力量与线路兼备，那就是绝代高手。伯克说："具有创造性独立思维的人，才可能创立伟业。"所以，如何使思考有一个好的方向，即如何改善思维方式和思维习惯，才是一个根本性的问题。德鲁克说："创新就是运用既有知识的新方式，赋予资源创造财富的新能力。"运用既有知识的新方式，就是换个角度思考问题。赋予资源创造财富的新能力，就是说资源是固定的，但可以去重新整合资源或运用新方式、新手段去开发这固定的资源。这充分说明，一切创新首先是思维的创新。

"维度"的底蕴

简单地说，创新首先是思维的创新。前面讲思维是一种维度，是"思之方式、思之模式、思之渠道、思之结构或思所活动着的空间之界限"。那么，思维创新就是不断地转换思考方式、不断地改进思考模式、不断地修正思考渠道、不断地整合思考结构、不断地重新界定思考空间，以使思考有着落、有方向、有章法，使思考这个"力度"更有力度，使思想这一"高度"更有高度。至于思想这个产品，可能是优质产品，可能是半成品，也可能是废品。

那么，思维这个维度是由什么构成的呢？或者说，思维这个维度的底蕴是什么呢？假如柳编是思想、是产品，那么柳条就是思考、是知识、是材料，而编织者、编织的方式就是思维。这个思维，与主体（编织者）的审美情趣、性格气质、习惯爱好大有关系。或者说，与主体（编织者）对真善美的认知能力、对真善美的情感体验、对真善美的实践能力大有关系。我想，这些内在的、气质性的、天赋上的品质与能力，就是思维这个维度的底蕴。

例如，审美情趣就决定思维方式。现代经济可以说就是审美经济，产品的流线型、黄金分割、民族元素、复古风格、奇异造型等等都在无声地表达着设计者的审美能力。性格气质也决定思维，甚至于企业也是有性格和气质的，那就是企业"一把手"、企业灵魂式人物的性格和气质，所以从某种意义上说，企业文化就是"一把手"文化。习惯爱好也决定思维，所有的发明不仅源于实际功能需要，也来自发明者的个人喜好和偏爱。认知能力也决定思维，很多机会对所有人都是平等的，认知能力却决定着每个人的获取意识与获取能力。情感体验也决定思维，从这一点来说思维就是记忆，而记忆永远是有选择的，所以思维也永远是有选择的。现在街上年轻人爱去的"陶吧"就是情感体验的产物。有一种饮料的广告词说"给你初恋般的感觉"。被毕加索称为"我们所有人的父亲"的塞尚之所以喜欢画苹果就是因为童年时左拉曾送过他一筐苹果。实践能力也决定思维，我的母亲动手能力很强，所以每次遇到困难，她首先想到的就是应该不断地去尝试，与我那喜欢坐而论道的父亲在思维上就截然不同——事实上，他们俩的搭配是绝好的组合。品质与格调也决定思维，近代马一浮、南怀瑾读书惊人之多却少有著作（演讲集除外），是自律甚严，也是自视甚高的缘故，而卡夫卡甚至边写作边烧掉自己的文稿。想象力也决定思维，假设未来的飞机没有翅膀，那就是狂人的想象力。洞察力、预见力也决定思维，未雨绸缪总比亡羊补牢好。灵活性也决定思维，叛徒还可以再叛变回去。叛逆性也决定思维，离乡背井者往往先富起来过上好日子。欲望也决定思维，这大概是思维最大的底蕴。所有这些内在的、气质性的、天赋上的品质与能力，都是思维这个维度的底蕴。人的思维就是生理的、心理的、品格的、道德的、风范的、信仰的、经验的、学识的以及行为习惯的综合反映过程。思维创新的根本途径就是不断地改善上述的这些品质特征。

思维方式决定着人的一生都将去做什么样的事、人的一生都将怎样去做事。怎样使我们周围的一切物体都飘浮在空中？只要我们倒立去观察世界就可以做到。如果我们改变不了世界、改变不了别人，那就改变我们自己、改变我们看问题的角度。因此，我们有理由永远从自身找原因。如果我们改变不了我们自身的知识与能力的现状，那就改变我们的思维方式。我们应该坚信：我们本可以做得更好。

为什么中华牌香烟在境内外有两种不同的包装盒？这代表两种截然不同的思维方式。国内的包装很豪华精致，彰显的是身份、身价。国外的包装太吓人了，黄齿黑肺，惨不忍睹，直观地告诉消费者这几乎是毒品。两种思维的底蕴差异甚大，一为害，一为爱，高下立判。现在腋下的手术刀口为什么是S形而不再是传统的一字形？这又代表两种截然不同的思维方式。一字形代表只追求健康，保住命就行。S形是仿佛安装上了弹簧，让患者彻底病愈如初，追求的是恢复自由伸展的手臂，过高品质生活。这思维的底蕴又是爱。爱是最好的思维方式。

研究思维以及思维这个维度的底蕴，当前企业和个人都十分迫切。看问题的角度要比分析问题的能力更重要，怎样思考问题要比怎样解决问题更重要。德鲁克说："当前社会不是一场技术革命，也不是一场软件、速度的革命，而是一场观念和思维方式的革命。"

据说企业家牛根生原是一个苦孩子，当年从乡下被卖到城里时仅值50元钱。他在伊利集团干过洗瓶工、车间主任、厂长、副总裁。2005年他将10亿元股份全部捐出。他曾说："财散人聚，财聚人散。"现在很多人不怎么提他了，这又是我们中国人很不好的一种思维方式，不能够客观地历史地看待曾经的风云人物。李想，1981年出生，泡泡网CEO，掌控的资产过亿，高中文化。他小时候喜欢打电玩，很多父母怕孩子沉溺于打游戏而千方百计进行限制，他的父母却给他买了一台游戏机，并且陪他一起玩，与他交流心得。2000年他放弃高考去创业。我们看到，当下的成功模式，往往不是由知识来成就的，也不仅是由能力来成就的，而多半是由思维方式来成就的。

我曾看到过两份发人深省的名单：一份是傅以渐、王式丹、毕沅、林召堂、王云锦、刘子壮、陈沅、刘福姚、刘春霖，另一份是李渔、顾炎武、金圣叹、黄宗羲、吴敬梓、蒲松龄、洪秀全、袁世凯。我相信即便是历史学家，都可能认不全第一份名单上的人物，可要知道他们都曾是历史上的状元。后一份名单，可谓妇孺皆知式的人物，可要知道他们全是当时的落第秀才。所以，我总结了四句话：第一句是比职位重要的是经历，强调经历，就是强调实践，经历是最好的教材，我们只能在做事中学会做事，主体在改造客体的过程中将被优化；第二句是比知识重要的是思维，思维就是思考的方式，而思考方式决定思考结果；第三句是比能力重要的是习惯，习惯是文化的最高形态；第四句是比习惯重要的是品格，品格是文化的全部基石。其实那第二份名单，细细研究开来，我们还会发现更多有关思维底蕴的妙味。

思维是可以训练的

前面讲的都是对思维创新的前提性问题的认识，对这些问题我们需要彻底追问。后面展开来谈思维创新这个主题，主要是谈方法论。正如前面讲的：思维就是思考的维度，不断地改变这一维度的容量与结构，就是思维创新；思维创新的问题，其实也就是如何改善思维方式和思维习惯的问题。既然思维是个习惯的问题，而习惯是养成的，所以思维是可以养成、可以训练的。后面我将重点介绍改善思维习惯和思维方式的八个取径。另外，我将穿插讲到与创新，特别是与思维创新有关的一些特性方面的描述，比如前面讲到的条件性、初始性、科学性、应用性、“人文性”、相对性、功利性。虽然还有其他方面特性的描述，但不作为主要内容。

二、超前的思维

假如明天下雨，我们就会在明天出门的时候带上雨伞。假设就是对明天的叩问，就是对未知的探求。假设会带来验证性的、全新的行动。养成假设的习惯，人就会始终处在超前的思想和超前的行动状态当中。因此，我把这一个取径称为“超前的思维”。

这一取径要重点介绍，因为在我看来，这是思维训练当中最重要的一点。有些归纳性的语言可能讲得比较抽象，我尽量多用案例来说明。先讲对这个问题的概念性解释：所谓“养成假设的习惯”，就是在实际工作或生活中，经常地对未来提出假设——包括推翻旧的假设。下面我将几个主要观点与案例穿插进行讲解。

1. 假设是创新的开始

创新是前所未有的事情，这样的事情首先只能以假设的方式在头脑中出现。其思想基础——只能暂时借用“思想”这个词，一个是梦想，一个是恐惧。前者是希望某种事情发生，后者是害怕某种事情出现。比如，人类是先有了飞行的梦想、登月的梦想，才有了实现梦想的行动。可见，行动首先需要假设。可以说，梦想是假设之母，假设是创新之父，人类因梦想而伟大。

自从人类有了飞翔的梦想，于是种种实现飞翔的假设便不断被创造和刷新：在希腊神话里，用蜡来粘贴羽毛被证明是不行的。有一幅著名的油画，描绘的就是伊卡鲁斯因为忘记警告太靠近太阳而融化掉了翅膀从天上掉进红海里的情景。让我印象深刻的是，画中那些在海边劳作的人们对如此壮观的场面视若无睹。难道画家想以此表达对不切实际、缺乏科学性和应用性的创新不屑一顾吗？有时，荒唐的举动来自欲望的冲动，但这也正是创新的最初萌动。绝对的理性就是停滞和死亡。

时代发展到今天，人类过去很多的“荒唐”梦想都变为了现实。我们中国人早在《山海经》和《博物志》里就有记载：奇肱之国，其民善为机巧，以取百禽。能为飞车，从风远行。战国公输班的“木鸢”、晋时的“竹蜻蜓”，都有些飞机或螺旋桨的影子。在这里也体现出了中国人与西方人思维方式的不同：中国人思维空灵，不拘泥于实物，不直接模仿，而是宏观把握精要。就如中国画与西方油画的不同一样，前者是写意，后者是写实。达·芬奇的遗稿里也有飞机样的草图。200 多年前，英国人发明了无动力滑翔机，虽然还不是动力飞行，但毕竟体验到了飞行的快感。紧接着，法国人有了蒸汽动力飞机，尽管飞行距离和高度还很不够，但却实现了动力飞行。后来，美国的莱特兄弟发明了以汽油内燃机为动力的初具现代特征的飞机。人类登月的梦想由中国的嫦娥服下仙丹奔月，到阿波罗飞船登月，也是经历了几千年。可见，随着人类假设水平的不断提高，梦想的实现才会更为接近完美。我们中国人的第一位飞行大师是冯如。他生于 19 世纪末的广东，少年时随亲戚远赴美国旧金山谋生。当得知莱特兄弟发明了飞机后，冯如决心要依靠中国人自己的力量来制造飞机，并得到当地华侨的赞助。他驾驶自己制造的飞机在奥克兰进行飞行表演获得成功，受到孙中山先生的关注。辛亥革命时期，冯如被广东革命军政府委任为飞行队长，后来在一次飞行表演中失事遇难。对冯如这样的飞行先驱者，我们是不能忘记的。

没有梦想，一个人也好，一个民族也好，一个国家也好，就不会产生创造力，就不会有什么发展。没有假设，就不会有超前的思维，就不会有创新。至于因“恐惧”而做出的假设，保险业的各种险种就很能够说明这个问题。这也是创新，是恐惧感带来的创新。

随着社会的发展，保险这个行业还会出现新的假设带来的险种。比如西方就有人专为自己的鼻子之类上保险，将来出现为“念头”上保险的业务也说不定，我想那一定是非常有利于诞生创新的一个险种。梦想也好，恐惧也好，都属情感范畴。前面我也讲了创新与情感的关系问题，强调审美情趣、性格气质、习惯爱好、对真善美的认知能力、情感体验、实践能力。这些，也可以说是假设的底蕴——生发假设并决定假设的质量。

2. 真正的智者善于超越知识局限提出假设

也许这样说有些抽象，或者让人感觉与我们工作中遇到的实际问题有些差距，但这确实是一个很重要的问题，也是我在工作中常常深思的一个问题。

当年，毛泽东提出的对日战争“持久战”、“五年结束解放战争”等设想，这种假设直接导致了抗日战争和解放战争战略决策的形成、战术的运用和战局的走向。在当时，对日战争的速胜、必败、求和等等论调众说纷纭。毛泽东的持久战的观点鲜明而独特，高瞻远瞩，当时让很多人感到不解或震惊。应该说，没有深刻的洞察力，是提不出这样的假设的。持久战这个观点告诉人们：中国必胜，但要拿出耐心，进行韧性的战斗，要做出牺牲，抗战必将是一场旷日持久的、艰苦卓绝的战争。持久战的观点给当时的抗战军民以战胜日本的信心和耐心。我相信这至少在策略上是极其成功的。

到解放战争时，很多人看到国民党力量的强大，认为也将是一场持久战。只有毛泽东，洞察了双方力量的对比及消长，大胆地提出“用五年时间打败蒋介石”。实际上，我们都知道，三年就结束了战争。东北野战军艰苦地取得了辽沈战役的胜利之后，整个战局立变，可以说是势如破竹、摧枯拉朽、横扫千军。那时候，据说斯大林提出过与国民党划江而治的建议，而毛泽东在一首大气磅礴的诗中写道：“宜将剩勇追穷寇，不可沽名学霸王。”这都是预见，是洞察，是假设。

毛泽东可以说是位假设大师。“一切反动派都是纸老虎”，就是个假设，带来的是我们以少胜多、以弱胜强的智慧与信心。“枪杆子里出政权”，也是个假设，带来的是武装斗争的方式和武装斗争的能力。再比如比尔·盖茨，他曾提出“未来家家会拥有机器人”的预言。其实这是一个人类几千年的梦想，古希腊的冶炼之神打造过一个黄金机器人，达·芬奇留下的草稿中也有一个机器人。未来的产业，始于今天的准备，而先行者都受启于假设。

一切现有知识，都是过去时的东西。所以，现有知识有很强的局限性。不管一个人的知识多么丰富，他的局限性都是很大的。甚至是知识越多，局限性越大。伏尔泰被誉为“法兰西思想之王”、“欧洲的良心”，他说：“有学问的傻瓜，要远比无知的傻瓜还要愚蠢。”过去，我们说“无知的人才迷信”。其实，“有知”的人更迷信——迷信他的“知”。已知与未知，从来是成正比的。这好比古希腊哲学家芝诺所比喻的“圆圈”，已知是圈内，未知是圈外，已知越多则未知越广。有人说“无知者无畏”，这是因为他所知甚少，才不知道怕什么，这只能叫莽夫。假若有知者无畏，这才是可敬的人，是真正心灵强大的勇者。已知永远无法考证未知。只有假说才更为接近未知。所以，真正伟大的假说甚至是不需要证明的。因为证明这一假说的所有理论或方法都只属于现有知识范畴，而现有知识是有很大局限性的。或者说，假设总是属于“圆圈”之外的范畴，一旦被证实则即成为“圆圈”之内的知识。人类的“圆圈”总是被假设牵引得越来越大，并且这个速度在加快。这也就是所谓的“知识大爆炸”。庄子说：“吾生也有涯，而知也无涯。”这话本来挺好，可后一句不对劲了：“以有涯随无涯，殆矣!”好在他的“殆矣”，并没有吓退或妨碍人类向自由王国的挺进。未知越多，才是好事，这反证人类获得的已知就越多。已知愈多，人类才更为自由。

真正的智者，不是知识最丰富的人，而是那些具有深刻洞察力和前瞻力的人，是那些对未知领域有着强烈好奇心的人，是善于超越知识局限对未来提出假设的人。而这样的假设一经提出，反过来必将大大推动知识的丰富和理论的进步。天才的假设就是理论——只是需要时间来证明。我想，如果一个人知识很丰富，只能说他博学，不能称他为智者。智者应该是那些勇于并能够凭借超人的洞察力、卓越的前瞻力、强烈的好奇心为未来创造知识的人。没有潘钟祥的“陆相生油”假说对传统的“海相生油”理论的挑战，就不会有我们的大庆油田。中国有个成语叫“沧海桑田”，冥冥中似在印证古人的智慧。创造知识远比学习知识重要。比如牛顿发现“万有引力”、爱因斯坦提出“相对论”、居里夫人发现“镭”元素，很大程度上不是依据现有知识，而是凭借良好的直觉和大胆的猜测。正如牛顿所说：“没有大胆的猜测就做不出伟大的发现。”甚至作为哲学家的康德还提出了“星云假设”。当然自古哲学家都有懂天文的传统，这并不奇怪。哲学本身就是想象的学问，而宇宙总是给人最广阔的想象空间。记得小时候，我最喜欢在夜里躺在草地上痴看满天的星斗，引发了无穷无尽的想象。

现实中，我们很少看到专家治国的楷模，也很少看到专家治企的典范，很多时候看到的却是“外行领导内行”的成功案例。为什么？学识不等于智慧。智慧的要害是独立思考，要有超人的洞察力、卓越的前瞻力、强烈的好奇心。智慧的核心是决策与应用，要能够解决实际问题。专家来给智者打工倒是最合适的。好比现在的IT界，科班出身的多在给外行打工。什么是现今中国最稀缺的资源？人才。高素质的人才，尤其是那些被称为企业家的那种人才。企业家是现今中国最稀缺的资源。为什么？因为他们有智慧，而不是因为有知识。就是说，我们并不缺少本科生、硕士生和博士生。瑞士的年轻人大多是职业学校毕业的，但这一点都不妨碍瑞士在全球的经济竞争力较量中名列前茅。我们真正缺少的是像张瑞敏、李书福那样知识虽然不够丰富但是有智慧、有胆识、能成事的企业家。余世维说：“我读博士，是为了虚荣，唬一唬研究生可以，别的没什么用。可在中国，这个头衔似乎很管用。”

3. 提出假设的能力就是创新能力

尖端技术、尖端科学从来就是假设的天下——不仅自然科学是这样，社会科学也是如此。没有假设，就没有创新。从这个意义上说，提出新的假设或推翻旧的假设的能力就是创新能力。我们不难发现，在人类文明史上，伟大的创新大多是建立在天才的假设基础之上的。列宁早在 1915 年就提出“社会主义可能在一国或数国首先胜利的理论”，这就是一个超越马克思有关社会主义学说的、睿智的、大胆的、有效的假设，并最终被俄国的十月革命所证实。列宁的假设，来自理论创新的勇气和对俄国社会乃至第一次世界大战时期世界大势的深刻观察。法国的空想社会主义、柏拉图的《理想国》、陶渊明的《桃花源记》，就是一种政治空想。这些都是假设这一方法在建国上、政治上取得的思想成果。后面我们还会讲到假设在科学上、在企业管理上取得的辉煌胜利。空想，不是事实，却极为接近“真实”和真理，其价值难以估量——原创的价值不尽在于其正确性。自古以来，空想作为一种思考方法，十分管用。空想就是一种思想“图像”，虽然并不存在，却并不与现实存在过多冲突。中国人的骄傲陈景润，主攻的领域就是“哥德巴赫猜想”——一个伟大的猜想，被称为“数学皇冠上的明珠”，陈景润为这个猜想献出了全部精力。古希腊的德谟克利特认为世界由不可分的“原子”构成，这是一个令人感动的、伟人的假设。哥白尼的“日心说”更是推翻了神学意义上的“地心说”假设，这是天文学史上最伟大的创新。因为“地心说”在西方统治了一千多年，是欧洲中世纪宗教神学的理论支柱。所以恩格斯曾经高度评价哥白尼的伟大贡献，说：“从此自然科学便开始从神学中解放出来”，“科学的发展从此便大踏步前进。”

4. 思维创新需要勇气和想象力

现在我们知道，原子并不是不可分的。哥白尼的“日心说”当然也是错误的，但相对于“地心说”来讲是个很大的进步，是相对正确的。其反宗教神学的现实意义更是难以估量，史称“哥白尼革命”，这已经不仅仅是自然科学的胜利。前面讲过创新的相对性问题，现在又讲“相对正确”，这是创新的相对性另一个方面的含义。乔尔丹诺·布鲁诺由于执著地信奉和宣传哥白尼学说，被囚禁了八年之后在罗马被天主教会烧死，成为献身科学假说的世界第一人。科学需要执著精神，而执著精神需要有一种宗教式的情感。其实，布鲁诺本人也以超人的预见能力极大地丰富和发展了哥白尼学说。在那个年代，他就提出了“宇宙无限”的思想，认为宇宙是“统一的、物质的、无限的和永恒的”，以至他的卓越思想使得与他同时代的人都感到茫然和惊愕，甚至连开普勒在阅读布鲁诺的著作时也感到一阵阵眩晕，无法接受。布鲁诺曾对教会当局说过这样一句话：“你们宣读判决时的恐惧心理，比我走向火堆还要大得多。”可见，勇气不仅能够创新理论，还能使人坚持真理，能够产生足以战胜一切物质力量的精神力量。

勇气可以产生三种力量：物质力量、精神力量、科学思维的力量。李广射“虎”，箭头深深嵌入石头。有一位外国老太太，当丈夫被狮子咬住的时候，她随手捡起一根木棍冲上来与狮子搏斗，硬是将狮子打跑，棍子都打折了，这就是勇气的物质力量。我有个邻居，是一位老人，修自行车的，没什么文化，脑子里没多少知识，当然也就没什么思维框框，患了癌症，却非常乐观，很有一种劳动人民的朴素的气质和大无畏的气魄，不把癌症当回事儿，配合化疗，整天乐呵呵的，一直到现在都还快乐地活着，这就是勇气的精神力量。北京有个抗癌协会，是民间组织——国际上也有很多类似的组织，这些人对现代医学已经绝望，决定以人自身的智慧及潜能向癌症挑战。他们风雨无阻地组织登山、安排拉练，结果这伙人都比躺在医院里的癌症患者能活，且活得精彩。我们看到，勇气所产生的精神力量是惊人的。

其实，精神活动本身就是一种物质活动。因为精神活动的介质就是物质——大脑。大脑就是物质的。大脑的活动就是物质的活动。所以，我认为，从某种意义上说，精神即物质。精神是物质的最高表现形态。伍子胥过昭关，一夜白了头，就是精神活动的物质体现。古人说“笑一笑，十年少”、“怒伤肝”，讲的都是这个道理。据说人在盛怒时呼出的气体是有毒的，提炼出来是粉红色的物质，注射到小白鼠身上会杀死小白鼠。

我们再看看勇气所产生的科学思维的力量有多么惊人。据说有个美国人，立志要“用 80 美元周游世界”，为此他制订了一整套实施计划，如设法领取一份可以上船当海员的文件、去警署申领无犯罪记录的证明、取得美国青年会的会籍、考取一个国际驾驶执照、找来一套世界地图、与一家大公司签订一份为其提供所经国家和地区的土壤样品的合同、同一家航空公司签订一份为其拍摄宣传照片的免费搭机协议等等。这就是勇气带来的科学思维的力量。一般来讲，勇气带来的那种科学思维的力量，常人往往预见不到，也不擅使用。

思维创新更多的不是需要知识，而是需要想象力。当代天文学界一位最富有传奇色彩的人物就是霍金，他提出的黑洞能发射辐射（现在叫“霍金辐射”）的预言现在已经是一个公认的天才假说，现在人们对霍金的想象力仍寄予极大期望。他的《时间简史》就是超越了一切现有知识的想象力的杰作，这本书被称为“外文版本的《道德经》”。在霍金之前的物理学家兼哲学家玻尔创立了“互补哲学”并解释了“波粒二重性”。据说当他读了老子的《道德经》之后，大受震撼，因此在丹麦皇家颁发给他荣誉证书时说：“我不是理论的创立者，我只是个得‘道’者。”而且要求把太极图作为荣誉证书的背景图。

有学者说：创新首先需要知识结构的更新。我要说：创新首先需要思维方式的转变。因为我在前面说过：知识，还有经验，是属于思考力的范畴，而不属于思维方式的范畴。所以笛卡儿说："最有价值的知识是关于方法的知识。"培根说："一切知识不过是记忆。"光靠记忆人类怎么能继续生存和发展？我相信，缺乏想象力的人，别说做事，做梦都不会精彩。还有德国的魏格纳 1912 年提出的大陆漂移假说，在当时被认为是荒谬的，因为在这以前，人们一直认为七大洲、四大洋是固定不变的。为了进一步寻找大陆漂移的证据，魏格纳只身前往北极地区的格陵兰岛探险考察，在他 50 岁生日的那一天，不幸遇难。但他的大陆漂移假说，现在已被大多数人所接受。据说欧洲和非洲至今还在不断接近当中。应该说，正是这一伟大的科学假说，以及由此而发展起来的板块学说，才使人类重新认识了地球。我们不难看出：魏格纳不仅有想象力，还有勇气，更善于观察。

历史上，能够提出非凡假设的人，往往不是最初即是学这个专业的人士。可以这样解释这个现象：思维创新更多的不是需要知识（因为知识等同于局限），而是需要想象力。爱因斯坦说："想象力比知识更重要。"我们能想象出"白雪公主与七个少林和尚"这样的创意吗？据说迪士尼影业公司要改编这部电影。有时在名称上做文章尤其重要，而这需要想象力。前几年有本书挺火，书名起得很好，叫《人体使用手册》，内容当然无外乎是讲健康，讲保健，讲如何调动人体自身智慧与机能，与古人所说的"大医治未病"是一个道理，讲的是自然医学。可是，书名如果叫什么"保健"之类，就不会那么吸引人。有人戏说，《水浒传》按照今天的商业炒作模式，可以翻译成《一百零五个男人和三个女人的故事》。黑格尔说："真正的创造，就是艺术想象的活动。"这是创新的艺术性的特征。哥白尼最初是学法律的，获得过教会法规博士学位，出版过数学、经济学专著。1517 年，哥白尼总结了货币量化理论，成为当今经济学的重要基础之一。1519 年，哥白尼在格雷欣之前总结出了劣币驱逐良币理论的前身。这一理论的普适性很强，可以引用到社会学领域——低俗文化会在市场中驱逐高雅文化。哥白尼当过牧师，还是一位不错的医生。当然他也是一位爱国主义者，当条顿骑士团疯狂侵略波兰时，他挺身出征，保卫自己的祖国。布鲁诺早年则是在修道院学习经院哲学，在法国图卢兹的一所大学任过哲学教师，后来钻研记忆术、鲁尔艺术和巫术（魔幻术、炼金术、占星术）。魏格纳则首先是个气象学家，早年甚至只是个普通的军人。至于霍金，他曾先后毕业于牛津大学和剑桥大学，并获剑桥大学哲学博士学位。也许从哥白尼、布鲁诺、魏格纳、霍金的经历来说，他们的想象力与他们自身的英雄气质不无关系。

另外还可以列举几位重量级人物的知识背景来说明专业与成就之间的关系这个问题。美国第十三任联邦储备委员会主席格林斯潘早年是纽约一家夜总会的萨克斯乐手。经济学家萨缪尔森于 1936 年他 21 岁的时候获得哈佛大学文学硕士学位——他那位大名鼎鼎的、曾经挽救了整个资本主义世界的老师凯恩斯则是位花花公子、情场高手加诗人（当然擅写情诗）。原世界银行行长沃尔芬森早年是位法学学士，后获工商管理硕士，同时是个大提琴手，还参加过奥运会击剑比赛。还有尼采，原是学语言学的，上大学的时候就被老师评价为是“德国一流的语言学家”。尼采的书其实只是笔记，而且是他妹妹在他去世后整理出版的——前面讲的“述而不作”的大人物还要加上尼采一个。所以，专业给予人的，不是知识，而是一种素养、气质和深度，而这正是思维的底蕴。

5. 搞经济、搞企业管理尤其离不开假设

14 世纪，在现今比利时一带，一位肥胖的国王被发动政变的弟弟囚禁在一个有门有窗的房间里，获得自由的条件是他只要能从这些正常的门窗走出去。可是，面对弟弟每天送来的美食，这位国王的体重不减反增，在这个敞开门窗的房间里一直关了十年，直至最

后病死。这个故事告诉人们：很多时候，关押人的囚笼，不是那有形的墙壁，而是人性的弱点。这位国王的弟弟就是假设他的哥哥克服不了自身贪吃的弱点，才提出了一个看上去宽宏大量的获得自由的条件，结果达到了自己要囚禁哥哥一生的目的。我们搞企业管理、搞经济工作，尤其离不开假设。譬如人性假设，就是搞企业绕不开的一个重要命题。在企业管理的意义上开展对人性的研究，我们起步还比较晚。甚至可以说，对国企来讲还尚未真正起步——特别是在应用性的研究方面。

作为管理者，我们应该知道西方管理理论中关于人性的一些基本假设。至少在经济史上，迄今为止影响最大的假设应该是亚当·斯密提出的“人性是利己的”假设，也就是后来所谓的“理性人假设”。从这一点来说，亚当·斯密应该是博弈论的始祖。他正是基于这一假设才提出了市场经济这一影响深远的“看不见的手”的伟大创新理论。亚当·斯密是在1776年出版的《国富论》中提出这一假设的，他认为每个人在追求个人利益的同时无形中促进了整个社会的共同利益。他说：“每个人都追求自己的利益，他并不关心社会利益，他也不知道社会利益为何物。在他这样做的时候，有一只‘看不见的手’，使得他增进了社会利益。这样所达到的社会利益，比人们去追求社会利益的时候还要大。”也就是说，当人们出于利己的目的从事市场经济活动的时候，往往客观上不得不给他人带来更大的利益。利己所创造出来的财富大于利他所创造出来的财富。利他只是利己的手段。所以说，市场经济更符合人性，以致渐渐形成这样一个理念：成为富人是每个人的社会责任。

当然，利己不纯粹是以获取物质利益为目的的经济行为。利己行为同时也是一种精神、一种感觉、一种幸福观的折射。比如父母为子女付出，全无所求，不计代价，苦中作乐。这个“苦”，似乎是在利他。其实后面那个“乐”，正是利己——获得了满足感和幸福感。

其实，我觉得，利他也是人的本性。如果人性中没有利他，人类就等同于低等动物，人类的文明也就不会像今天这样光辉灿烂。事实上，我们所谓的低等动物也广泛地存在利他的行为。高尔基说："爱孩子，这是母鸡们也会做的事情。"但利己与利他这个问题的复杂性还在于：有时出于利己的目的，客观上往往会助人；而有时出于利他的目的，客观上往往会害人。这样的例子，生活中不胜枚举。

其实，讨论人性是利己的还是利他的，或者说事实上人性是利己的还是利他的并不重要，重要的是根据什么样的假设做出什么样的制度安排。事实上，自从亚当·斯密揭示了"人性是利己的"这一秘密之后，西方后世学者便将人性假说作为管理思想和管理理论发展的一条重要线索。19 世纪初，大卫·李嘉图提出"群氓假设"，即社会由"一群一群的无组织的个人所组成"，并以一种"计算利弊的方式"为个人的利益而行动。从这一假设出发，必然的结论是对这些"群氓"只能运用绝对的"集中权力"来统治和管理。20 世纪初，被称为"科学管理之父"的美国管理学家泰勒把"经济人"假设应用到企业管理并建立了科学管理理论，人性假设就成为系统的管理学理论不可缺少的理论假说。其实泰勒所谓的"经济人"的概念就是亚当·斯密所谓的"个人利益的追逐者"。所以，搞企业管理离不开假设。因为管理的第一对象是人，搞管理就离不开人性假设。这同操纵和使用设备之前，首先要了解设备的性能或功能一样。中国古代，长期的封建社会管理就是建立在"人之初，性本善"的人性假设基础上的，事实证明这是一个失败的假设——尽管是一个听起来很美好的假设。儒家思想占据中国封建社会文化的主流地位以来，维系封建制度的"重农抑商"思想严重影响了中国经济的发展，机器发明更是被称为"奇技淫巧"，什么"无商不奸"、"为富不仁"更是从群体意识上阻碍了市场经济的发展。

古希腊学者亚里士多德认识到"人是天生的政治动物"，开辟了人类管理史上的"政治人"时代，而这个时代永远不会结束。1933 年提出的"社会人"假设则是后来的梅奥对管理科学的重要贡献，这个假设肯定了人的社会属性，为建立行为科学奠定了基础。1943

年马斯洛提出的需要层次论对人性研究也有很大的贡献，在他的理论中“自我实现人”代表人的最高级需求，人的实现价值的欲望被揭示并被高度肯定。1960年麦格雷戈提出的“X理论—Y理论”对人性进行了归结分类，对人性从消极和积极两个方面进行了假设，其中Y理论就是基于“自我实现人”假设。丰田公司就是运用“Y理论”在管理上取得了巨大成功。这一理论的代表口号是“工作即娱乐”。1965年，埃德加·沙因在《组织心理学》中对人性进行了归类并提出了四种人性假设：“理性经济人”、“社会人”、“自我实现人”和“复杂人”，其中“复杂人”假设被称为“超Y理论”。“超Y理论”具有“权变”的性质，是指应该针对不同的情况，“选择或交替使用X、Y理论”。这种理论是要求将“工作、组织、个人”三者做最佳的配合。1970年，约翰·莫尔斯和杰伊·洛希发表的《超Y理论》继续对前述人性研究做了总结，其阐述的“复杂人”的观点揭示了人的多维结构上的多面性。可以说，正是对人性的层层揭示和多面展示，才引导着管理理论不断发展并使得其流派众多、精彩纷呈。20世纪80年代初迪尔和肯尼迪又提出了“文化人”的观点，进一步对人性进行了揭示和阐述：人是环境的动物，环境是自变量，人是因变量，由于文化的层层叠加、累积和变异，人的未来是不可知的。80年代后期，又有前面提到的“理性人”假说，即人的最优选择或许更加趋于理性——博弈经济学就是建立在这一假说基础之上的。更有人提出了“多维博弈人性假说”，认为人性表现具有多维性，在特定的管理场合中能够进行行为取向的调整。

回顾管理科学的发展历史，可以看到人性假说是任何系统的管理学理论都无法回避的，而且各种管理理论也都选择了不同的人性假设作为理论基础。现在又有人提出，文化管理的人性假说是“观念人”假设(或称“自动人”假设)——人的行为受其观念的巨大影响。“观念人”假设强调：世界观、人生观、价值观等基本的观念体系对人的行为具有决定性的影响，通过影响和改变这些观念就可以深入持久地影响和改变人的行为。我始终认为，理想、信念、价值观、道德观对企业管理来讲是十分重要的因素。文化管理的核心就在于塑造共同的价值观，或实施基于价值观的管理。1996 年的八国里昂会议上，一些专家们的看法是："谈管理，就要研究人在劳动中的表现，而人的表现一般来说取决于以下三个重要因素：心理状态、信念和利益。""观念人"假设与文化管理的核心思想完全契合，因而正是文化管理理论的人性假说。"观念人"假设告诉我们：要重视价值观、人生观、世界观等思想观念因素的影响，把塑造共同价值观作为管理工作的基石。人性是依据现实条件、环境的变化而不断演变的，企业管理的人性假设将是没有尽头的。何况，不同国家、不同民族、不同地区，甚至不同企业呈现出来的人性必然是多样性的特征。所以，管理也必然是依据不同的人性假设而采取不同的管理方式。或者说，假设的意义不在于正确，而在于适用。

其实，一切产品，皆依人性而设计。当然，宠物们用的产品要依据各自的动物本性而设计。人分男女，男用产品与女用产品大有不同。现在看，女性产品的市场更为广阔，这源于女性的心理弱点，当然也可以说女性更爱美。女性的行为心理偏向恐惧、胆小、缺少安全感，要挣她们的钱，首先得吓唬她们。现在恶俗小广告铺天盖地的都是宣扬这类的产品：无非是肥胖者要快速瘦身、有缺陷者要立竿见影美容之类。那些肥胖和缺陷的镜头看多了，女性自然就怕了，怕自己也变成那样子。女性的思维方式与男性迥然不同，女性是偏感性的动物，世界上每 14 位数学家中只有一位是女性。生产女性用品，要考虑到女性的这些心理特征。譬如，通常女性会嫉恨丈夫喜欢玩的东西——棋、鸟、武器。为什么？因为女性会认为自己在男人眼里不如那些东西重要。这种思维方式是潜意识里的，也是很奇怪的，更是很独特的。又比如，女性喜欢男性在纪念日送鲜花、首饰之类的礼物，所以商家大可以做这方面的文章。人性中都有自我保护意识。比如，男性中喜欢偶像剧《流星花园》中的 F4 的很少，这不奇怪——嫉妒他们的帅而有钱，又可以经常"泡妞儿"。其实本来这样的电视剧开发出来就是给少女们看的，所以不喜欢 F4 的少女很少，少女们潜意识里都在与其中的某一个谈恋爱。同样道理，女性中喜欢演员张柏芝的很少，喜欢张曼玉的比较多。因为觉得张柏芝个性张扬且美不可及，潜意识里就嫉妒，于是自我保护意识被调动起来了，甚至有少女说她丑。她们觉得张曼玉那种韵味的美尚可接近或努一下力也能部分地达到。这些都是心理倾向导致出来的思维方式。所以还是那句话，搞经济，不研究人性不行。

再比如，人又分老少，小孩子的钱好赚，多半因为父母的望子成龙等心理。老年人的钱很难赚，菜贩子一定这么认为，但搞健康理疗的人却不一定这么认为。前几天看报，有一位老年人，省吃俭用了一辈子，老了老了非要买一张上万元的理疗床，家人怎么劝都劝不住。商家的办法恰恰是利用了老年人爱占便宜的弱点，免费做理疗，边做边“洗脑”，老年人排队做免费理疗都排到大街上了，于是店面一派繁荣景象，久而久之，老人们则纷纷掏腰包矣。为什么很多人爱穿牛仔裤？一是穿起来无分贵贱，二是穿起来耐脏耐磨，三是穿起来随意、轻便、休闲且有活力（以至于有些人上了岁数更爱穿）。这些都是人性的特点，牛仔裤最大限度地实现了这些需求。

我们常说“经济规律是不以人的意志为转移的”。这话不一定正确，大可商榷。为什么呢？经济规律，背后就是人的规律。人的规律就是人性的规律。怎么能说经济规律是独立于人的精神世界之外的客观存在呢？离开人，经济无从谈起。从某种意义上说，经济规律就是以人的意志为转移的，经济规律反映的就是人性的规律。

6. 大庆精神与铁人精神就是我们的核心竞争力

继续前面的话题。我们不妨设想一下：我们大庆油田的真正优势究竟是什么？我想，所谓优势，从来都是人的优势。人的优势，归根结蒂是人的精神的优势。原子弹不是打赢战争的根本力量，而是一批制造原子弹的人。“两弹一星”的卓绝背景更说明了这一点。所以，设备、技术、资金、市场份额都不是大庆油田真正的优势——尽管我们在这些方面是有优势的。我们的真正优势、核心优势，就是我们的大庆精神、铁人精神。

事实上，在大庆油田的会战年代，像王铁人这样的工人有一大批。我经常这样想：目前我们的企业太需要，或者说太缺少像王进喜这样的人了。有个德国人这样评价我们："中国有很多人口，但人才不多。而在这有限的人才中，品德好的更有限。"我认为，对企业来讲，"有用"是人才最大的特征，而责任感，是人才最核心的内涵。这些年来，我越来越感受到：大庆精神、铁人精神是很了不起的一种精神，是很有我们民族特点的一种精神，是很耐人寻味的一种精神，是对全世界、全人类形成贡献的一种精神。一方面，市场经济更需要"三老四严"[①]。另一方面，大庆精神也需要市场经济的检验。

我们现在学习大庆精神、铁人精神，学什么？不是学文本。是学习文本产生的过程，是学习为什么在当时那样的条件和环境下，能够迸发出那样空前的、强大的创造力，源源不断地生发出那种原始创新力。当时的会战在道德层面解决了很多问题——解决了全体会战人员的价值观问题；在方法层面解决了大量问题——创生出了大量行之有效的方法。这两个成果是惊人的。如果说世界强国有什么惧怕我们的，正是这一点。合众国际社记者罗伯特·克雷布在《王进喜式人物正在使中国前进》一文中写道："尼克松之所以要访问北京，多半是由于王进喜以及像他那样的中国人。"美国总统为什么如此重视一名普通的中国工人？就是这个道理。所以，"人总是要有点精神的"，大庆精神、铁人精神并没有过时，过时的是我们自己，我们不善于解决属于我们自己的问题，这就是过时的表现。于是我们总想回过头去找答案，"王进喜们"当年是回过头去找答案的吗？实干永远是最好的办法。对此王铁人说得好："不干，半点马列

---

① 大庆石油职工在会战实践中形成的优良作风，即"对待革命事业，要当老实人、说老实话、办老实事；对待工作，要有严格的要求、严密的组织、严肃的态度、严明的纪律"。

主义也没有!”其实，我们现在与会战时期遇到的问题是一样的：思想问题、技术问题、管理问题等。如果说有差别，只是条件不同而已。但是，我们现在缺少像会战时期那样有效的手段，不善于在目前的条件下，创生出属于我们自己的现代精神与企业文化。我想，今后，要把大庆精神、铁人精神作为大庆油田各个层面培训的“必修课”，要以“内训”的形式广泛地进行应用性的开发，要进行“活化”教育，要从大庆精神、铁人精神中得到启示，创造性地解决我们目前遇到的问题。总之，我们有责任经营好大庆的优良传统。对大庆精神、铁人精神的宣传和灌输，也应该是持续不断的。

记忆会代替思想，这就是洗脑之法。一种记忆可以冲淡另一种记忆。记忆的特点是重复性、愉悦性、暗示性。要解决思想问题，就不能不在记忆上下功夫。这就是一个形式的问题。形式之重要，也即在于此，要入耳（比如音乐）、入脑（比如道理）、入心（比如情感）。所以我常讲，要创新培训方式。最好的工作方式是学习，最好的学习方式是工作。我们要很好地研究学习的方式、工作的方式，把形式的优势发挥出来。大庆精神、铁人精神，是我们宝贵的精神财富，是最有价值的本土资源，也是我们参与国际国内竞争的最大优势。

国有特大型企业，是国民经济的命脉，是国家的“经济柱石”。履行好“三大责任”（政治责任、经济责任、社会责任），需要付出超乎寻常的努力。其中的滋味和苦衷，是私企老板们所体察不到的。在这样一个企业，塑造共同的价值观、实行共同价值观基础之上的文化管理，是非常必要的。张瑞敏说：“海尔的企业文化是海尔的核心竞争力。”我们是否也应将大庆精神、铁人精神看作是我们这个特大型国有企业的核心竞争力呢？现在很多企业都在讲企业文化，其实，企业文化不是文化人写出来的，而是实干家干出来的。听实干家讲企业文化，才有更强烈的感受，才有更突出的效果。很多企业用几个文化人“编写”出来的《企业文化手册》，印出一大堆发到员工手里，其实并没有几个人真的认真去看，实际上是没有用的。

7. 假设的运用及意义

德鲁克的惊人假设

从前述各派管理理论的发展中，我们不难看出理论假设的威力有多么巨大。托马斯·费里德里曼说："世界是平的。"这也是个假设。他认为现在的社会必定抵挡不了全球化的浪潮，他说："当世界变平的时候，你会感到自己也被铲平了！"我要说："世界是不平的，并且永远不会平。"古人说："不平则鸣。""平"了就没声音了。而事实上，世界充斥着各种不同的声音。经济越是全球化，世界越是不平。因为全球化的经济将与个性化的国家政治、差异化的民族文化产生撞击。那时世界会更热闹，或游行，或动荡，或战争，反过来也许会导致全球性的经济危机。前面讲过，世界是基于变而应变、而求变的。要时刻关注变化，必须提前去假设变化、引领变化。为了使我们搞企业的人更直接地感受到假设的巨大作用，我在这里想引用一下被称为"大师中的大师"、"现代管理学之父"的彼得·德鲁克在他90多岁高龄所著的《21世纪的管理挑战》（1999年出版）一书中提出的令人惊异的假设。他说："事实上，日本和所有南欧国家，都将在21世纪结束时走向集体自杀。"因为所有发达国家都将进入老龄化社会，以至于发达国家的退休年龄必须推迟到"79岁左右"，而"现代世界上所有的机构，特别是企业，至少在近200年来，都假设人口会不断增加"。而这无疑是个过时的、极为错误的假设。德鲁克说："从今以后，发达国家所有的机构必须将战略建立在完全不同的假设上，那就是人口将不断萎缩，特别是年轻人口。"我们中国的人口红利已经在悄悄步入衰退，这要引起我们决策层足够的警惕才行，否则将“负债”累累。德鲁克甚至认为：“未来二三十年，人口结构将会左右所有发达国家的政治局势。政治不可避免地将要波涛汹涌。没有一个国家对此做了十足的准备。”如果说老龄化问题带来了社会、经济和政治问题的话，那么养老金问题可能将深刻改变公司治理的一个根本性的问题：企业为谁的利益而经营？为员工、股东，还是为那些准备为自己攒点养老钱的人？现在全球资本市场有 1/3 的钱是养老金。那些替将来要退休的人投资的机构至少持有美国上市公司 40％的股权，而在大型公司里的股权可能超过 60％。同样，他们还拥有其他发达国家公司的股权。而这些持股人更看中的是二三十年后的经济收益，而不是短期收益。德鲁克说：“这是一场看不见的革命。”由此我们可以看到，一个有非凡前瞻性和洞察力的假设可以使企业提前进行科学的战略决策，以适应未来的发展趋势。

处在信息时代的企业特别是我们国有企业，必须将更新、更多的信息作为补充材料并以此为基础来提出新的假设，以应付变幻莫测的形势。这样才能更好地洞察和把握未来的发展走向，才能占得先机和赢得未来。相反，如果不能从过时的假设中走出来，企业必然会走向死亡。当然，德鲁克的假设是不会成为现实的。目前一些国家采取鼓励生育的政策，比如德国和俄罗斯。虽然德鲁克的假设不会成为现实，但这并不是说这种假设就失去了意义。事实上，德鲁克的假设有着十分重要的现实意义。

德鲁克还说过：“管理既不是艺术，也不是科学。它只是实践。”这使我想起北大教授刘文忻的一句话：“经济学更推崇和相信直觉。”这两句话表面看起来是矛盾的，其实恰恰相反。不仅不矛盾，而且是相辅相成的，是完全契合的两种表述。一方面，企业的事情是实实在在的事情，就是一个实践、实践、再实践的问题，总结出来的艺术性、科学性没有太多的普遍意义，并且很快就会过时。另一方面，经济活动更是瞬息万变的，离不开天才的想象与直觉。后面我还会讲到这个问题。

假设的下意识应用

假设的应用是这么重要。也许我们觉得这很难在实际工作中去运用，那是因为我们很少想到去运用。其实很多时候，我们在工作中已经下意识地应用了假设。比如说，制度的前提是什么？其实是存在一个“无赖假设”的，即把制度所发生作用的对象假想为无赖。这就是下意识的应用。我们企业所有的制度，有意无意地都遵循了这样的无赖假设。制度如果约束不了坏人，只能约束好人，就是不好的制度。什么叫制度？制度就是不讲道理的道理。前一个道理是小道理，后一个道理是大道理。也就是说，制度就是不讲小道理的大道理。再比如对搞物业管理工作的，可以做出什么样的假设？我说应该有个幸福假设，即假设人们是永远追求幸福生活的，是追求舒适、干净、整洁的环境的，是追求绿化、美化、亮化的，是追求完美服务的，这样的假设是不会有错的。那么，也可以进一步做出假设：小区的居民对物业服务是永远不会满足的。根据这个假设，那么至少我们的工作心态、工作方针和工作方式都会有一个正确的、符合实际的方向。再比如，对我们从事干部管理工作的人来讲，某些时候还需要一个亲人假设，就像对待亲人一样对待干部，这样就会多一份理解、多一份谅宥、多一份关爱、多一份帮助、多一份耐心。还有，通常我们总要在做事之前做最坏的假设，并据此做出预案。比如安全预案等，都是假设在实际工作中的应用。假如我们的会场失火了，怎么办？或者闯进了一名手舞菜刀的精神病患者，怎么办？这样的设想，就是假设，依据这样的假设制定的预案就是创新。

假设的水平往往决定工作的水平

据说英格兰足球队有一个球员，投掷边线球十分出色。经专家分析，他的投掷角度并非是物理学定律初速度 45 度的最佳角度，而是 30 度。为什么会这样？原因就是假设上出了问题。因为人体结构对这一定律有一个修订值但被大多数的球员所忽视了。当年，美国兰德公司预测“中国将出兵朝鲜”，这是一个经典的假设案例。可惜美国政府没有购买这个假设。否则，历史就要改写，中、美、朝就不需要付出那么惨重的代价了。兰德公司是 20 世纪 50 年代在加利福尼亚州成立的一家决策咨询公司，“兰德”的意思是“研究和发展”[①]，在美国乃至全世界都颇负盛名，以擅长介入政府决策名扬天下。当时二战刚结束，形成东西方两大阵营的对峙状态，为了在战略上取得优势，杜鲁门政府欲出兵朝鲜，但对中国是否出兵一直难以判断。兰德公司对美国出兵朝鲜，中国将会采取怎样的战略进行了决策分析，向美国政府索要巨额咨询费。美国政府不愿为“中国将出兵朝鲜”这几个字付出高昂的咨询费。结果朝鲜战争爆发后，中国以志愿军的形式出兵了，与美国在朝鲜战场上进行了三年多的浴血奋战。后来美国远东军司令长官麦克阿瑟将军讽刺美国政府说：不愿花一架战斗机的价钱，却付出了数艘航空母舰的代价和几十万军人的生命打了这场预先可以避免的战争。据说朝鲜战争结束 30 年后，美国政府从兰德公司手中花重金买下了整套咨询报告。但不得不承认，美国对南联盟的假设是极其成功的，正是基于这样一个准确的假设，使对手们在很多方面措手不及、弱势尽显。现代咨询业与专业预测机构的兴起，可以说是假设的改版和升级。

再比较一下我们与美国的假设习惯。我们每次开“两会”，都是假设所有的文件是最好的，然后展开讨论，自然绝大多数是欢迎的、赞同的声音，代表们接受记者采访的时候个个热血沸腾、热情洋溢、信誓旦旦。回去后面对现实会怎么样呢？美国的总统国情咨文，却是被公众假设成是有问题的，因此总是遭到批评，然而在一片质疑当中却不断得到完善。两种不同的假设习惯当然将导致两种不同的

---

① RAND（兰德）是英文 research and development（研究和发展）的缩写。

结果。

给大家出个测试题：某人从某地出发，向南走 1 000 米，再向东走 1 000 米，然后向北走 1 000 米，他会走到哪里呢？如果我说他回到了出发点，你相信吗？这就是个假设的问题。我们如果假设他是从北极点出发的，就会得出这个结论。

将某一假设作为目标会迅速带动全面创新

三星公司在面临危机时曾大胆提出："三星的手提电脑要比索尼的薄一厘米。"这在当时几乎是一个不可能完成的任务，但完成这个任务却意味着不仅将彻底扭转危局，甚至会跃居亚洲电子"老大"的位置。提出"一厘米"的假设，一场全面创新的战役就此打响了。三星公司在短短几年时间内，一飞冲天。我想，目标甚至可以不是为了达到而确立的，而是为了在努力实现目标的过程中实现追求状态的最佳化而确立的。如果这样去确立目标，那么很多意想不到的事情将会发生。

养成了假设的习惯，创新的能力就会提高

提出假设，这是一个习惯的问题。养成了假设的习惯，假设的能力自然就会提高，那么创新的能力、工作的水平也就提高了。这里，我着重解释一下"习惯"这个词，以及为什么强调说要养成假设的习惯。"勉强成习惯，习惯成自然。"这句话很重要。比如，人人都知道健康很重要，但很少有人能够持之以恒地形成良好的饮食起居习惯。在一次参加安全会议的时候，我讲过这样一段话："工作流程要变成动作习惯。理念要变成行为习惯。总结要成为思维习惯。求甚解要成为思维习惯。习惯要靠养成。点滴积累成习惯。优秀其实是一种习惯。竞争，就是体现在习惯上的竞争。习惯即文化。或者说，文化是习惯的背景，习惯是文化的主角。超一流企业做文化，

超一流企业比习惯。养成习惯是痛苦的。痛苦之后是快乐的。痛快痛快，先痛后快。”养成好的习惯，的确很重要。习惯是什么？其实，习惯就是文化。文化又是什么？文化就是行为的积累。两匹马屁股的宽度等于马车的间距，等于电车间距，等于铁轨间距，等于美国火箭推进器宽度，等于罗马战车间距，谁能说清是为什么？这个文化形成的过程是复杂的，是传承下来的，也是合理的。

我们说有的企业是创新型的企业，那么，首先是因为这个企业有一个持续不断地进行创新的习惯，有一个持续不断地进行创新的文化。我们很多管理者，其实有意无意中正在扮演扼杀公司员工思维创新潜能的角色。好的管理者，要努力建设并形成一个可充分激发员工进行创造性思维、充分开启每名员工智慧潜能的优良企业文化氛围。领导者的责任，就是释放下属的能量。企业的每一名员工，都要保持一个良好的状态，养成一个良好的习惯。比如，随时将自己头脑中闪现的想法记录下来，日积月累积攒下来就意味着创造性素材在潜移默化地增长，往往在这些生机勃勃的创意、“杂草式”的构思和异想天开的奇思妙想中，就孕育着创新。纸条、小本子、手机录音、电话留言，都是记录的好载体。领导者则要对思维创新者所表现出来的古怪行为付出宽容和忍耐。再比如，对司空见惯的老构思、老套路，也要不断地赋予新意，使老构思、老套路在新的条件下重新焕发生机。这样做，很多时候比我们重起炉灶去进行全新的探索更为节省成本，也更为快捷有效。我们总要在错误的发音中学会语言，也同样总要在将杂草丛生的想法付诸实践的过程中学会创新。所以，我们每个人都要愿意将心中的构思表达出来，并愿意付诸实践。

科学是什么？科学的本质乃是人类的好奇心。或者说，科学乃是大自然对人类好奇心的一种回馈。哲学是什么？哲学就是人类在惊奇后的思考。问题是，面对星空我们要深深地感觉惊奇。好奇心就是创新的内在动力。保持好奇心，就是保持创造力。创新无处不在，创新不分大小。我们每个人都要试着去当发现者、发明者、创新者、创造者。如果认为自己不是创新那块料，那么原来所具有的创造性潜能将慢慢丧失掉。

我们常说，思想决定行为。可要知道：习惯就是行为的积累，习惯性的行为将形成或改变性格，而性格决定命运，所以应该说习惯决定命运。好的习惯就是一种修养。修养重于学识。当年，苏联准备发射第一艘载人航天器，组织了一批宇航员参观宇宙飞船。其他宇航员都是穿着鞋子走进座舱，只有加加林脱掉了鞋子，穿着袜子小心翼翼地进入飞船。最终，加加林被选中，成为苏联飞天第一人。素养、品格和好的习惯确实是最好的通行证。

不同的假设会形成不同的工作方式与重心

我们常听到这样一句话：企业之间的竞争，实质上是人才的竞争。可以说，这已经是一个被普遍认可的假设。其实，我们也可以据此进一步做出假设：企业之间的竞争，实质上是人才选用机制的竞争。这个假设无疑也是成立的，并能使我们的工作更有针对性和操作性。人才不是凭空产生的，人才选用机制显得更为重要。我们不能“只见树木，不见森林”，只看到人才，没有看到人才的培养、选拔和管理机制。甚至我们还可以做出这样的假设：企业之间的竞争就是各企业人力资源管理水平的竞争。这个假设更为具体，更为实际。人才机制是哪里来的？人力资源部无疑是个关键所在。基于这样的假设，就会对企业的人力资源工作有一个全盘把握。再往下推演，可以说，企业之间的竞争就是人力资源部经理之间的竞争。越往下的推演越具体。各企业人力资源工作水平之间的竞争，取决于人力资源部经理的认知水平和实践水平——对国企而言，更取决于他的价值观。这个假设还包含了另外一个重要的含义：作为企业的一名人力资源部经理，不仅工作能力和工作水平要足够，而且还要有正向影响“一把手”的能力，也就是具有说服本企业老总的能力。说服能力不够，政策再好也推行不了，就做不成事情。说服不了老总，人力资源部经理是有责任的，甚至是不合格的。而且人力资源部经理还要有很强的明断力，能够从下属那里获得正确的意见和建议。这又是个分辨力的问题。所以，人力资源部经理的含量（内涵与外延）应该是相当大的。

不同的假设带来的巨变是：整个工作方式都产生了变化，整个“打法儿”都变了。当年周恩来曾指出：计划所造成的节约是最大的节约，计划所造成的浪费是最大的浪费。这可以说是一种假设。在计划经济年代，就是一种切合实际的、有效的假设。再比如，假如我们会场突然停电了，怎么办？假如我们用于播放幻灯片的电脑坏了，怎么办？事先我们有没有预案？事先有没有像飞机多备用几个发动机一样多备用几台设备？这就是个工作水平的问题，这些都是基于假设做出的。当年邓小平说：“毛主席不开长会，文章短而精，讲话也很精练。周总理四届人大的报告，毛主席指定我负责起草，要求不得超过五千字，我完成了任务。五千字，不是也很管用吗？”一个人大报告，五千字就管用了，这在今天是个奇迹。这不是语言的问题，而是思想的问题。想想看，五千字就应该管用。这就是一个假设，假设五千字就能解决问题。从“写材料”的思维来看，是不可能的。但在伟人那里看，五千字足够了。老子的《道德经》就是五千言。《孙子兵法》也仅约六千字。毛泽东的文章都不长，很有激情，更像散文，形散却神聚，《矛盾论》、《实践论》篇幅都不长。按照毛泽东的要求去完成起草人大报告的任务，必然会带来认识上的创新和写作上的创新。所以说，不同的假设带来的是不同的工作方式、工作重心和工作结果。邓小平在著名的南方谈话中，曾批评过“文章太长，讲话也太长，而且内容重复，新的语言并不很多”的形式主义现象。他自己讲话、写文章都很有特色，特别简短有力，善于抓住要害，从不冗长繁琐。他在70年代末强调实事求是问题时曾说：“毛泽东同志讲过：‘我写文章，不大引马克思、列宁怎么说，报纸老引我的话，引来引去，我就不舒服’。应该学会用自己的话来写文章。”《邓小平文选》第三卷的119篇文章中，很少引用马克思、恩格斯、列宁、毛泽东的语录。语言完全是自己的，独具特色，生动、新鲜、朴实、精辟，没有一句空话、套话、八股腔，简明扼要且内涵深刻丰富。我觉得，能坚持说自己的话，是真本领。就像袁枚说的，“落笔无古人，而精神始出。”在企业里，没本事，讲话才多；没思想，头脑不清晰，写材料才长。

假设的错误会带来很严重的恶果

假设是处于现实、处于已知，基于空想、基于判断，面向未来、面向未知的一种创造性思维。科学始于假设，假设错误就会带来违反科学的行为。依据错误的假设开展工作，会带来很严重的恶果。永动机就是个错误的假设，许多人耗费精力去研究，以至于法国科学院200多年前就形成决议宣布永不受理关于永动机的发明。新中国成立初期，我们大搞“人民公社”、“大跃进”、“三五年超英赶美”，这就是基于“人性善”、“新社会人们都有高度觉悟”这样的假设。事实证明，愿望是良好的，实际却不是那么回事。新中国成立初期那种觉悟和热情维持一阵子可以，长久下去是不行的。光有好的愿望没有用，关键是要找到实现愿望的办法。邓小平后来痛定思痛地说：“办事靠觉悟，短期可以，长期不行；对少数人可以，对多数人不行。”于是，才有今天“社会主义初级阶段一百年”的假设。

其实，毛泽东早就预见过社会主义要经历至少一百年的建设时间。伟人对于时间的感觉是很敏锐的，他们的预言往往是极准确的。早在1961年，蒙哥马利元帅访华时就对毛泽东说：“再过50年，你们就了不起了。”50年过去了，今日中国的崛起，印证了蒙哥马利元帅超人的预见性。当时毛泽东就敏锐地听出蒙哥马利元帅的言外之意，正是今天西方所谓的“中国威胁论”。所以，毛泽东马上对蒙哥马利元帅说：“我们是马克思列宁主义者，我们的国家是社会主义国家，不是资本主义国家，因此，一百年，一万年，我们也不会侵略别人。”1962年，毛泽东在扩大的中央工作会议上讲过的一些话，今天重温感觉很了不起：“对于政治、军事，对于阶级斗争，我们有一套经验，有一套方针、政策和办法；至于社会主义建设，过去没有干过，还没有经验。……至于建设强大的社会主义经济，在中国，五十年不行，会要一百年，或者更多的时间。……资本主义的发展……已经有三百六十多年。……社会主义和资本主义比较，有许多优越性，我们国家经济的发展，会比资本主义国家快得多。可是，中国的人口多、底子薄，经济落后，要使生产力很大地发展起来，要赶上和超过世界上最先进的资本主义国家，没有一百多年的时间，我看是不行的。也许只要几十年……但是我劝同志们宁肯把困难想得多一点，因而把时间设想得长一点……设想得短了反而有害。”“从现在起，五十年内外到一百年内外，是世界上社会制度彻底变化的伟大时代，是一个翻天覆地的时代，是过去任何一个历史时代都不能比拟的。处在这样一个时代，我们……要准备着由于盲目性而遭受到许多的失败和挫折，从而取得经验，取得最后的胜利。”这些话透着超人的预见性，今天读来我们深感震惊的同时又不免心痛。当时苏联赫鲁晓夫头脑发热，提出“15 年赶英超美”，我们是苏联的小兄弟，才提出“三五年赶英超美”。

假设的错误是会带来巨大恶果的。美国也同样会犯这样的错误，断定中国不会出兵朝鲜，就给美国带来很大的损失。世界上 80%的坏事都是好人干的。搞经济，完全靠觉悟是不行的。改革初期，实行土地承包，农民的生产积极性被调动起来了，这就是人性利己一面的体现。张五常说：“市场上总是一片砍价声，这就是人性的声音，是本能的呼声。”政府（或企业）的责任，就是设计和出台能够反映这种人性呼声的制度。所以，基于人性假设做出制度安排，是经济规律的一种要求。搞经济工作，搞企业管理，就要重视这个问题。

小结：变与应变是这个时代永恒的主题。由此我们必须培养假设的意识与假设的能力。那么我们需要在哪些方面下功夫呢？有这样一些关键词：“抽象”、“勇气”、“观察”、“气质”、“直觉”、“想象力”、“洞察力”、“信息”、“实践”。这些关键词，有些我是当作思维创新的气质性来看待的。这一点后面还要谈到。

三、实际的思维

人的思维，总是围绕问题来进行的。没有问题就没有思维。亚里士多德说："思维是从问题和惊奇开始的。"惊奇是最深奥的疑问，是最美妙的表情，是人类最活性的瑰宝。所以，如果要想让自己的思维活跃起来，就必须时时刻刻去捕捉问题、寻找惊奇。对这第二个取径，我称之为"实际的思维"。所谓"问题意识"，就是在头脑中时时刻刻保持一种主动去发现问题、主动去思考问题、主动去解决问题的意识。这样的意识，反映在人的思维上，就会是一种敏感的、细腻的、被激活的、触角游动式的状态。对企业来讲，所谓"问题"，主要集中在三个大的方面：第一个是战略上的、理念上的、思路上的问题，这主要是决策层、企业核心领导者所要解决的问题；第二个是机制上的、执行上的、管理上的问题，这主要是执行层、中层管理者所要解决的问题；第三个是技术层面、操作层面上的问题，主要是企业员工在工作中所要解决的具体问题，同时还包括企业员工比较关注的或反映较多的焦点、热点、难点问题。

1. 发现了问题，就等于是发现了创新的对象

我们搞企业，既不是整天埋头学术研究，也不是整天忙于行政事务，而是每天做很多实实在在的经营管理上的事情。这些事情有的是战略上的，有的是战术上的，但更多的是一些实际的管理工作。海尔的张瑞敏发现的第一个问题，是职工在车间里随地大小便。我们常说要"正确地做正确的事"。其实，能够看出问题是管理者的一

种日常功夫。看出问题，是做“正确的事”的前提。就如从简单的事情中要看出不简单。要成就伟业，就要把简单的事情做好。海森堡说：“提出一个正确的问题，往往等于解决了问题的大半。”李政道说：“提出正确的问题是创新的第一步。”爱因斯坦说：“提出一个问题往往比解决一个问题更重要，因为解决一个问题也许仅仅是一个数学上的或实验上的技能而已，而提出一个新问题则需要创造性的想象力。”我要说：问题就是一切。很多时候，答案往往就在问题当中。凡是一个问题的提出，必有深厚的背景，往往意味着事情已经到了极为严重的局面。科学发展观的提出，就是在靠大量消耗资源、高投入和乱排放来维持生产率的经济增长方式导致一系列严重问题的情况下提出来的。提出构建和谐社会，也是在不和谐因素不断增多、引发尖锐矛盾和问题的情况下提出来的。所以，更高层面提出的问题，应是预见性的、前瞻性的，而不应是被动反应式的。领导者，一定要预见到未来将会成为主要问题的问题。

2. 管理者的真本领在于发现和解决问题

我们的管理者更需要有一双善于发现问题的眼睛、一个善于思考问题的头脑、一身善于解决问题的本事。要在头脑中树立强烈的问题意识，就是要能够在别人司空见惯的现象中敏锐地发现问题，要时时处处用捕捉问题的眼光去观察，要时时刻刻在头脑中思考解决问题的办法。有这样一个案例：一名师傅带一名新来的徒工，首先教他如何保养机器，给机器的几个加油孔加润滑油。徒工问师傅：为什么要给其中一个没有任何说明的孔里加机油？师傅说自己也不知道，是自己的师傅带他时告诉他的。后来这名徒工通过自己的努力最终弄清楚了，这是一个通气孔，根本没必要加机油。“知其然不知其所以然”，这样的事情是很多的，所以凡事都要问个为什么。发现问题是管理者的责任。能不能发现问题，既是管理者的水平和能力问题，更是管理者责任感的体现。不善于发现问题的管理者，是平庸的管理者。没有本事快速地、高效地、经济地解决问题的管理者，是不称职的管理者。解决实际问题是我们职场人士的迫切追求，我们总是处在发现问题与解决问题的过程当中。

另一方面，也可以说有了问题意识，就等于有了创新意识，而有了解决问题的本事，就等于有了创新的能力。我们知道，对中国革命形势的判断，王明与毛泽东是大不相同的。王明发现的问题是：中国革命的领导者中没有真正精通马克思主义理论的。毛泽东发现的问题是：中国革命要取得成功，必须经过革命实践来检验普遍真理，形成适合中国革命实际的创新理论。对问题的认定不同，导致行为上的不同。王明听共产国际的，搞城市暴动。毛泽东首先教育、组织、发动农民，走农村包围城市的道路，打游击战。邓小平在南方谈话中，提出要警惕右，但主要是防止“左”。要大胆地“闯”、“试”。这与当时大多数领导人的判断是截然不同的。因此，南方谈话在当时是振聋发聩的，掀起了一股强劲的加快改革开放步伐的“台风”。这股强劲而清新的“台风”吹散了长期笼罩在理论界的阴霾，极大地鼓动了改革开放的巨帆。毛泽东、邓小平就是善于发现问题、善于思考问题、善于解决问题的大师。往往一个问题出来了，对问题的解释却很不同。这是一个值得深思的现象。

我曾问过一位教授一个问题：美国为什么要打伊拉克？她知道我是搞石油的，她说，美国其实不是为了石油，而的的确确是因为伊拉克在搞大规模杀伤性武器。我想，这种对问题的看法，对于教授来讲，是犯罪，而且是职业犯罪。当然是为了石油！为了控制伊朗，进而与以色列遥相呼应，在中东这个地区形成军事和经济战略上的优势。这也就能解释清楚，为什么美国两次增兵伊拉克，而不是像很多人预料的那样——从伊拉克撤军。回想 2001 年美军打击阿富汗，相信这位教授也会说是为了“反恐”吧。当然也不是！而是阿富汗虽然小而穷但战略位置太重要了，并且对中国形成了包抄。美国至今不是还没有撤军吗？往前展望，美国打伊朗，应是迟早的事。英国看到了这一点，配合得很积极。很多人还不理解为什么英国怎么比美国还要积极。

再比如世界银行对发展中国家的低息或无息贷款，不能单纯地理解成对各国的帮助。当然，二战后很多国家认同一个道理：各国经济发展不均衡可能会引发战争，由此才诞生了类似世界银行这样的组织。但根本上，还是发达国家在符合本国长远战略利益的基础上做出的“英明”决策。因为发展中国家一定程度的发展更符合美、日等经济大国的长远利益，同时资本有输出的本能，单纯理解成这是对发展中国家的“帮助”显然是不对的。另外，现在已经不再是列强通过武力进行经济殖民的时代了，要继续保持强国的地位，只能靠文化输出、资本输出这样的软手段。

3. 要以问题为中心进行管理

中国传统文化的源头主要是周文化，是周公整理并集成了黄帝、尧、舜、禹时期的文化而形成的。相传尧、舜时期，在交通要道竖立“谤木”（也就是后来的华表），征集老百姓的意见，通过纳谏来治理国家。可见，以问题为中心进行管理，是我们的传统。

其实，以问题为中心进行管理，这也是海尔管理的成功经验。在海尔，发现不了问题就是最大的问题。“不断地检查，不断地纠错”，是海尔执行文化的特征。当然，过度强调执行力也会压抑创新。从哲学意义上讲，企业就是在问题管理中前进的，旧的问题解决了，就会产生新的问题，只有在不断地发现问题、解决问题当中，企业才能越走越好。德鲁克在谈到创新问题时指出，“充分地利用现存的不协调现象和工作中的困难或问题，自然会产生创新。”

我们不要把“以问题为中心进行管理”理解为只适用于创业初期的管理方式，以为企业进入快速发展期、稳定成长期后就应该以战略管理为中心了。其实，问题有大小。战略管理本身就是个问题。战略管理上同样会出问题，出了问题，同样是“以问题为中心进行管理”的题中之义。再说，战略并不是固定的、套路的、理论的东西。其实战略就是“要做但没做”的东西，甚至从某种意义上说，战略就是激情，战略就是感觉，战略就是信念，而不是教条意义上的“科学”。战略甚至有时取决于对手的反应。在研究战略这个问题上，不能形成“路径依赖”。事实上，在战略上出问题的企业是很多的。

4. 国企面临的问题

国企目前最大的问题是什么？就是总是没有时间去做更有价值的事情，整天忙于具体事务。拿人力资源工作来说，工作分析、岗位分析相当重要。但是，有几个企业把这件事情做实了？工作分析、岗位分析是人力资源工作的全部基础。这个事情做不实，一切工作都是低效的，都是在做无用功。

小问题也是问题，小问题折射大问题。古人云：“千里之堤，溃于蚁穴。”老百姓说：“针鼻儿大的窟窿，斗大的风。”小事不注意就会酿成大祸患。细节之处，往往更见品质。一次，我参加一个公司的会议，会议室窗明几净，看上去管理得很好，可我突然发现，我的裤子被桌子底蹭上了许多灰土，弄得很脏。擦桌子不擦底，这就是管理问题。其实，很多事情，都有这个做“表面文章”的问题。高水平的管理，应该是从来不留“死角”的管理。

其实，问题就是机会。或者说，机会往往以问题的方式出现。真正的管理高手是能将问题当作机会的。海尔维修人员经常接到来自同一个地区的维修报告，调查人员发现，这个地区的老百姓用洗衣机洗地瓜，海尔的管理层没有把这个现象当作用户使用不当的问题来看待，而是看作了市场需求、看作了机会，研制成功了既能洗地瓜又能洗衣服的洗衣机。

谈到问题意识这个问题，顺带说一句：西方经济学习惯将原因当作结果去看待，再不断地把找到的原因当作结果继续去分析原因，直至不可分解。这与我们东方的思维习惯有很大的不同。应该说，这是一种真正的科学思维和科学精神。举个例子：西方某公司对大楼出现裂缝的调查结果发现，裂缝是化学试剂造成的，因为使用试剂是为了清洗鸟粪，鸟粪是燕子带来的，燕子的到来是因为有蜘蛛，而蜘蛛是为飞蛾而来，飞蛾是因为有尘埃才光顾，尘埃是强光造成的，有强光反射是因为不拉百叶窗。不拉百叶窗，是造成大楼裂缝的终极原因——不可分解的原因。

5. 解剖我们企业的问题

下面，联系我们企业的实际，集中来谈一谈树立问题意识这个问题。2006 年，可以说是我们企业的“培训年”。我们企业为什么下这么大功夫抓这九期的研讨班？集中培训了 650 名中层干部，为什么这么重视？我体会，这就是要解决干部的思想问题、认识问题，从而解决干部行为上存在的问题。人的行为是受思想支配的，所以一切行为都能在思想上找到根源。也就是说，举办这九期研讨班是基于这样一个判断：我们在推进集团化、专业化运作的过程中，遇到的最大的问题，就是干部的思想认识问题。其实，在企业转型等关键时期，所遇到的最大的问题首先往往还是思想上的问题。在我们的干部队伍中存在的行为上的一些问题，相当程度上可以说是思想上的问题带来的。人是企业最重要的资源，是生产力中最重要的因素，也是第一资本。但是，人也是最难于管理的——否则不会有管理学的产生。因此，研讨班结束回来后，曾玉康同志要求大家都要好好围绕这些思想上、认识上、行为上的问题，进行剖析、查找、梳理：究竟我们的实际工作出现了哪些问题？究竟我们下一步应该怎样去解决问题？

那么，关键问题是什么？当时我也参加了研讨班的学习，通过学习，应该说加深了对《二次创业指导纲要》的理解，同时对集团化、专业化运作也有了较深刻的认识。联系实际，我感到：不管多么好的理论，不管多么好的战略，不管多么好的政策和制度，必须要有一大批高素质、强有力的人去落实才行。所以，最大的问题是抓落实的问题，抓落实最大的问题是能不能有效地解决问题。曾（玉康）总向大家推荐了一本书——《关键在于落实》，还把作者请来讲了一课。曾总对抓落实这个问题这么重视，可见这个问题的确是当前的一个重要问题。那么，如何才能抓好落实，我认为有五个关键：第一，各级领导干部是抓落实的决定性因素，特别是“一把手”，特别是行政“一把手”；第二，制约我们执行力有效发挥的主要因素是领导干部的责任心问题；第三，领导干部的观念问题、认识问题不解决，是抓落实的最大障碍；第四，衡量抓落实的标准，不是看层层开了多少会，也不是看出台了多少办法，关键是看解决了多少问题；第五，领导干部的素质和能力是我们抓落实的前提和保证。

如何做到快速、高效、经济地解决问题，就是要做到“清晰、管用”四个字，力戒形式主义。搞经营、搞管理，都是实实在在的事情。应该多考虑按经济规律办事，少考虑靠意识形态办事。搞经济需要懂政治，但不需要政客。形式主义对于我们国企的危害是很大的，主要表现在工作不动脑筋、缺乏创造性、作风飘浮、不求真务实。毛泽东说过：“盲目地表面上完全无异议地执行上级的指示，这不是真正在执行上级的指示，这是反对上级指示或者对上级指示怠工的最妙方法。”这是在《反对本本主义》这篇文章中讲的，时间虽然是 1930 年 5 月，但这段话针对性很强，对现在仍然有指导意义。对上级指示不是采取分析消化的态度和方法，而是照本宣科、不动脑筋，实际上是一种渎职行为。它反映的是一种普遍存在的僵化的思维模式，常常是歪曲了上级精神，也扼杀了群众创新。现在，不愿做冷的研究，不愿做深入的工作，不愿做长期努力的现象比较严重，一些干部比较浮躁和功利。如果不愿把时间用在研究论证上，不愿把精力用在做真功夫、细功夫上，企业的可持续发展就是一句空话。搞形式主义的同志，有时候也知道这是形式主义，也知道它的危害，但还是搞，因为这样搞省事，不容易出乱子，对上级也好交代，有时政绩还来得快、来得明显。这也是干部的一种普遍的心理。但是，每个对事业有着强烈责任感的人，都应该力戒形式主义，特别是要从领导做起。楚王好细腰，楚女就饿肚子。上行下效。如果下边的同志看到领导不喜欢搞形式的东西，自然也就不搞了——总搞他们也烦。我们现在形式的东西太多。会议太多，不解决问题。党的七大开了 50 天，战争时期召开的，不是十分必要能开这么久吗？会议开多少天不重要，关键要看管不管用、解不解决问题。

如何解决思想上的问题、如何抓落实、如何解决工作中的实际问题，在很大程度上，首先需要我们转变思维方式。比如，对大庆精神、铁人精神的认识问题，就是一个转变思维方式的问题。我前面讲了：大庆精神、铁人精神，是我们宝贵的精神财富，是最有价值的本土资源，也是我们参与国际国内竞争的最大优势。这也是 2006 年我去北大学习最大的体会。为什么说这是个转变思维方式的问题呢？因为在思维上，我们总是习惯于否定自己的东西，否定熟悉的东西，否定陈旧的东西，否定国产的东西，否定穷人的东西，否定“微人”的东西——人微言轻，而去认同别人的东西，认同不熟悉的听起来深奥的东西，认同新鲜出炉的东西，认同洋人的东西，认同富人的东西，认同权贵的东西。这些都是我们头脑中的思维定势。转变思维方式和思维习惯，就要不断打破这些思维定势。

举个例子来说，电脑键盘字母的布局，就是不可忽视的习惯的力量造成的。原来电脑键盘字母或英文打字机的键盘字母是按 ABCD 正常顺序排列的。可是因为太方便了，打字员击键速度就太快，容易发生两个字键绞在一起的现象，而降低打字员击键速度的最简单的方法就是打乱 26 个字母的排列顺序。后来，当由于材料工艺的发展，字键弹回速度远大于打字员击键速度的时候，人们已经“习惯了”这样的排列，已经无法推广使用更合理的按字母顺序设计的方案了。

我们大庆传统中的精细管理手段，甚至与德鲁克的某些观点不谋而合，这说明真正有价值的东西永远不会过时，仍然可以印证时代最先进的管理理念。还比如，对《大庆油田可持续发展纲要》的认识，也是这个问题。其实《大庆油田可持续发展纲要》是我们走过的路，自己的足迹，实践的总结，甚至是个在理论层面上也很超前、不落后于人的东西，是个对企业来讲应用性很强、很个性化的东西，并且与传统精神一脉相承。当年的长征精神、南泥湾精神、延安大生产运动中的自力更生精神，不就是大庆油田再现的“缝补厂”精神[①]、“干打垒”精神[②]吗？这都是中华民族精神的集合。“干打垒”不简单，解决的是会战人过冬的实际问题，每平方米 7 元钱的成本。否则，就要在冬季撤出大庆啊，可是在当时那么一个艰苦的条件下，参加会战的几万人又能撤到哪里呢？

在北大学习期间，我还有一个感受：大庆的地位，比我们想象的重要得多，大庆的发展，面临重大的机遇期。温家宝总理到大庆

---

① 大庆职工和家属勤俭节约办企业的艰苦创业精神。大庆石油会战初期，国家财力物力比较紧张，职工的劳保用品一时供应不上，再加上会战上得很猛，工人们白天黑夜苦干，衣服破得快，换新的又困难。当时会战工委领导决定抽三名工人和四名家属，在两个破牛棚里组成了一个缝补组。缝补组的同志轮流上前线，为职工缝补衣服，收集职工不能穿的油工作服，又把废旧油工作服、手套回收到一起，放到两口大锅里用碱水煮，洗干净后，缝制成手套，发给工人们用。随着生产的发展，1963 年，会战工委决定把缝补组扩建为缝补厂，从外地调来十多名专业缝纫师傅，配备了两百多名职工家属，缝补厂的生产能力也不断加强，使油田工人的劳保用品基本上达到了自给。缝补厂被石油工业部誉为“勤俭办厂模范”。后来厂房扩大了，设备增加了，财富创造多了，但他们仍然坚持勤俭节约，为国家节约一寸布、一两棉花、一个纽扣。“缝补厂”精神是大庆艰苦创业传统的重要内容，它所体现的勤俭节约精神，在新的历史时期仍需发扬光大。

② 大庆石油会战初期，广大职工因陋就简，解决居住困难的艰苦创业精神。1960 年 3 月到 5 月，四万多人的石油会战队伍一下子集中到荒无人烟的大草原上，居住条件十分困难。同年 9 月初，西伯利亚的寒流提前袭来，但由于打油井、铺油管、筑道路、造油库、修厂房等工作紧张，油田广大职工仍住在帐篷或活动板房里。寒冷逼近，冬季的生产和生活都受到严重的威胁。面对这种情况，会战领导机关果断地决定：不管西伯利亚的寒流如何凶猛，不管冬天何等严寒，会战的队伍一定要像解放军在战场上一样坚守阵地。在大庆油田，一支队伍也不许撤走，钻井一刻也不能停，输油管一寸也不能冻，人一个也不能冻伤。油田指挥部迅速调查总结当地群众打干打垒的施工方法，各级领导干部分工负责，充分发动群众，在搞好生产的同时，抽出一切可能抽出的人员和时间，开展一个“人人打干打垒”的群众活动。在各级领导的动员和组织下，一场过冬突击战很快在整个油田展开。各基层单位建立了干打垒专业小分队，下班的职工包括领导干部、工程技术人员和生产工人也都积极参加，动手挖土打夯，终于赶在大冻之前，建成了 30 万平方米的干打垒，解决了职工安全过冬问题，缓解了职工住房困难，保证了石油大会战的进行。

来，讲了很多事情。不久又到吉林油田，也做了很重要的讲话。短短的时间内，他两次到石油企业，讲了很多具体的东西，比如“俄油”、“俄气”的问题。胡锦涛总书记去新疆、去苏丹，也做了关于发展石油工业的重要讲话。所以，我们要敏感，要抓住这个机遇。对我们企业来讲，只要有一个超前的理念、一个清晰的战略、一个高效的组织、一个有利于创新的制度保障，资源型企业的可持续发展是没有问题的。关键要解决工作状态的问题，解决思维上的问题。

小结：没有问题就没有思维。没有问题意识，就没有创新意识和创新能力。看不出问题，是管理者的严重失职。大到战略、小到具体执行甚至技术细节，都有问题可挖掘。树立强烈的问题意识，是第一步。第二步，就是要解决问题。第三步，就是要创造问题。对管理者来讲，这是个永无止境的循环。

四、活跃的思维

思维是个空间。好的思维方式，就是填满这个空间。只有像烟雾一样弥漫开来，才能调动和运用好思维。这一个取径，我称之为“活跃的思维”。所谓“尽最大可能地发散思维”，就是说，要用普遍联系的观点看待变化着的事物。尽最大可能地去广泛地联系、尽最大可能地去广泛地联想。这是从概念上讲的认识，下面从观点和案例上来分析。

1. 要学会从给定的信息中生成新的信息

孔子说：“举一隅不以三隅反，则不复也。”就是说，告诉你一个墙角，你如果不想到三个墙角，那我就不再教你什么了——也没法子教你了。举一反三，就是发散式思维。发散思维是多向的、辐射的、扩散的。它不拘泥于一点或一线，而是从仅有的信息中尽可能地向多方向扩展，不受常规的约束。

发散思维的概念，最早是由美国人伍德沃斯于 1918 年提出来的，后来美国心理学家吉尔福特把它纳入到“智力结构的三维模式”中。发散思维的主要特点，就是从给定的信息中生成出新的信息。20 世纪 50 年代后，一些学者通过对发散思维的研究，进一步提出了发散思维的流畅度、变通度和独创度这三个维度，而这些特性是思维创新的重要内容。比如说铅笔的用途，大家都知道，当然是写字了。可是，1983 年，一位叫普洛罗夫的捷克籍法学博士在做毕业论文时发现：50 年来，纽约里士满区一所穷人学校出来的学生在纽约警察局的犯罪记录最低。经过调查，当问到“学院教会了你什么”时，74%的从这所学校毕业的人回答，他们在学校里知道了一支铅笔有多少种用途。原来，这是学校对学生们进行的一种启发式教学的题目。答案是：铅笔不仅只有一种用途——写字，还能用来替代格尺画线；还能作为礼品送朋友表示友爱；能当商品出售获得利润；铅笔的芯磨成粉后可以做润滑粉；演出的时候笔芯粉可以临时用来化妆；削下的木屑可以做成装饰画；按照相等的比例锯成若干份，可以做成一副象棋或当作玩具的轮子；在野外缺水的时候，抽掉笔芯还能当作吸管喝石缝中的水；在遇到坏人时，削尖的铅笔还能作为自卫的武器。正如一块砖头，既可以盖楼，又可以铺路，还可以拍人。我在讲授这门课程中，学员们还头脑风暴出更多用途：用铅笔绘画、当筷子用、笔芯粉当作慢性毒药、石墨笔芯可作导体、当作燃料、生产成金刚石、制作成木船、当作广告载体、用作撬棍、干燥的情况下能当作绝缘体、当作内六角扳手、制成牙签。应该说，这些很好的创意都来自发散思维。

日本的东芝电气公司 20 世纪 50 年代前后曾一度积压了大量的电扇卖不出去，一个小职员提出了改变电扇颜色的建议，生产浅蓝色电扇。当时全世界的电扇都是黑色的。东芝公司只是改变了一下颜色，大量积压滞销的电扇，几个月之内就销售了几十万台。这一改变颜色的设想，既不需要有渊博的科技知识，也不需要有丰富的商业经验，只是突破了“电扇只能漆成黑色”这一思维定势的束缚。这就是运用了发散式思维。鲁班由茅草的细齿拉破手指而发明了锯；威尔逊移入大雾中抛石子的现象，设计了探测基本粒子运动的云雾器；格拉塞观察啤酒冒泡的现象，提出了气泡室的设想；等等。这些，都是运用发散思维的成功案例。

国民政府时期，一次蒋经国到国防部作战厅长郭汝瑰家，看到餐桌上只有两盘素菜，不由得感叹道：“要是我们的高级将领都像郭汝瑰这样，党国就有救了！”由两盘素菜想到党国命运，这是蒋经国的发散思维。但杜聿明却与蒋经国不同。一次杜聿明也到郭汝瑰家，看到堂堂的中将厅长家里客厅的沙发竟然打了好几个补丁，他后来回忆说，当时他马上心里起了很大的疑心："我在国民党里已经算是清廉的了，郭汝瑰的家竟然比我家还寒酸，他不是共产党谁是?"其实郭汝瑰正是共产党，后来被蒋介石称为"最大的共谍"。我们看，蒋经国与杜聿明看到的是同类的现象，发散出来的思维却大不相同。

其实，人的发散性思维能力是可以通过锻炼、训练而提高的。这就需要观察、思考。"超女"很火，这是怎样一种现象？有人说是商业运作的结果，有人说是"一夜暴富"的心态反映，有人说这是大众文化走向低俗的象征。但我却觉得这样的说法挺有趣，说"超女"现象反映的其实是个大众"民主意识觉醒"的问题，即对权贵般明星的蔑视，对央视垄断的挑战。虽然缺少能沉淀下来的审美价值，但却使"以人为本"由以明星大腕和央视为本走向了以普通百姓为本。这就是运用发散思维得出的结论。

2. 发散思维需要开发好、调动好、准备好潜意识

科学研究告诉我们：人的大脑绝大多数情况下是受潜意识支配的。专家说人脑有一万亿个脑细胞，每个脑细胞都像章鱼一样复杂，左右半脑又各有分工。总之，人脑的容量大得惊人。有一次我对朋友开玩笑说，科学也许只是人类的回忆。因为当初造物给人以灵通，却被人遗忘在繁琐的尘世中了。南怀瑾说，人类几十万年、几百万年的历史，其实只是二十几岁的历史、年轻的历史。因为人在十几岁、二十几岁的时候，具有无限的好奇心和创造力。比如盯住一抹云彩、一块泥土、一只茶杯就能饶有兴趣地赏玩它几个小时，整个世界全是由十几岁、二十几岁的人创造的。不管怎样，开发潜意识是无限的。

历史上有大作为的人，都是开发好、调动好、准备好潜意识的高手。万有引力的发现、蒸汽机的发明、相对论的诞生、浮力定律的问世，都是发散思维的结果，也是开发好、调动好、准备好潜意

识的结果。否则，再多的苹果落在牛顿头上、瓦特无数次地看到沸水掀动壶盖、爱因斯坦天天看钟表、阿基米德一天洗十次澡都是没有用的。

思考的积累，到了一定程度就会产生灵感。灵感不会光顾懒于思考的人。有的人为什么接受启发的能力特别强？就是这个道理。谁教到这样的学生不会高兴？就如孔子的学生颜回，这种人就是英才。武术史上就有很多师傅遇到好材料非要收下为徒的有趣故事。无怪孟子以“得天下英才而教育之”为人生乐事。潜意识是害羞的，它需要宁静的环境。宁静是一种“守中”、“中和”、“守虚”的状态。宁静是一种内在的力量。诸葛亮说：“非宁静无以致远。”

3. 要跨专业、跨行业、跨国度思考问题

跨越式的发展，首先源于跨越式的思维。当年熊彼特就是高瞻远瞩地看到了数学和统计学对经济学的巨大作用，倡导成立了世界计量经济学会这一世界上最负盛名的顶级学术团体。我觉得，统计是最直接认识事物规律的办法，是认识事物的第一个阶段，也是对付完全陌生领域的唯一办法，更是一个懒于思考的人走捷径的笨办法。熊彼特倡导成立世界计量经济学会，这是跨专业的发散思维。有句成语叫作“他山之石，可以攻玉”，就是要尝试调动其他学科的知识解决本行业的问题，就是要跳出本专业、本行业的范围，摆脱习惯性思维，将注意力引向更广阔的领域，从其他领域事物的特征、属性、机理中得到启发。一个行业的衰败往往预示另一个行业的兴起，传呼机与手机就是这种跨行业的替代关系。今后，对企业来讲，跨行业的思维非常重要。

在南联盟即将进入战争状态的时候，我们的温州人早已经给难民预备好了帐篷、水壶和食品，这是跨国度的思维。很多所谓外资企业，其实不过是在国外注册个公司，把钱打过去，再投回来，玩的就是这种跨国度思维的把戏。在经济一体化的今天，不了解一个

国家、一个民族的风俗习惯，是没法做生意的。冰岛是个没有锁的国家，到这样的国家卖锁无疑就是自杀——除非往那里多移民一些小偷。有些中国人不喜欢“本田”，为什么？把“本儿”“填”进去了。不喜欢“奔驰”，为什么？“奔死”。到日本去开花店要注意了，日本人不喜欢荷花——认为肮脏。皇室才配用的菊花，中国人却习惯将之用于祭奠。在德国，康乃馨是送妓女的。也不要轻易对外国人说我们是龙的传人，因为西方普遍认为龙就是四脚蛇，说我们是龙的传人会吓着他们，谁敢买“四脚蛇”生产的东西？一些台商认为在合作对手中哈尔滨人的素质是倒数第一。这当然是成见，但这样的成见是会影响到合作的，所以对这样的成见是不得不察的。从这些事例我们看到，跨专业、跨行业、跨国度思维，是多么重要。

4. 要用普遍联系的观点观察事物

事物是普遍联系的，因此就要用普遍联系的观点观察事物。只有更多地联系、更广泛地联想，才会有意外的收获。五禽戏，就是东汉末年的神医华佗所编创的一套养生健身术。是华佗在观察了很多动物之后，以模仿虎、鹿、猿、熊、鹤五种动物的形态和神态，创立的舒展筋骨、畅通经脉的一种健身方法。今天盛行的太极拳最初就源于华佗编创的五禽戏，以至于太极拳传承至今还留有五禽戏的痕迹。其实五禽戏这看似简单的几种招式却是中国流传年代最为久远的健身术。这就是华佗发散思维的结果。还有中华武术的一些拳种——比如螳螂拳、猴拳、鹤拳、形意拳、鹰爪功等等，很多都是从动物那里获得灵感的，首先是观察，然后是联想，最后模仿而创造出来。还有很多：苍蝇的眼睛与照相机、蝙蝠的耳朵与雷达、乌贼与侧壁气垫船、蝴蝶与卫星温控系统、萤火虫与闪光灯等等。这就是仿生学给人类带来的很多发明创造。

再比如，假如某个新建小区入住的多是年轻人，那么要在小区周边开超市的话，货架上最好放上什么商品？一定要放上“尿不湿”，并且在旁边摆上啤酒，看似不搭界，其实这都是为年轻的爸爸们准备的。

大家都知道吸烟有害，那么实行禁烟可以吗？想法可取，但不可行，因为这不现实。首先，从法律意义上讲，香烟不是毒品。其次，人有选择吸烟的权利。最后，吸烟也有好处。有经济学家说，吸烟有四个好处：一是创造了可观的税收；二是创造了就业；三是现代社会是个高度文明的社会，今后通常只有低素质的人群才会选择吸烟，这样会加速淘汰低素质的人群，有利于优化整个人类的种群；四是通常吸烟者会更早地死亡，这样更有益于公共养老费用的节约，等于资助了非吸烟者。其实，要我说还有一个好处，吸烟更有利于思考，许多伟大的文学作品、军事谋略、创造发明都是吸烟的时候产生的灵感。所以，从现实的角度讲，吸烟虽然不值得提倡，但没必要禁止。比较现实的对策，是限制。至少有五条限制措施是可行的：一是明令只许在允许吸烟的场合吸烟。二是加税。三是限制经营，例如实行专营，普通商店不许经营香烟。四是规范香烟包装。例如前面讲到的中华牌香烟在境外的包装是很令人恐怖的，黄齿、黑肺、烂脚等，惨不忍睹，直观地告诉消费者吸烟有害。可我们国内的有些牌子的香烟包装却很豪华精致，彰显的是吸烟者的身份和身价。中外两种思维方式截然不同。五是做大量的公益广告，广泛宣传吸烟的危害性，包括禁止过多地在电影和电视节目上出现吸烟的镜头。

通过前面的分析，我们看到这都是发散式的思维。联想既是能力问题，又是方式问题。爱因斯坦的一位朋友给他打电话，末了要求爱因斯坦把她的电话号码记下来，以便以后通电话。她说：“我的电话号码很长，挺难记。”“说吧，我听着。”爱因斯坦并没有拿起笔。“24361。”“这有什么难记的？”爱因斯坦说，“两打与19的平方，我记住了。”这就是爱因斯坦的思维方式。确实很好记。但是，如果换作我，我会说，一天24小时，我一定会挤出时间下一盘围棋，让自己的思想驰骋于361点棋枰之上——围棋盘是纵横19道线。每个人都有自己的思维方式。这种思维方式的形成，取决于教育程度、文化背景、工作经历、社会阅历、审美情趣、习惯爱好和个人性格。我在前面讲过，这就是思维这个维度的内涵和底蕴。

普遍联系是建立在探索共同点基础之上的一种求同的思维方法——后面我还要说到求异的思维方法。所以思维的创新，一定要发现规律、探索规律、遵循规律、把握规律，这样才能符合实际，产生实效。比如创新的产品，要有利于用户产生联想，因为联想便于识别与记忆。车尔尼雪夫斯基说："美就是生活，凡是我们看得见并依照我们的理解应当如此的生活或使我们想起生活的，就是美。"休谟说："一个人由趣味的愉快中所得到的幸福要比由欲望的满足中得到的幸福更大。"黑格尔说："美是理念的感性显现。"人的记忆是有选择的，那就是选择愉快的事物。好的产品，要能够引起人的美好回忆，要符合人们的记忆规律。

据说加拿大政府在给爱斯基摩人推广电话时，曾伤透了脑筋。因为爱斯基摩人长期过着原始生活，不会计数。为此，思维学家根据爱斯基摩人形象思维能力强的特点，将从0到9的每一个数字都用一种动物来代表，比如用海豹代表数字1，就在电话的号码键上画上一只海豹。这样一来，爱斯基摩人在打电话时，只要按顺序拨动物号码就行了。爱斯基摩人很快便学会了打电话。

思维要打破常规，另辟蹊径，但要符合逻辑，符合实际，让创新能够切实可行。仙人掌这种沙漠植物的生命力极强。有人将它带到澳大利亚去卖，没过多久，麻烦就来了。仙人掌在澳大利亚以近乎疯狂的速度繁殖，不到一个世纪，仙人掌就侵占了200多万公顷的牧场、农田。澳大利亚政府想尽了各种办法：用割草机割，用轧路机轧，但都无济于事。这时，有一些生态学家就联想：为什么这些植物在自己的故乡就能安分守己、安然无事呢？一定有什么东西在维护着它的平衡。果然，生态学家在沙漠中发现一种小虫，这种小虫会啃食仙人掌，使它容易腐烂，生长因此受到抑制。于是生态学家赶紧将这种小虫引入澳大利亚。没多久，仙人掌就大大减少了，慢慢恢复了平衡。那些头脑灵活的人将仙人掌引进澳大利亚的确是创新之举，但是他们没有看到大自然内在的客观规律，以至于惹出麻烦。所以，创新就是要探索规律、遵循规律、把握规律，这样才能符合实际，产生实效。

5. 要高度关注细微之变

这种发散式的思维，往往带来的就是意外的机遇。尤其是在全球经济一体化的今天，任何一个微小的变化，都会带来不可逆料的、巨大的变化，都会带来更多的机会。“风起于青萍之末。”《易经》上说，“履霜，坚冰至”，“见微而知著”。熊彼特说：“企业家的本质就是创新。小业主只是对环境做出适应性反应，企业家则是对环境做出创造性反应。”所以，市场的变动、产业结构的变动、人口的变动、新观念和新知识的诞生，都是与我们的实际工作和生活息息相关的。只要我们用普遍联系的观点深入观察、分析和判断，就会对环境的变化做出创造性的反应。我曾听一位教授讲，北京的白领女士流行用奶瓶喝水，有人说这是小资女人的自恋心理导致的行为，或者干脆认为是一种内心不愿长大、追赶时尚的装嫩行为，但据她们自己讲是为了躺着喝水方便，同时脸面运动有利美容。这位教授说，每一个新事物出现，就是一个机遇，每个成年人都有躺着喝水的权利，如果哪个厂家能借此迅速推出成人奶瓶，应该是一个不错的创举。有些创新，完全是意料之外的东西。比如“伟哥”，是治心脏病的药物，用在性事上，只是其副业。但显然人们对“伟哥”的兴趣全在其副业之功效。可见“食、色，性也”这话还是对的。也足见人类对精神愉悦的追求往往比对生命本身还要珍视。

6. “雾状”思维

发散思维当然还包括我们常说的逆向思维、横向思维、纵向思维、换位思考等等，这都是指思维的维度、空间、方向，但我觉得不管是逆向、横向还是纵向和换位，都只是“线状思维”或“点状思维”，这种发散的程度还是不够的。因此我形容真正的发散思维应该是“雾状”的思维——“像烟雾一样弥漫开来”的、不留“死角”的思维。

求异思维与“用弱”谋略

前面讲过求同的思维，是讲按规律办事。其实，求异的思维，也能显示按规律办事的特点。这道理很简单，事物本来就是对立统一的辩证关系。老子说：“反者，道之动也；弱者，道之用也。”意思是说，事物有向相反方向转化的规律，善于“用弱”，是利用这一规律的基本方法。这个“用弱”的思想，高明至极，细细揣度，也平常至极。我在电视上看到，狼会装瘸，借以麻痹猎物，这不就是“用弱”的思维吗？古文中也有这样的记载。

“用弱”，就需要逆向思维。求异的思维，也就是逆向思维，往往会取得出其不意、事半功倍的效果。牛根生说：“钱越分越多”，从反面正应了老话讲的“财聚人散”。李白说：“千金散尽还复来”，把良驹和美服都换了佳酿来享乐似乎是不会过日子，但他再“斗酒诗百篇”，又闹什么“天子呼来不上船”，折腾一圈儿下来又循环出钱财来了。金钱，守是守不住的，只能循环，循环是金钱的本性，这时人的能耐全体现在他有多强的循环能力和多快的循环速度。前面讲过，过去我们总以为无知的人才迷信，迷信是因为无知。运用逆向思维反过来想也是有道理的：有知的人更迷信——迷信他的知。古人说：“用人不疑，疑人不用。”张瑞敏却说：“用人亦疑，疑人亦用。”联系现实深思一番，显然是高明之论。还可由“猫论”反证得出“耗论”：不论白耗子还是黑耗子，不被猫抓住的耗子就是好耗子。班门弄斧不好吗？其实弄斧必到班门才能得到高人指点，才学得到真本事。通常说学以致用，反过来说用以致学更有趣，强调实践出真知。过去说“摸着石头过河”，现在看若进入深水区就得抱着石头过河，不练就闭气的内功是不行的。

以上都是很有趣的求异思维，而掌握“反其道而行之”的火候，就是“用弱”谋略。我们知道，女人通常是“弱”者，她强在哪里？强就强在她“弱”。这才符合辩证法。所以，善于示“弱”的女人，是最聪明的女人，在男人世界里尤其吃得开。如果哪位美女娇羞落泪如梨花带雨，男人则要小心中计。我们说“韧性”是最好的力度，为什么？因为有“弱”在里面。尼克松说周恩来“手里有牌”的时候更显得谦逊。战争中，“有”示之以“无”、“无”示之以“有”、“强”示之以“弱”、“弱”示之以“强”，就是这样的佳例。

围棋的哲学

记得有位西方学者曾经这样形容围棋（大概意思）：这不是人类能够发明的游戏，围棋一定是外星人送给我们地球人的礼物，用来磨砺我们人类的智慧。我觉得，从围棋极其丰富的包容量来看，它蕴含着的更多的是哲学，而不是数理——当然在发明围棋的古老时代哲学与数理本就是一回事。我是喜欢从围棋中悟得道理的。围棋反映的是价值观与实践价值观的能力。所包含的全部信息就是两个范畴：一个是思想，一个是方法（技术）。一盘棋下来，就是一个不断地进行“价值分割”的过程，是一个围绕价值观、运用实现价值的能力而展开的一场战争。

传统围棋的价值理念是“金角银边草肚皮”，即四个角部最大，四个边次之，中腹因空旷难围，所以价值最小。我认为，用逆向思维来分析，可以假设为“草角银边金肚皮”，彻底地重视中腹。虽然古人也有“高者在腹”的说法，但那是指在“中盘”战斗中要“自然地”进入棋盘腹地。而我的想法是：能不能在布局阶段就直接将子下在中腹及四边呢？于是我有了执黑棋时在中腹及四边下“五连星”、执白棋时在中腹及两个边下“三连星”的设想。为了求证这个设想，我在网上练习了一千多盘，胜率比以往一下子提高了许多。有几位棋友承认，从战略上很难“正常应对”我的布局。我的体会是：他们建立在传统价值观基础之上的“成熟技术”（实践传统价值观的能力）在我的全新创意面前根本就发挥不出来，结果我们下的已经不是围棋（或者说这才是真正的、原始的、“有趣”的围棋），而是“思想”，是对围棋的“本初”理解与认识。以至于后来，我就像所有体育竞赛中的左撇子一样，练就了一身“左撇子”功夫，并且形成和发展出了属于自己的一整套战术及“成熟技术”（实践我的围棋价值观的能力，也就是我的核心竞争力）。我发现：往往我用传统思维战胜不了的对手，会在我的逆向思维面前屡吃败仗。有的棋友说，“不知不觉就输掉了”，“输得莫名其妙”。我专门去过中国棋院，向国手刘星讨教过这一设想，他出乎我的意料开明地评价说：“可下。”然后又谨慎地补充道：“虽然可下，但实战中不好把握。”20 出头的年龄，回答问题就如此老成，这全要归功于棋对人的磨砺。

我在自己的实战中逐渐体会到，围棋其实与战争极为相似，进而与商战也极为相似，那就是没有“绝对的道理”。如果说一定有“绝对的道理”，那就是不顾一切地争取胜利——不择手段、灵活机动地争取胜利。吴清源为什么取得那么大的成就？我们从他创造的无数“新手”中，就可以找到答案：打破传统定势，自由地看待围棋。所以，“宇宙流”创始人武宫正树曾由衷地说：“如果说我们作为职业棋手有什么荣耀的话，那是因为有一半是托了吴先生的福。”日本人深刻地认识到了围棋的价值，将围棋作为中学生的必修课，有意识地对后代进行思维训练，我想这是极有深谋远虑的一招“新手”、“胜负手”。

围棋不同于中国象棋或国际象棋，围棋在思维上很符合东方人的思维特征。总之，围棋的本质就是检验人对价值的看法，对弈就是检验这种价值观的质地和先进程度，同时也是检验对弈者实现价值最大化的逻辑能力和数理能力。诸多游戏之中，只有围棋具备这个特征。其他众多的棋类，都无法与围棋相比。围棋具有人类创造出来的一切文明的基本特征，是人类智慧的“试金石”。

这里给大家出一道有趣的思考题：假如你是一名棋手，在比赛中对手突然自紧了一口“气”——这样的事情在重大比赛中真的发生过，你可以趁机吃掉对方的棋子，将反败为胜，这时你会提掉对手的棋子吗？要知道，现代重大比赛的奖金是很高的。“应氏杯”的冠军奖金是40万美金，是台湾应氏家族出资为了推广“应氏规则”而举办的比赛。这时可以有两种选择：一是“提掉”取胜，捧走奖杯，拿走奖金；二是不“提”，让对方补棋，自己输掉比赛和巨额奖金。在古人看来，第一种方式“胜之不武”，不是君子所为。但现代人逢此场合则会不假思索地“提掉”取胜，因为他们认为比赛就是为了取胜的，一切符合规则的取胜方式都是正当的、正确的——只要有效。这一点对我们企业有极强的借鉴意义。另外还有一个含义：教育。教育对手：轻慢是对对手和对自己的不尊重，你必须接受你所犯下的低级错误。作为棋手，你要养成“为自己的行为负责”的习惯，必须以“提掉”这样无情的方式给你一个惨痛的教训，让你记住：你必须为你的轻慢付出代价。如果我以所谓的君子之风容让你一次，其实你并不会珍惜。从让的一方讲，就是教唆，就是纵容，既是对体育道德、求道精神的严重背离，也是对围棋艺术的亵渎。这其实是两种文化、两种思维方式的问题，当然这两种选择都无关善恶。

在韩国和日本棋界，有很严格的所谓“内弟子”师带徒制，就是徒弟从小住在老师家里很多年，一直和家庭成员一样，直至出徒。出徒后弟子对老师最大的报恩，就是在比赛中战胜师傅。当年韩国“围棋皇帝”曹薰铉被弟子李昌镐赶下王位，作为师傅才会失落中又感欣慰。木谷实在战胜“不败名人”秀哉后，深深地向老人伏下身子致谢。那盘棋是秀哉惜败。川端康成的《名人》中有浓墨重彩的描写。

自杀式的思维

说到自杀，我们不妨也来分析一下，我觉得这也是个思维方式的问题。有这样几种思维方式是导致自杀的重要原因：第一种是追求完美的思维方式，通常这种情况发生在诗人中的比较多，比如顾诚、海子。还有就是在失恋的群落中发生这样的情况也比较多。为什么？因为追求完美使得他们将对一个人的失恋当作了对整个世界的失恋。第二种是文化对抗的思维方式，这种情况发生在学者中比较多，比如王国维。这也是一个不能打破文化定势的问题。说到这个问题，我感觉在文化领域中的比较或竞争也有些类似于我们企业的竞争，也应该提倡我们企业里讲的“蓝海战略”的说法。相比那种基于竞争、对抗思维的“红海战略”来讲，“蓝海战略”更强调摆脱竞争、另辟蹊径、整合需求、创新价值。所以，文化对抗不足取，当然文化统一也不足取。在文化领域里，还是百花齐放、百草共荣的好——这才是文化和谐的境界。我相信未来的大同世界就是一个文化和谐的世界。这个道理应该多给美国人讲一讲，叫他们以后不要再搞文化霸权。第三种是“孤愤”的思维方式，这种情况多是发生在政治“生态失调”的时期或社会发生剧烈动荡的某种时候，一些政治家或带有政治情结的文人会选择结束自己的生命，比如屈原、老舍、茨威格。第四种是“面子”思维方式，多散见于我国广大农村，比如许多农妇，“偷汉”败露后的第一选择就是寻找农药结果自己——我们中国人为“面子”活着、为“面子”做无谓牺牲的事情实在太多了。第五种是“鸡毛蒜皮”的思维方式，凡事不擅关注要点和大方向，小事上看得尤重，往往想不开，与自己过不去，活得很琐碎甚至猥琐。以上五种思维，即便不自杀，也无异于自杀——活不出境界和趣味。这才是我要强调的：自杀式的思维比自杀本身更可怕。

与其追求“正确”，不如追求效果

我前面讲了，企业行为不是科学，只是实践。对企业来讲，追求“正确性”往往会流于只是确立了“正确”的形式而缺少管用的内容。其实在我看来，既然企业行为不是科学，那么企业行为中所谓的“正确性”，应体现在它在多大程度上是管用的、有效的。世界的经济形势发展很快，留给我们国企的时间已经不多，我们不应过多地纠缠在理论上（何况往往是过时的理论）、不应过多地纠缠在“正确性”上（正确从来只是相对的，没有绝对的正确），应该多去实践，在实践中创造自己的理论来指导自己的实践，靠思维的创新解决创新中遇到的一切问题。而思维的创新，在很大程度上需要我们去逆向思维、横向思维、纵向思维、换位思考、求同思维或求异思维，像“烟雾一样弥漫开来”进行思维。

打个比方，魔术是怎么回事？魔术家研究的就是人的思维定势，然后运用逆向思维有针对性地进行大量的研究、设计及演习，真可谓“台上一分钟，台下十年功”。大卫·科波菲尔为了创新一个魔术，常常与助手们绞尽脑汁地设计、演练。魔术需要不断地创新，总演老套路观众会腻烦的。我们在欣赏魔术时，感觉很神奇。那是因为我们不了解真相。一旦知道是怎么回事了，也就索然无味，觉得很平常，甚至觉得无聊，所以最好不要弄清楚魔术背后的“真相”，那样会失掉趣味——总要在意料之外，人们才会感觉神奇，这是人的思维特征。如果我们严肃地说，魔术是“骗人”的，是不“正确”的，这只能让人感觉到契诃夫笔下“套中人”式的认真与塞万提斯笔下堂吉诃德式的可笑。魔术的智慧体现在“艺术的欺骗”与“欺骗的艺术”，是对人的思维定势的挑战，是笑的哲学与哲学的笑，魔术能“有效”地使观众笑才是成功的。

为什么拳王阿里会败给并不怎么厉害的霍姆斯，结束了自己传奇的拳击生涯？为什么跨越数个级别作战的、神奇无比的“小霸王”罗伊·琼斯会败给塔菲尔，让无数的“粉丝”大跌眼镜、痛心疾首？答案很简单：因为后者都曾是前者的陪练。陪练甚至不是拳手——否则不至于去当陪练，但陪练可以战胜拳王，为什么？因为陪练对他陪练过的拳王的思维方式、出拳线路太熟悉了。拳王的逆向思维在陪练那里就成了“顺向”思维，不存在任何威力。比如罗伊·琼斯的拳击艺术，在很大程度上是思维方式的威力——游而不击，击而不打，打却必中，而这些秘密陪练却了如指掌，所以这拳简直没法儿打。何况，拳王在与自己当年的陪练交手的时候，心理难免有些“怪味儿”（失衡的心态）：一方面，觉得自己必须赢得比赛，背上了想赢怕输的包袱；另一方面，又觉得对方太熟悉自己了，自己全无秘密可言，实在不知怎样去取胜。体育比赛，向来是比两个东西：一个是日常训练，一个是心理素质。日常训练，是功底的问题，是实力的问题。心理素质，是发挥的问题，是状态的问题。一旦心理出了问题、状态出了问题，技术和实力的发挥都将大打折扣。但不管什么原因，也不管实力如何，陪练能够“有效”地战胜拳王，就可以当之无愧地称为“王中王”。

所以，逆向思维告诉我们：与其追求“正确”，不如追求效果，而追求效果又全在于采取什么样的思维方式。刚才说的我的那套“天马行空”的围棋下法，就是彻底转换思维方式，出其不意，攻其不备，扰乱敌方心智。攻心为上，往往事半功倍。

有的思维方式，奇异至极。举个反面例子，河北一名负责外经贸的副厅长，掌握进口汽车配额的权力，不到两年受贿4 744万。据他申诉，他认为自己也是“受害者”，理由是政府“不应该给我这么大权力”，还不约束他——“没有有效地约束”他，受贿一点点的时候没有人管他，才一发不可收拾，在金钱面前，与其说是考验，不如说是“陷害”——因制度缺失造成的陷害。我们遇到这种情况，恐怕马上束手就擒、伏法认罪，哪来的这种思维方式替自己开脱罪责？

逆向思维往往还是特殊环境或特殊条件造就的。我们看到，很多小学、中学时期学习成绩不好的人——比如爱因斯坦，反而最终成为大科学家。很多孩提时身体素质不好的人——比如海灯大师、霍元甲，反而成为一代武学宗师。民间也常看到身体有疾病或缺陷的人，却因长期坚持刻苦锻炼而长寿。邓亚萍的身高不适合打乒乓球，反而激励她摘取了一个又一个桂冠。这些，都是“特殊环境或特殊条件造就的”逆向思维所产生的神奇效果。所以说，人就要有一种不怕鬼、不信邪的精神。不但要敢走夜路，还要敢走别人不敢走、别人没有走过的路。

霍金曾这样谈到自己的疾病：“这样也好，这样反而使我更彻底地投入到我所研究的领域了。”古时候有个乐师，叫师旷，为了追求更高的境界，他“以艾叶薰其目”，致盲后一心一意沉浸于音乐，终于成为一代乐圣。我们说霍金以患病为幸事、师旷弄瞎自己的眼睛，这都是些不“正确”的想法和行为，这么说当然在“理论上”是站得住脚的。但这种“站得住脚的理论”还有意义吗？与活生生的、广阔而深刻的实践相比，这样的“站得住脚的理论”反倒显得肤浅而可笑。

现在有一种理论，“消化得不好才胖”，也是逆向思维，这个说法新奇又不无道理。因此我们不妨常这样想：“最不可能的是什么”往往比考虑“最可能的是什么”更有实际的、让我们意想不到的效用。战略就是做什么，反过来想，战略就是不做什么，这对企业很实际。炒中石油股票成为百万富翁，为什么？正向地想他可能是“股神”，反过来想他以前本是亿万富翁，这么想更实际。机会多很好，反过来想，机会并非越多越好，有的人一事无成的根本原因就是机会太多；机会哪怕只有一次，抓到就好。耶稣说：“爱你的仇人。”这是怎样的一种境界？如果不能忘掉恨，就把它化成笑，这更有现实意义——在这个问题上，“正确”与“有效”你选择哪个？如果不能克服困难、解决问题，就应该首先承认我们的能力有问题——缺乏战胜困难的智慧、勇气和能力。如果我们总是遭受诽谤和凌辱而毫无办法，就要承认也许正是因为我们“自身的问题”而使我们只配享受这样的“待遇”。球王贝利经常被对手恶意铲倒，但他说：“报复对方的最好办法，就是再进一个球。”我们应该选择这样的方式去思维，为什么？有效。

一次看到“人与自然”节目中狮子捕食幼豹的情景，公园管理者并没有干涉动物世界的“内政”，而是在一旁悲怆地听之任之。因为他们奉行的是“不干预自然”的法则。这乃是出于对自然的敬爱。而我们呢？电视上说，北京许多“放生”的鸟儿都死掉了。只想到“放”，没想到“生”。其实“放”是为了“生”，为了更好地“生”。这根本的道理给忘记了，怎么可以？到头来，只是“放”给自己看，满足一下虚荣心而已，这不是爱。

2006年年底我去北京，接我们选派的三名去国资委挂职锻炼的年轻人回来。据他们说，李荣融主任对这事给予了肯定，在国资委，大家说都是“往下挂”，还没有见过大企业“往上挂”的呢！这是当初我们跟他们谈的条件。这也是逆向思维带来的创新之举，对锻炼我们的干部是“有效”的。刘翔说：“我是来享受比赛的。”说明追逐快乐是他屡屡摘取110米栏桂冠的秘诀。中国足球为什么“雄起”困难？就是没有追逐快乐，没有快乐地踢球。快乐地享受比赛，不能说是拿冠军的最“正确”的手段，但是，有效！

“不二法门”的思维

“不二法门”是什么意思？很多人会说“是比喻做事有一个独一无二的途径”。这是我们某些电视节目主持人的理解水平。其实“不二法门”是佛教里的一个概念：“二”是指事物的两个极端，“不二”就是指什么事情都不要走极端；“法门”则是指在两个极端中间，有一个恰到好处的分寸在那里，你找到了，便是找到了解释或解决问题的窍门。好比我们中国人用的杆秤，秤砣与货物的平衡点就是分寸。要我看，这个“不二法门”，其实就是“中庸之道”，就是“一分为二”，就是用“两分法”看问题，甚至可以说是在普遍思想倾向中“反其道”而运用的逆向思维。我们时时处处都可以通过这样的逆向思维找到这个“不二法门”。举个例子：一味地好，就是不好；一味地坏，就是好。所谓“物极必反”，就是这个道理——这个道理比较好懂。那么，“好”究竟在哪里？我说“好”就在好坏之间。那么，“坏”又在哪里？我说仍然在好坏之间。这个“之间”，就是“二”的之间，“好”与“坏”，全在“二”的这个“之间”的“分寸”上。说起来挺拗口，不大好懂，慢慢体会就会理解。所以，看什么问题都要有个“不二法门”的思维。

但是，“不二法门”的道理应该还告诉我们：极端有时是不存在的。对不对？你能告诉我哪个事情的“极端”在哪里吗？如果你能告诉我，我马上会说出比这个“极端”还厉害的“极端”。所以，有时走“极端”也是“不二法门”。关键在于什么？当然在于“分寸”，要找到那个“分寸”究竟在哪里！所以，我觉得“中庸”的概念要温和一些，更好理解一些。

再举个例子：市场营销是卖还是买？张瑞敏告诉我们：“市场营销不是卖，而是买，买顾客对产品需求的信息。”多么新奇的想法，又是多么实用的想法，这就是营销的“不二法门”。

再比如，晶体管的发明曾引起了一场世界电子革命，其中的“反其道”的逆向思维就起了很大的作用。20 世纪 50 年代，世界各国都在研究制造晶体管的原料——锗。其中的关键是要将锗提炼得很纯。日本的专家江崎与其助手在长期的探索中，不管怎样小心操作，总免不了混入一些杂质。每次测量其参数，都会发现显示不同的数据。有一次，他想：如果采用相反的操作法，有意地一点点添加进少许的杂质，结果会怎样呢？经实验，当将锗的纯度降到原来的一半时，一种极为优异的半导体就诞生了。这个“一半”是什么？就是“不二法门”，就是“分寸”。是怎样找到的？也可以说是运用“用弱”谋略找到的。所以，我们要记住：“不二法门”的思维具有深刻的批判性和否定性这样的特征。

比如日本HU-OSE食品工业公司推出跟传统咖喱粉大为不同的“不辣咖喱粉”。当时，在世界任何地方，咖喱粉的味道都是辣的，不辣那还能叫咖喱粉吗？但是，出乎意料的是，被人们断言卖不出去的“白痴咖喱粉”推出不到一年，竟成为日本最畅销的调料品之一。“不辣咖喱粉”是“极端”吗？显然不是——只是“分寸”。

再说换位思考，其实这也是个逆向思维的问题——顺便说一句，我觉得与其用“逆向”这个词，不如用“反常”这个词更准确，“反常思维”包含的意义更广。举个我编的笑话作例子——轻松一下，我们如果与狮子换位思考一下，就会得出“以狮为本，余食俱尽”的结论。我们将在草原上开个动物代表大会，宣布这一行动纲领，同时宣布：有谁胆敢违反这一纲领，就是破坏草原的“和谐”局面，“人人得而诛之”。继续举例：生活在海洋馆的鲨鱼们会认为这是个“人类馆”——观赏人类的地方。每天早上贵妇人（现在社会进步了，平民妇人也有此“雅好”了）牵着宠物狗出来，其实换位思考一下，未尝不是“被狗牵着遛了一圈儿”——宠物能使主人扮演重要角色的愿望得到满足，其实狗们何尝不是也有这种“重要角色”的感觉呢？穿着狗衣，吃着狗粮，还有“仆人”天天给洗澡和梳理毛发。惠子觉得巨大的葫芦没有用，是“大而不当”，像庄子说的话。庄子呢，觉得惠子只知道将水装在葫芦里面，却不懂将水装在葫芦外面。将一对儿大葫芦绑在一起，“泛若不系之舟”，“相忘于江湖”，作一“逍遥游”，岂不快哉！所以说，人与人之间的差异，不是知识、能力上的差异，而根本就是思维方式上的差异。“蓝海战略”，是“红海战略”的逆向思维的结果。台球有“掉袋”打法（故意将母球间接撞入袋中），围棋有“填子”下法（吃掉对方的子后自己再填入子去），这些都是逆向思维的结果。它们强调的就是改变游戏规则，创生出新的游戏。一名负责三峡工程的工程师说：“反对三峡工程的人对三峡工程的贡献最大。”说明“反对”就是“建设”的另一意义，更具价值。有时成功甚至就是错误的积累。哥伦布认为一直向西走，也能到达东方。站在美洲的角度看，新大陆不是“发现”的，而是“被发现”的。所以，看问题有不同的角度，用不同的角度看问题会得出不同的结论。

运用“不二法门”的思维，运用“反常”的思维，我们还可以这样表述一些观点：“竞争就是给予”，给予什么？当然给予竞争对手一种竞争能力，以及这种能力给双方带来的财富——所以我们才强调说竞争能带来繁荣；“有杀戮才能维持和平”，这就是动物世界维持平衡的主要手段，也就是所谓的“生物链”；“差别才能体现公正”，绝对的平均不是公正；“落后就是广阔的发展空间”，越是落后，发展空间就越大；“破产不是坏事”，该死不死是违背规律的事情，否则整个世界会腐烂掉；“感冒防大病”，小感冒不断，增强了人体免疫力，自然就不会生大病了；“忧即是付出之爱”，只有内心有爱，才会有忧，忧是爱的表现方式；“组织的目的不是对称与和谐，而是激发人的潜能”，这话是德鲁克说的，讲得很有道理，恰恰说明了组织的本质乃在于共同目标下的手段冲突，有了这种“冲突”才会产生创新；“计划是为了变化的出现而制订的”，这样的想法可谓出奇，为了变化而制订出来的计划，实施起来那该多么主动、多么管用。

7. 发散思维还要有一个阳光的心态

同样面对半瓶水，眼光是盯着上半部分还是盯着下半部分，显示出来的是完全不同的思维方式。如果在白纸上画一个黑点，很少有人会说看到的是黑点旁边的那一大片的空白。正是这个黑点束缚和禁锢了我们的思维，使我们看不到其余更多的、更好的、更丰富的东西。这既是一种典型的以偏概全式的点状思维，又是一种不够阳光的思维。只有内心充满阳光，才能发散出更多的思维空间。这个阳光的心态，是一个积极向上的心态、一个经得起挫折和失败的心态。有人说传统的东西都是精华。理由是不好的东西传不下来。那为什么讲有糟粕呢？他说因为我们把好东西弄坏了，没搞明白，就成“糟粕”了，给糟蹋了——所谓“糟粕”只是那些被糟蹋了的“精华”。这种认识方法，好坏姑且不论，至少是阳光的思维，使我们永远从自身找原因，不怨天尤人。我们可能改变不了每天的天气，但我们应该能够调节每天的心情。每隔五年，我们都得好好调整一次心态。敌人往往是我们制造与想象出来的。如果说“人皆可为尧舜”、“每个人都是可爱的”，这其实是个理念与心态的问题，甚至可以说是唯一可选择的、正确的、现实的态度——尽管未必全是事实。

8. 用历史的、发展的眼光看问题

发散思维还有一个重要的特征，就是历史地看问题。历史是一种变化着的循环和循环中的变化。马克思说：“历史上常有惊人的相似之处。”我们应该相信：目前正在发生的很多相类似的事情，历史上都曾经发生过。只有追本溯源，从历史事件中理出头绪，才能从现实中看出端倪，才能更好地前瞻未来。用历史的眼光审视现在，历史地看问题，能使我们始终不脱离实际、不偏离方向。这里我想简略地谈一下中国式管理的问题。

大凡管理的方式，治国取决于国情，治企取决于企情。1988 年，在巴黎召开的第一届诺贝尔获奖者国际会议上，75 位代表经过四天的讨论，提出了 16 条以“面向 21 世纪”为主题的结论，其中一条是：“人类要在 21 世纪生存下去，就必须回到 2 500 年以前，去汲取孔子的智慧。”这无疑把以儒家思想为代表的东方哲学的精髓置于相当高的地位。世界的眼光尚且如此，那么，中国的事情，很多时候更是要靠中国人的思维方式去办。所以，不懂历史，不懂中国人的思维方式，是不行的。很多洋专家败走中方企业，也是这个道理。

对于搞企业的人来讲，要历史地看问题——从而解读思维创新，还有一个捷径可走，就是读企业家。熊彼特说：“研究经济不研究企业家就像看《王子复仇记》王子不登场一样可笑。”熊彼特认为，企业家的本质就是创新。熊彼特是在 1912 年第一次把创新概念引入经济领域的。他还说："创新是指企业家对生产要素的重新组合。"他认为创新就是要建立一种生产函数，实现生产要素"从未有过"的组合。他从企业的角度提出了产品创新、工艺创新、市场开拓创新、生产要素创新、制度创新等方面的创新。阅读企业家，我们就完全可以从企业家身上看到这种组合的技巧。作曲是对音符的组合。从这个意义上讲，贝多芬就是组合音符的大师。现在有人用电脑作曲，就是组合音符。市场经济自诞生以来，它自身的发展历程就是一个不断创新的过程，而企业就是这个创新的主体，企业家就是创新的灵魂。从不同时代、不同行业的企业家们身上，我们能学到最直接、最管用、最简捷、最实际的创新理念和创新方式。德鲁克认为，创新就是赋予资源新的创造财富能力的行为。这话说得很好，大有深意。创新不一定非得是个全新的东西——可以半新、部分的新。前面讲过创新的相对性，旧的东西用新的形式包装一下，也叫创新。或者从新的切入点做一下，也叫创新。总量不变的情况下，改变结构叫结构创新。结构不变的情况下，改变总量叫总量创新。思维应该是开放的、不受约束的。思维一旦进入"死角"，其智力就在常人之下。越是司空见惯、熟视无睹的，就越要问一个为什么。我们在企业家身上都能看到这些闪光点。

前面讲用历史的眼光审视现在，那么相对应地来讲就是要用发展的眼光关注未来。发展有两个含义：一个是前进，一个是倒退。这都是发展。例如某些动物的功能退化，也是进化论意义上的退化。还如，电话发展到多方通话，又发展到视频会议。所以，用发展的眼光看问题，要求我们时刻发问：明天我们用什么沟通？美国前些年有一本畅销书，叫《假如明天来临》——挺不错的一种意象。贝聿铭说："我设计的建筑好就好在它好拆。"任何建筑，最后都是要拆掉的。有这样超前的思维，所以贝聿铭是大师。1964 年周恩来与陈毅访问非洲国家时，飞机在突尼斯加油，突尼斯临时邀请中方访问。面对突尼斯方面既想建交又存疑虑的情势，周恩来审时度势，提出双方要求同存异，用发展的眼光看未来，很快中国就与突尼斯建交了。这是那次访问非洲的意外收获。还有就是眼界要宽。林则徐说，要“冷眼向洋看世界”。所以，创新与眼界有某种先天而内在的关系。比如蚂蚁，一定认为自己的世界很大。如果遇到人类的大脚从天而降，那对它来讲就是灭顶之灾，并且一定不会知道自己是怎么死的。如果一脚没踩到，只踢翻了些尘土或溅起一片水花，那么蚂蚁一定会惊呼，以为是排山倒海了。那么，我们人类的眼界对于未知世界，又何尝不是如此？

9. 用比较的眼光观察事物和分析问题

发散思维的另一个特征，是永远用比较的眼光观察事物和分析问题。对所能观察到的一切进行比较，甚至不仅比较现有的，还要与现实中没有的、仅仅是想象出来的进行比较。有比较才有鉴别，有比较才有选择，人生就是一个不断选择的过程，每个人的一生都是他自己选择的结果。不全盘否定，也不全盘肯定，在否定中要有所肯定，在肯定中要有所否定，最终要拿到公众和实践中去检验。成功者，都是比较专家。伟人的产生，也只是一系列正确选择的结果。而我们绝大多数人的心理状态都与“囚徒困境”相似，大量的“机会成本”被无谓地付出。从某种意义上讲，选择与接受是一回事。选择能力就是接受能力。在学习这个永恒的主题面前，每个人都是平等的。不同的是每个人的文化取向与文化“食量”不同，消化出来的结果自然就有差异。金融大师巴菲特、索罗斯，就是善于比较各国的投资环境，比较各国的金融环境，比较每只股票的不同，等等。在比较文学领域，有学贯中西的钱钟书。在比较政治方面，有中央政策研究室主任王沪宁。在经济一体化时代，世界在变小，使“比较”变得拥挤和迫切起来。从某种意义上说，没有最好，只有更好。这个更好，就是相比较而言的一种结果。追求更好，才是一种现实的选择。或者说，最好，只是一种理想；更好，才是一种可能。

对同一问题的不同阐述，更有比较的必要。比如，管理的本质是什么？我们不妨比较一下，特别是我们搞企业管理的，可以深入回顾一下这个问题："科学管理之父"泰勒说管理即追求效率，其实质是思想革命，这种思想革命更多的是体现在工作态度和社会责任感上，应该说他的观点是十分深刻的；美国管理学家孔茨则认为，管理的本质就是协调；还有人说，管理的本质是信息控制；还有这样的说法，"管理的本质是对人的管理，核心是流程的管理，表现是制度的管理"；我们大约可以这样理解老子对管理本质的描述，"无为而无不为"，那就是做该做的，不瞎折腾也是一种作为；如果对《连山易》（相传为上古时代的天皇伏羲氏所创）进行解读，这本书对管理的本质还有这样一种解释："列山民"（管理的本质在于归类或重组）。这一点认识，可以说深刻至极。

爱因斯坦曾经说过：重组是创造性思维的本质特征。现在看，重组已经是当今社会发明、创造的主要方式。调整和择优是重组的两条基本原则。一般来讲，事物的现状是由事物的性质和功能所决定的，事物的性质和功能是由结构所决定的。那么，要改变事物的现状，唯有打破现有格局，重新考量其结构的组合，使之形成新的性质和功能，以满足形势发展的需要或人们的需求。而在考量调整的过程中，往往会出现多个方案，经过反复权衡利弊和可行性论证后，从中选择一个最优的方案。这就是择优。所谓"最优方案"，就是在最大程度上满足形势发展需要或人们需求的方案。

以"创造学之父"、美国人奥斯本的名字命名的"奥斯本检核表法"，又称"设问法"，即以提问的方式从多个角度对现有产品或发明创造物的结构或顺序进行重组而形成的发明方法。"蓝海战略"也提到重组问题，提出了"剔除、减少、增加、创造"坐标格、"民君食"（管理的本质在于满足受众或承诺一个美好愿景）、"民臣力"（管理的本质在于有效凝聚并充分发挥组织内所有人的力量）、"民物货"（管理的本质在于管理好资源）、"民阴妻"和"民阳夫"（管理的本质在于分工）、"民兵器"（管理的本质是追求实现组织内所有人在共同信仰下采用最佳工具的一致行动）、“民象体”（管理的本质在于统筹为整体）；毛泽东有一个大气而简约的说法，领导嘛，就两件事，一是用干部，二是出主意；有专家说，管理的本质是“以人为本”；还有人说，管理就是主体（人）通过客体（对象）来实现自己的目的的一种活动；管理的本质是对欲望进行管理，这是一种带有浓厚的东方文化色彩的观点；管理的本质是增值，这又是个比较简练的说法；还有一种比较简练的说法，管理的本质是为实现目标寻找捷径；斯隆认为管理就是一种职能，重点在于分工与协调；韦尔奇将管理分为沟通、决策与处理事务三个部分；管理的本质是解决问题，这种说法的依据是“没有问题也就不存在管理”；管理的本质是在充分尊重管理对象的基础上正确地授权，这个说法有点文绉绉的，如果通俗一点地说，管理的本质是不需要管理；松下幸之助认为，管理就是沟通；西蒙说，管理就是决策；法约尔说，管理就是经由他人的努力和成就把事情办好；明茨伯格认为，管理者承担人际角色、信息角色、决策角色；科特认为，管理就是战略、目标、沟通、激励；马克斯·韦伯说，管理即以知识和事实为依据来进行控制；越来越多的人认为管理的实质在于创新；布兰森说，激励人性是管理的真谛；有人说管理是找到、创造并解决问题的循环往复的过程；管理就是正确地做正确的事，这种观点也很常见；曾仕强说，管理就是功夫，是“修己安人”的过程；很多教科书上说，管理就是计划、决策、组织和控制；也有人说，管理就是权变操作的一切艺术行为，这使我想起孟子所说的：“君子言不必信，行不必果，唯义所在”，就是“权变”之经；还有人说，管理就是充分可执行的制度化，来抑制人性中贪婪和恶毒的一面；更多人认同这样的说法：管理是激励加约束，一手是胡萝卜，一手是大棒。

根据我自己的经验，我认为管理的本质就是基于价值观的实践，管理者的本事完全在于对价值的整合与创新能力；就现实性而言，管理的本质即“一把手”管理自己的延伸；具体来讲，管理就是将一切细节做到精致以使之合乎正理。当然我十分赞成德鲁克对管理本质的定义："管理是一种实践，其本质不在于'知'而在于'行'，其验证不在于逻辑，而在于成果，其唯一权威就是成就。"这话说得很霸气，细细体味也很无情。的确如此。理论永远是灰色的，实践永远是生动而鲜活的。我觉得，实践就像一块绿洲，富含生命。灰色的理论即便有些色彩，也顶多是一张有关绿洲的数码相片。而理论水平就好比像素，但再好的相片、再高的像素，也代表不了绿洲本身——顶多使人凭借相片去寻找或辨认那块绿洲。而要真正领略绿洲的风光，只能置身其中，亲身去行走，切身去感受。所以，我认同德鲁克对管理概念的解释。当然，前面的诸多说法也很有借鉴意义。

顺带说一句，我们在《辞海》中是查不到"管理"一词的。古汉语中，"管"，是"圆形中空之物"；"理"，大意是"纹路"。我不知道西方诸语中"管理"一词都有哪些表达。这涉及语意学的问题。西方思想翻译过来后，难免会有语意上的差别甚至歧义。但这也是没办法的事情。比如我们常说的马克思的"公有制"思想，有人说其实是"共有制"思想，这就与翻译有关，当然别有用心者可能会借此混淆视听。马克思的确说过资本主义的股份制企业"应当被看作是由资本主义生产方式转化为联合的生产方式的过渡形式"，它"表现为通往一种新的生产形式的单纯的过渡点"，但这话应该如何理解是有争议的。有人就说这个"共有制"是股份形式的"共有制"，"国有制"不应该是马克思的思想。这些问题很复杂，仅通过辩论是不能解决的，要好好研究，而语意学就很重要。一次我在《读者》上看到，同是一首西方诗歌，不同的翻译家翻译过来的作品截然不同，几乎成为两首诗。记得当时我对这种情形深感震惊。"五四"时期就有所谓"意译"、"直译"的争论。小平说："不搞争论，是我的发明。"我想，小平上升到"发明"的高度，可见此事关系重大。的确，中国人用在争论上的时间太多了。搞企业，关键是做事，关键是要解决问题。中国人爱"面子"，更使争论问题复杂化。比如有的人反对，往往是因为他反对的人支持；而有的人支持，又往往是因为他反对的人反对。前面说过“文字相”的问题，与语意学也大有关系。

再比如说，自由是什么？英国行为学家布朗说：“没有规定明确的自由行事范围也就没有自由。”这就是说，在布朗看来，有限制的自由才是真正的自由。又有人认为，人们未认识客观规律时，没有真正的自由。这一点我极为赞同。也就是说，任何一种规律一经被认识，人们便能自觉地运用它来改造客观世界，这时人们就获得一定的自由。人类的自由是随着社会实践和科学的发展而发展的。必然与自由是辩证的统一。萨特说：“人是生而要受自由之苦。”为什么？因为自由是选择的自由，这种自由实质上是一种不自由，因为人无法逃避选择的宿命。庄子的自由，是心的自由，是意念的自由。可是，思想真的是自由的吗？观念、学识当然会来束缚它。“海阔凭鱼跃，天高任鸟飞”，这似乎是自由的境界了。然而还是有所凭借，那就是海水和空气。我的看法是，自由就是能力发挥的空间，就是意识活动的空间，就是品格生发实效的空间。没有能力、意识和品格，就没有自由。自由与能力、意识、品格是成正比例关系的。

前面我们比较了对管理、对自由概念的认识。比较对同一概念的不同看法，对于形成我们自己的思想、对于思维创新，是很有借鉴意义的。比对、比照、比较，这是一种很好的思维方式。

问题无处不在。问题往往相通。在一个问题上钻研久了，进展自然会缓慢下来。这时候，需要在另一个问题上进行钻研以期得到帮助和启示。因为即便是不同专业的问题，表现在思维上，也大致是一样的，有很多共性特征。譬如研究哲学，不妨将世界史通读一遍。因为历史就是哲学的事实体现。如果研究历史，不妨将文学名著读上几百本。因为文学就是经过提炼的、典型化的历史。此时，越是虚拟就越是真实。过去毛泽东说，不读《红楼梦》，就不了解封建社会。孔子很重视诗，花费很大精力编辑了《诗经》，自然不仅仅是将其看作文学问题，而且是看作政治问题，看作修养问题，是一种很高的精神追求。据说孔子在编辑的时候烧掉了很多诗，倒未见得是真的烧掉了，但却是真的经他取舍（客观上造成删减）——可见取舍或删减就是创新，不再流传了。为什么？肯定也不是文学见解的问题，仍然是政治问题、修养问题、道德问题、精神境界的问题。所以，过去称“文史哲不分家”，是有道理的。还有一个说法，中国的“诗书画不分家”，并与篆刻、装裱、古董鉴赏等在艺术境界上都是相通的。像唐伯虎、郑板桥这样的大家，像齐白石、张大千、徐悲鸿这样的大家，在类似的很多艺术领域都有造诣。徐悲鸿在法国潜心研习油画，有很深厚的西方绘画功底。正因如此，他才在国画上取得了辉煌的成就。刘天华为了精研二胡，把西洋乐器全学了一遍，对小提琴尤有心得——可惜他英年早逝。为什么生活中有的人“干什么都行”，而有的人却“干什么都不行”？思维使然。甚至可以说，要想在某一领域有所造诣，就必须在另一领域达到相当的高度。当年爱因斯坦在创立相对论之前，着重攻研了几何、电磁、力学等其他学问。毛泽东的军事思想独树一帜，他的诗词、书法也别具一格。优秀往往是全面的优秀。为什么？思维使然。思维是什么？前面说是一种维度。这个维度是如何修炼出来的？基于品质，基于习惯，基于见识，基于经历，是所有品质、习惯、见识、经历编织出来的一种维度。

发散思维检验的就是这些内容的厚度。确切一点说，检验的就是这个维度的结构是否合理以及这个维度的空间是否足够。“欲此先彼往往是捷径”，还有许多古训可以引证：欲显先隐，是姜太公等隐士的拿手好戏，“出世”是为了更好地“入世”；欲取先予，是郑庄公的阴险把戏，他以“多行不义必自毙”的纵容方式，陷害了欲谋其大位的弟弟；欲左先右，是国粹围棋的一般战法——典型的“全局一盘棋”的思想。孔子说：“己欲立而立人，己欲达而达人。”讲的也是这个道理。应该说，“欲此先彼”是一种有效的思维方式，为我们取得成功开辟了不同途径，提供了诸多可能。有人讲：“与其反对，不如支持。”此话用意极深，绝对是“政经”。是在用肯定的方式实施否定。2007 年央视春节晚会中有个相声，其中有一句话叫

“我惯着你”，也是一样的用意，足见国人此种心理在群众中基础之深厚。

10. 从工作、读书和生活中训练自己的发散思维

前面一再强调：发散思维就是一种扩散式的、联想式的思维。这种思维是可以训练的，比如要善于观察，特别是留心那些表面上似乎与原问题无关的事物与现象。树立“风马牛也相及”的观念。什么叫“风马牛也相及”？风把动物们的气味吹散开来，使动物们据此或找猎物或寻配偶。这在竞争速度化的今天，“风马牛也相及”的观念是尤为重要的。像牛顿从自然界最常见的一个自然现象——苹果落地，联想到引力，又从引力联系到质量、速度、空间距离等因素，进而推导出力学三大定律，这就是典型的联想式思维。从洗澡池注水时经常出现的漩涡现象联想到地球磁场磁力线的运行方向，从豆角蔓的盘旋上升联想到天体的运行方向，从水面上“木头浮，铁块沉”这个自然现象联想到浮力及造船，从偶然看到的事物的不连续性联想到量子，从运动、质量、引力联想到时空弯曲，从意识的作用联想到宇宙全息，等等，这都属于联想思维。某商家发现庄稼地有虫子，认为今年将歉收，于是提前收粮囤积，大赚一笔。这是观察与联想的结果。

苏联心理学家哥洛万和斯塔林茨经过上百次实验证明，任何两个概念词语都可以经过四五个阶段建立起联想关系。比如“茶杯”、“地球”两个词语，有联系没有？茶杯是用来喝水的，淡水是地球生物繁衍所需的重要资源。“枪支”、“电话”两个词语能够联系吗？和平时期枪支主要用于狩猎或体育活动，凡活动都需要事先安排和部署，这些安排和部署基本都通过现代通讯工具——电话来进行。所以联想有广泛的基础，它为我们的思维运行提供了无限广阔的天地。什么人过河拆桥？标准答案似乎应该是忘恩负义的人。但发散思维没有所谓的标准答案。也可以是阻断追兵的人，三国时期的张飞就

曾这么干过；也可以是需要使用仅有的材料继续铺桥过河的人。苏联卫国战争期间，列宁格勒遭到德军的包围，经常受到敌机的轰炸。在这紧急关头，昆虫学家施万维奇从蝴蝶五彩缤纷的花纹能迷惑人的现象中受到启迪，建议对重要目标进行迷彩伪装。这一招果然有效，大大降低了重要目标的损伤率。

联想也常常表现为假设（假于物）思维。曹子建的“七步诗”中：“煮豆燃豆萁，豆在釜中泣。本是同根生，相煎何太急。”寥寥数语，把兄弟之间的残杀刻画得如此形象逼真。这就是联想。有句成语叫“兔死狐悲”，就是联想。记得有这样一句话：“如果大风吹起来，木桶店就会赚钱。”这是怎么进行联想的呢？当大风吹起来的时候，沙石就会满天飞舞，以致瞎子增加，琵琶师父就会增多，越来越多的人会以猫的毛替代琵琶弦，因而猫会减少，结果老鼠相对地增加，老鼠会咬破木桶，所以木桶店就会赚钱。要联想，就须大胆，须敞开思路，不要仅仅考虑实际不实际、可行不可行、荒唐不荒唐。有一位科学家说：“你考虑的可能性越多，也就越容易找到真正的诀窍。”

用发散思维来看，犯规是有“愉悦感”的。不仅儿童，成年人亦如此。但犯规也是有成本的。在西方，一个中国人犯规，全体中国人的信用都跟着一起贬值。我曾在一个电视节目中看到，美国一家餐馆推出千元比萨饼。一张比萨饼卖一千美金，为什么？用发散思维可以推断出几种可能：一是饼足够大，可以载入史册；二是它根本就不是饼，而是工艺品，比如是一块天然玉石，外观很像比萨饼；三是店家炒作，压根就不是为了卖的，或者说本就打算等降价到 500 元打对折时再卖的——通常这时候喜欢占便宜的女人会来买；四是特别加工加料的饼，弄上些珍馐佳肴上去，使饼的成本大大增加。这家餐馆就是属于这第四种，用四种鱼子，还有鲨翅等做配料，自然昂贵。《红楼梦》中刘姥姥进大观园吃的一道鸡味茄干，炮制的方法更繁琐，一点也不输于这饼。还有许多喝茶的功夫，甚至有的竟从花瓣上扫下雪来，窖过之后来冲茶，等等。训练发散思维，其实就是迫使自己从不同方位去思考。

记得有一首歌唱道："我左看右看上看下看，原来每个女孩都不简单。"我们可以这样翻改一下："我左看右看上看下看，原来每件事情都不简单。"借用这句歌词，我们可以总结出四种发散思维的方式。第一，上看下看：上看"道"——形而上、价值观、本体论等方面，下看"德"——形而下、方法论、实践论等方面；道是真理，德是"直心而行"，即对真理的认知与践行；"德者，得也"，道仿佛月亮，德好比百川千湖，会呈现出不同的月亮。第二，前看后看：就是瞻前顾后，向后看历史，向前看未来，因为历史会惊人地相似；一切现在发生的，过去一定发生过，并且将来还会发生，只是形式不同。第三，左看右看：就是看两个极端、看左右倾向，找到分寸所在；好比开车，方向盘是用来调整左右方向的，就算是行驶在笔直平坦的马路上，司机也会因路面细小的凸凹来轻微地操纵方向盘时而左倾时而右倾。第四，远看近看：就像欣赏庐山，远观近看，辨峰认岭，才能识其真面目；不近前来看不到细节，不跳出来看不到大体。尽最大可能地发散思维，第一步要树立尽最大可能去发散思维的意识，第二步就是要养成尽最大可能去发散思维的习惯。

小结：给定信息在每个人面前都是一样的，不同的是每个人会在头脑中各自生成新的信息，这种能力就是发散思维的能力。开发好、调动好、准备好潜意识，会使思维更加发散。要跨专业、跨行业、跨国度思考问题。世界，最终是通过大脑进行有效连接的。

五、勇敢的思维

1. 不断地自我否定

我们要不断地自我否定，没有否定怎么能进步？这好比人走路，迈出第二步就是对第一步的否定。否定不是什么坏事，我们不能一提否定就皱眉头。尤其对自己的否定，难受也要这么做。不否定自己，人类至今还拖着一条尾巴。奥运会、世界锦标赛记录就是通过否定的方式不断被刷新的。每个人的成长进步也是如此。传统上我们中国人的道德勇气往往体现于“不惜以今日之我否定昨日之我”。蘧伯玉“年五十而知四十九年之非”，虽然“欲寡其过而未能”，也极其难得，所以孔子与他结为一生挚友。《大学》中载：“汤之盘铭曰：‘苟日新，日日新，又日新’。”想必商汤经常是在洗去污垢后有一种焕然更新的感悟，才命人在澡盆上刻下这句箴言以自励的。昨日之我，非今日之我；今日之我，又非明日之我。太阳每天都是新的，人也是每天都在更新。不断地自我否定，我把这一个取径称为“勇敢的思维”。

自我永远是一个固定的含量。为什么一定要自己否定自己？理由很简单，如果自己不能真正地认识到自己的错误与不足，谁拿你也没办法（除非从肉体上进行“否定”——消灭）。外因通过内因起作用。要知道：自我在每个时刻永远是一个固定的含量——包括知识、观念、实践经验、动手能力、身体素质等等，而这些含量或者说内涵都是有局限性的。人必须认清自我、战胜自我，通过不断地否定自我才能实现自我更新。

自我否定是进步的需要，也是进步的象征。人都是在一次一次的自我否定中成长起来的，但自我否定是痛苦的。人都有强烈的自我保护意识——为了自尊，不愿意承认无知和失败，这是人最大的“心魔”。所以，过度的自尊是妨害进步的。子路“闻过则喜”，我看不仅仅是他有胸襟，还是一种成长的需要。

2. 自我否定需要勇气以战胜自己和蔑视权威

权威在我们的心中往往是不可否定的或难以否定的，也许这是因为权威常常即是我们信念的支撑。然而，创新通常就意味着颠覆和破坏。否定性是思维创新的一个特征。熊彼特是西方第一个系统论述创新的经济学家，他说：“造马车的人不管多么高明，绝造不出汽车。”因为他挚爱马车，形式上不肯否定马车这样一个构造。你让他创新，他顶多会想到如何用黄金、白银打造一辆车，或者让凤凰、龙、麒麟拉车。总之是前面一个动物、后面一个框架。所以企业家要明白，其实顾客永远不知道自己想要什么。福特汽车公司创始人亨利·福特说：“如果当初我问我的客户的话，那么他们只会说要一匹更快的马。”

3. 否定就是创新的开始——创新的否定性

历史积淀越是深厚，越是难于创新。肯定的越多，思维越是局限。要创新，必须打破思维定势。熊彼特说：“思维会一次一次回到自己的出发点。习惯的力量常常会扼杀创新。”比如美国纽约市在 19 世纪初期，市内交通工具还是被称为“街车”的马车。火车兴起后，一度热闹了一番，但还是被马车“复辟”了。一名叫史蒂芬森的经营“街车”的老板收购了火车公司，但也做了一点“改革”，改为有轨马车，这也正是有轨电车的前身。现在慢慢发展到汽车和地铁，可见创新是一条需要不断否定自己的艰难之路。所以，从这个意义上讲，创新也需要革命的英雄主义和浪漫主义，或者说创新的魄力比创新的能力和智慧更重要。老子在《道德经》上说："知人者智，自知者明。胜人者有力，自胜者强。"战胜自我、超越自我，一向是最难的事情，也是一个成功者必须逾越的一道关口。最大的敌人往往就是自己。第一次工业革命没有发生在印度、中国、埃及——古巴比伦早就亡国了，如果说那是因为这四大文明古国历史悠久、文化积淀深厚、背负着沉重的观念包袱，是不无道理的。往往落后者更快掌握先进技术，因为没有文明包袱。从这一点上来说，未来又属于文明古国。这是个轮回。目前，中国、印度已经有了重新崛起的迹象。

4. 思维创新的愉悦性

创新需要有一个开放的、无拘束的、富有包容性的环境。对个人来讲，创新需要有一个开放的、无拘束的，甚至是娱乐性的心情。内在的愉悦有利创新，同时创新又能带来愉悦。这是思维创新对心情和心理的要求。人杰地灵，未尝不是规律。将电梯员叫"垂直交通管理员"、火葬场叫"灵魂沙龙"，这何尝不是愉悦的心情所带来的具有愉悦性的创意？这和相声中讲的大碴粥叫"玉米羹"、鸡爪子叫"凤爪"是一个道理，这是创意经济。

美国人乐于冒险，喜欢探索未知领域，对新事物充满热情，崇尚自由，不受拘束，因此是一个富有创新性的国家。美国的立国就是一个冒险的、开拓的过程。美国的原始创新能力很强，要比日本强。日本基本上是借助别人的原始创新，但日本的二次创新能力很强。先"拿来"，然后进行精细制造，把它发挥到极致。这是一种跟随战术，在田径或短道速滑中常见，紧紧跟随，乘风借力，瞧准机会，一举超越。所以日本的制造是全世界一流的，美国人一度甘拜下风。只有瑞士这样的传统制造业发达的国家才能够与其媲美。所以，对企业来讲，就要有一种冒险精神、开拓精神、探索精神。我们中国的企业，自主创新这方面是很落后的，没有多少自己的技术，这一点应该引起我们的高度关注。

说到这里，不能不再强调一下思维的愉悦性这个问题。愉悦感能使人更深刻地认识事物。这是思维对人的状态的一种内在要求。愉悦感有利于调动大脑思考，有利于产生灵感，有利于创新。反过来，更深刻地认识事物会使人感觉到愉悦。居里夫人说："科学的探讨研究，其本身就含有至美，它给予人的报酬就是愉快，所以我在工作里面得到了快乐。"我们只以为居里夫人在找到镭的一刹那是快乐的。其实，她在整个艰难而漫长的探寻过程中都是快乐的，否则她坚持不下来，也找不到她想要的东西。很多做出卓越事业的人，都有视工作如生命的态度，都有视工作为快乐、视工作为娱乐的状态。正是这种态度或状态，才使他们打开了思维的闸门，解开了思维的缰绳，登上了智慧的殿堂。

前面提到的刘文忻教授讲过一句话，她说："其实，真正的科学是很好玩的。"北大的丘维声教授也形容过他在数学领域的钻研感受，他是用"奇妙"、"有趣"这样的词语来描述的。2006 年我在北大听讲座，有人讲："好玩的科学是最好的科学。"李岚清在山西大学演讲音乐人生的时候，也用"有趣"、"好玩"来描述自己的感受。愉悦也能使动植物很好地生长。给西红柿听音乐，西红柿长得便很好。日本人给牛听音乐、泡温泉、踩地毯（据说柔软的受力能使牛肉口感更佳）、吃绿色食品，连屠宰的时候都用一种特殊的杀法，让牛愉悦地死去，这样肉质会很好。这样生产出来的牛肉价格当然不低，但绝对有市场。这就是一种价值创新。据说德国人的理念是：牛自愿流出来的奶才好喝。所以他们也有许多愉悦牛的本领。他们养的猪每天要晒两个小时太阳，防止猪得抑郁症。猪之间玩儿不上也不行，因为不快乐的猪的肉不好吃。

进一步说，情绪与思维方式有着很深刻的关系。"愤怒出诗人"、"诗以言志"，讲的都是这个道理。司马迁说过："西伯拘而演《周易》，仲尼厄而作《春秋》。屈原放逐，乃赋《离骚》。左丘失明，厥有《国语》。孙子膑脚，《兵法》修列。不韦迁蜀，世传《吕览》。韩非囚秦，《说难》、《孤愤》。《诗》三百篇，大抵圣贤发愤之所为作也。”

什么样的情绪就会产生什么样的作品。下围棋的人都知道，平常心是一种很难得的境界。每逢危急艰险的关键时刻，平常心尤为重要。古人说的“猝然临之而不惊”、“每临大事有静气”，讲的就是平常心。平常心最利发挥。我们看体育比赛，实力是一回事，发挥是另一回事。靠什么才能发挥得好？靠平常心。平常心是一种“无欲则刚”的品格，是一种收放自如的心理状态，是一种淡泊胜负的微细情绪，是一种享受竞赛的处世哲学。这种心情使人能自然地、愉悦地将实力超水平地发挥出来。有时候越是紧张，越是不利于发挥实力。举重好手何灼强在汉城奥运会上因夺冠心切，发挥明显失常，竟然举不起平时训练中轻而易举就能举起来的重量，就是个例子。比赛的时候就要专注于比赛，要拿比赛当训练，不要想着奖杯或奖金，平时训练时却要拿训练当作比赛。过度重视会导致紧张失常。围棋界有一句“长考出臭手”的格言，很能说明这个问题。

吴清源先生就十分推崇平常心的境界。平常心不只是放松，更是高度专注。或者说，只有彻底地放松才能更好地专注。一次，吴清源与劲敌木谷实对弈，激战之中木谷实突然晕厥过去，现场一片混乱，吴清源却若无其事，仍然凝神思考。对此棋界及媒体大为不满，认为吴清源太过残忍。当事后有人问起时，吴清源竟茫然不知，回答说：“当时没看到别的，眼睛里只看到棋子。”

情绪是什么？情绪是品格的表现形式。君子的情绪不可能与小人相同，甚至学者的情绪与村妇的情绪也大异其趣。有什么样的品格就会生发什么样的情绪。当一位国企老总爆发正义之雷霆之怒的时候，那场景是很感人的。这说明什么？这说明他有着强烈的责任感、使命感。也许有人会说，光愤怒不行，得拿措施。这话听起来道理很对，但没有应用性。仅仅是正确的道理，没有用。为什么？当然是先有情绪，才有对策。连情绪都没有，何来措施？我觉得，有什么样的品格，才有什么样的情绪；有什么样的情绪，才有什么样的思维；有什么样的思维，才有什么样的管理方式、措施和对策。前者是世界观，后者是方法论。两者难道不是一个有机的体系吗？

5. 否定性的剔除与肯定性的充实

有时，否定性的剔除比肯定性的充实还重要，因为很多时候，完美不尽在于充实，还要肯去掉缺陷或瑕疵。我们只知道追求应有尽有，那是帝王的境界；却不知道追求应无尽无，那是圣人的境界。老子在《道德经》中说："为学日益，为道日损。"分明是在说为学是每天应该去做加法，为道就是每天应该去做减法。好比每一块原始的木头，都隐藏着一尊佛像——只要能去掉多余的部分。孔子说："丘也幸，苟有过，人必知之。"孔子当年就是公众人物，他很庆幸自己的过错经常被人注意到，这是很通达的认识，所以孔子是圣人，建设性的否定远比结论性的肯定更重要。积极的否定就是建设，这是大建设。对我们个人来讲，要学会"归零"，经常将自己"归零"。"归零"是否定的需要，也是一个"致中和"的状态和境界，像初生婴儿一样。经常积极地否定自己，能使自己飞跃得更快更高。

小结：善于不断地否定自己不仅是真正的大勇敢，还是真正的大智慧。修炼这种善于否定自己的思维能使自己更加接近创新的殿堂。因此这种否定其实不仅是愉快的，也是实惠的。但要做到这一点极难，对人是大考验。

六、敏锐的思维

要培养和磨炼直觉，因为在科学时代，我们仍然要靠直觉来生存。特别是在那些尖端的领域，感觉比知识重要。在企业老总们面对抉择的时候，也往往是直觉更重要。我把这一个取径称为“敏锐的思维”。

1. 在速度决定胜负的今天，直觉决策更重要

决策往往先是从看法开始的，甚至是从感觉开始的。市场需要快速决策，快速决策需要良好的直觉。当需要你这样做的时候，你会发现，知识并不重要。韦尔奇说：“迟迟做出一个正确决策与做出一个错误决策的结果是一样的。”“四渡赤水”是毛泽东军事指挥艺术的神来之笔，其实每次渡赤水都是力排众议的结果。不只是国民党军队晕头转向，我们自己的部队也不懂渡来渡去的是在做什么。在胡宗南进犯延安的时候，毛泽东几次都相当危险，可谓千钧一发，但都被他凭借出色的直觉，用奇异的行军方式躲过去了（有一次居然与追军并行向西而安然无恙）。在河南的一次特大矿难事故中，一名矿工提前出井，逃过一劫。他在回忆当时的情况时说：“当天晚上下井时，我就感觉到可能要出事，可能这是我的直觉吧。”今天的科学还并没有把直觉这个事情研究明白，人体是很复杂的一个系统，人的大脑更是复杂。人类并不了解自己。连圣人孔子都抱“不语怪力乱神”的态度，从不说不承认有这些事情，只是不谈论而已。当然，我们深知决策错误比贪污更可怕。过去国企常见的那种拍脑门、

凭感觉的低水平决策是绝对不可取的。这里谈的直觉决策不是这个层面的问题，而是讲要有意识地培养和磨炼直觉。这既是一个天赋的问题，又是一个实践的问题。

2. 集体偏见是创新的天敌

知识、分析、准备可能恰恰是失败的根源。集体偏见是创新的天敌，很多错误的决策是集体做出的，很多正确的决策是一个人做出的。在瞻望未来的时候，在一切都是混混沌沌的时候，往往直觉更靠得住。但直觉不是空穴来风，直觉有很强的实践性。这个世界就是存在着一批有感觉的人，在做着有感觉的事。不由你不相信。这些人虽不读书，但出手必合经典之诲，甚至像袁世凯一样，“不学而有术”。其实袁世凯也学习——我不相信他是个不学习的人，只是他的学习方式不一定是读书。一个人可以不读书，但不能不学习。良好的直觉，往往能给人带来意外的启发，快速高效地解决问题。特别在关键时刻，没有多少时间思考，只能靠平常的功力生成的直觉来办事。许多难题不是一点一点攻克的，往往是一下子解决掉的，凭借的就是直觉。因为大脑里储存了许多相应的信息，潜伏到一定的程度时，就会产生灵感。所以，我一直反对做规划——任何规划。对许多长远问题，虽然有必要做些计划，但切不必为之花费过多的时间和精力，尤其是规划之类，基本上没用——除非是“为了变化而制订的规划”。至于未来做什么，那是日常的功夫。所以，可偶尔想一想，让大脑自然运作，由潜意识加工，将信息收集、整理，为以后突发灵感解决问题提供依据。

3. 重要的少数与次要的多数

少数服从多数的前提是，这个多数是高素质的多数。什么时候应该是多数服从少数呢？自然是这个少数是高素质的少数、重要的少数的时候。所谓的“二八理论”，讲的就是20%决定80%的分布规律。这是个正态分布。比如，世界80%的财富是由20%的人创造的，20%的人决定80%的人的命运，等等。说“很多错误的决策是集体做出的，很多正确的决策是一个人做出的”，强调的是“重要的少数，次要的多数”这个问题。事实上，少数往往是最重要的。在革命和建设的年代，毛泽东的意见在许多情况下是少数派，但最后实践又往往证明他的意见是正确的，这就是伟人的价值，这就是“一把手”的作用。峰高源于山大，这是自然之理。华西村、南街村、兴十四村，都是“一把手”带领得好才干出来的。

拿破仑说：“一只绵羊带领一群狮子打不过一只狮子率领的一群绵羊。”从某种意义上说，企业比拼的就是“一把手”。有时，个人就能够决定一项事业的兴衰。

在棋坛，对顶尖高手来讲，支撑他们实力和成绩的，就是超级良好的感觉。这些高手们都有极其灵敏的感觉，那是长期的经验积累、知识积累及实践磨炼出来的宝贵结晶。比如像藤泽秀行、武宫正树对下棋，有着异常出众的感觉。特别在快棋比赛中，棋手几乎不可能做长时间的思考，多数情况下只能凭借感觉处理，这时感觉的灵敏度直接影响到胜负。围棋界有句话叫“长考出臭手”，说明知识、分析、准备可能恰恰是失败的根源。而对那种奇思妙想的着手，人们常常称之为“飞来妙石”、“神来之笔”。这些妙手，常常不是基于计算，而是基于感觉。或者说，常常首先基于感觉，然后才得到计算上的证明。

4. 直觉是实践的产物、实践的积累、实践的升华

凡思想，都是实践的产物。直觉也属思想范畴，所以直觉也不例外，同样是实践的产物。所谓直觉，就是大量信息在头脑当中合成出来的一种瞬间反应。没有深厚的实践，就不会有良好的直觉，良好的直觉本质上就是丰厚的实践积累，所以要从不断的实践中去

磨炼直觉。其实，直觉就是理论——只是没有经过加工和提炼而已。它是理论的雏形。而理论一旦形成和成熟，就是走向“没落”的开始。我们看到，每每一项新的事业的开端，没有理论指导、没有理论先行未尝不是一件幸事。我们的改革开放就是在没有“理论”的情况下实践的，但却取得了突破性进展。有时候，理论先行就是作茧自缚。直觉会演化成本能。动物的本能都很厉害。本能是什么？瞬间反应。本能在本质上仍然是实践，是长期实践所积累起来形成的直觉，本能是实践的精神产物。本能并不是固有的，但可以通过遗传获得。这在医学上叫“获得性遗传”——我爱人是医学教授，她“枕边风”吹给我的很多医学上的知识，在我看来统统是人体哲学。我想，本能亦不是固定的。本能如同人性，是随着实践的发展而演变的。

直觉与本能都有混沌的特征，都有模糊的特征，其实这恰恰是其准确性和可靠性的表现。“深蓝”可以战胜国际象棋世界冠军卡斯帕罗夫，但目前世界上最好的软件专家、编程专家、电脑专家对围棋却一筹莫展。为什么？解决不了“模糊”的问题。国际象棋体现的是西方人的思维，打的是阵地战、常规战争，其线性杀路可以量化为电子信息，而围棋是东方思维，打的是“游击战”、“太空”战争，围棋的“目”（地盘）在布局阶段根本是模糊的，对此电脑根本无法判断，而人类的直觉对围棋布局的判断则不是建立在“目”的判断上，而是体现在对均衡的微妙的察觉和感知上的，这使人类对布局阶段的“目”的价值认知要远比电脑“精确”。

前面讲了，本能具有鲜明的遗传特征。我们看“动物世界”这个节目会看到，很多动物是靠直觉、靠本能生存的。它们没有什么生存理论。它们不靠理论生存。所有动物只有人类有书籍、靠书籍传承知识和经验，这恰恰是人类“薄弱”的地方。所以庄子借“轮扁斫轮”的故事来说明，读书只是在读古人的糟粕而已，因为大道妙不可言。千百万年来的进化过程，使动物们的直觉敏锐而准确。小海龟从一出生，必在夜晚争先恐后地踩着同伴爬出沙坑，奋力爬向大海，并且一定要赶在天亮前冲进大海，否则就会成为掠食者的早餐。它们怎么知道这些？它们怎么知道大海的方向？直觉。老海龟下完蛋就走了，一去不回——没有说到日子回来开个会，部署一下。但老海龟留下了最重要的东西，那就是遗传基因中的直觉。人类中只有女人的直觉堪与动物媲美（这是女人身上最宝贵的与生俱来的东西），她们不需要理智与证据就能够得出正确的结论。我们看奥运会，打飞碟比赛，参赛选手们瞄都不瞄，抬手就打；王义夫是个近视眼，在气手枪比赛中照样拿金牌。他身体又不好，打到后来，靶子是模糊的，就是凭直觉在打。我们不难发现，业内高手常常都有好感觉、好直觉、好判断。这乃是在竞争日趋速度化的今天，争取生存的基本条件。

直觉、灵感、悟性，是一种非逻辑的力量。这样的一种思维方式，是反常的、突变的、跨越的，绝不是对现有知识的归纳。这个思维过程，有很大的非逻辑的、不符合常理的成分，有很大的开放性和不确定性。当然，有时候非逻辑还有另一种力量，那就是误打误撞获得成功。改革开放初期很多人的成功就是这样，今天大多已经不可复制。如果你把几只蜜蜂和同样多只苍蝇装进一个玻璃瓶中，然后将瓶子平放，让瓶底朝着窗户，会发生什么情况？你会看到，蜜蜂不停地想在瓶底上找到出口，一直到它们力竭倒毙或饿死；而苍蝇则会在不到两分钟之内，穿过另一端的瓶颈逃跑。蜜蜂的逻辑是：囚室的出口必然在光线最明亮的地方，于是它们不停地重复着这种“合乎逻辑”的行动。蜜蜂的灭亡，是由于蜜蜂对光明的憧憬和它们超群的智力。而那些愚蠢的苍蝇则对事物的逻辑毫不留意，全然不顾亮光的吸引，四下乱飞，结果误打误撞地碰上了好运气。我们人类中的成功者好多都与此相似。

5. 灵感比汗水更重要

所以，我还是要强调：直觉来自实践。爱迪生说过：“成功是

1%的灵感加上99%的汗水。”我要说：只有99%的汗水，才能换来那珍贵的1%的灵感。这就是灵感与实践的关系。但是，没有那珍贵的1%，人类的文明就不会有质的飞跃。这样看灵感与实践这个问题，就全面了。如果只强调努力，只强调勤奋，而忽视灵感，是错误的，也是片面的。为了证实我对爱迪生这句名言的记忆是否准确，我进行了查询，结果意外地发现：爱迪生这句名言只是半句箴言，后半句是：“但那1%的灵感是最重要的，甚至比那99%的汗水更重要。”为什么我们只记住前半句呢？断章取义，于斯而极。害得我们许多有志青年，盲目相信勤奋出天才，在自己没感觉、不擅长的领域里奋力拼搏，最终一事无成。有没有后半句，意义是大不一样的。如果真的是有意删掉后半句，至少不是一种正确对待他人言论的态度，有违科学精神。这种做法甚至会引人反感，弄巧成拙。事实上，被“阉割”掉的不仅仅是半句话，而是人的创造力。

6. 兴趣、好奇心、亲自动手

那么，怎样培养和磨炼直觉呢？有句话说：“兴趣是最好的老师”。还举爱迪生为例，他一生中共有一千多项发明，足以影响人类历史进程。似乎本应该由全人类在几百年时间内发明的东西，一时之间全由他一个人“包办”了：留声机、白炽电灯、电话、电报、电影、矿业、建筑业、化工、武器等方面的发明和贡献，令世人瞠目结舌，堪称“前无古人，后无来者”。

其实，爱迪生的文化程度很低，为什么能够取得如此辉煌的成就？在于他的好奇心，在于他的兴趣——发现世界、解开奥秘的兴趣。兴趣会导致实践，而实践带来灵感。灵感是解开事物奥秘的钥匙。灵感来了，就醍醐灌顶了，就恍然大悟了，就茅塞顿开了，就像点破窗户纸那么简单了。“山重水复疑无路”，这是实践最艰难的时候；“柳暗花明又一村”，这是灵感来临的时候。不能否认灵感的神奇作用。否认这一点是不现实的、不客观的、不实事求是的，也是不科学的。

爱迪生的灵感从哪里来的呢？好奇心、兴趣和大量的实践。他小的时候，曾趴在鸡舍里一动不动，母亲问他在做什么，他对母亲说，要孵化小鸡。这就是一个儿童的好奇心。他长期的兴趣，在于发明——所以我一直认为最好的教育就是有关启发兴趣的教育，而他的发明全在于勤奋。勤奋本身就是一种天才的表现，聪明人往往肯下笨功夫。古人说："书读百遍，其义自见。"正如爱迪生说的那样：靠99%的努力。他的勤奋，全体现在动手。可以说，正是爱迪生那无处不在的强烈的好奇心、那坚持亲自动手搞实验的执著精神、那超乎常人的勤奋努力、那果敢无畏的精神、那依靠集体力量的领袖才能（他的发明工厂中有很多科学家、工程师、技术人员），才构成了他那"99%的汗水"的深刻内涵。这就是前面提到的思维的气质性。

说起果敢，再提一下爱迪生是怎么走上科学发明这条道路的。爱迪生小的时候，曾经以很大的勇气救出了一个在火车轨道上即将遇难的儿童，儿童的父亲没有钱回报爱迪生，就教给了他一些有关电的技术。爱迪生一下子就痴迷进去了，从此对电学很感兴趣。他12岁在火车上卖报，16岁就发明了自动定时发报机。1931年他84岁逝世的时候，全美国熄灯以示哀悼。如果我们对现在自己的生活感觉很幸福的话，是不能忘记爱迪生的。

7. 办企业，需要"天才级"人物

企业管理离不开人才。把企业做大做强，离不开"天才级"人物。有人说（大概意思）：企业中"天才级"灵魂人物带给企业的价值和影响力是深远而巨大的，而且也只有这类管理天才才能带领企业走出困境，走出低层次竞争的泥坑。现在，越来越多的世界级管理大师越来越看重"天才级"的人才。2006年6月，三星集团总裁李健熙在集团内部一次重要会议上着重提出培养、寻找"天才级"

人才的问题。他说："目前，韩国与发达国家的差距毫无改观，中国的追赶步伐日益加快，五至十年后，韩国赖以生存的产业有可能萎缩。对三星来说，第二个'新经营'的重点应放在培养国家的'天才级'人才上。可以说，在竞争日益激烈和不确定性因素日益增加的情况下，培养人才是唯一的解决方法。"他的话，透出一位睿智者超前的预测力和洞察力。基于这样的假设做出的判断，与其说是正确的，不如说是管用的（就如人性善恶的假设），它会使企业果断地拿出具体行动，由此迅速拉升企业的综合实力。松下幸之助在 30 多年前他 84 岁的时候创办的松下政经塾，就是以艰苦训练的方式志在培养能够担当日本未来的政界商界领袖（每年只招收八至十名学员，毕业标准是具备"人道精神"与"终身学习"的态度），这种远见卓识与宽广胸襟着实令人感叹。而这样有影响力的私塾，在日本还有 20 多所。

8. 在靠速度取胜的今天，学习就是实践

在这里，我想通过解释学习这一行为，来谈谈培养和磨炼直觉的问题。否则，如何培养和磨炼直觉，还是显得比较抽象。提起学习，我们的头脑中自然就会出现在书房或教室中读书或听课的情景。其实这是极不全面的认识，也属于定势思维。其实，人类的一切活动，都可以说是学习。学习的范畴很大。

建设性思维是高效学习的最佳取径

学习就是选择性的吸收。在吸收的过程中，排斥性思维、截杀式思维最要不得。这两种思维是学习的大敌。学习的最佳取径是"建设性思维"，达到主动性获益。所谓"主动性获益"，就是不要将注意力过多地放在老师讲的或书上写的对不对、好不好上（更不能只因老师长相欠佳或某句话惹你反感而"恨"乌及屋地拒绝承认和

吸收他讲得好的地方），而是尽量接受启发，尽量看到好的地方，尽量联想到好的地方，甚至把老师讲的不对、书上写的不好的地方纠正性地理解过来，达到使自己受益的目的。如果是一味地挑毛病，即便从“机会成本”的角度讲，也是最不划算的取径。希特勒写的《我的奋斗》，一样可以拿过来读，从反面接受启发。为什么同样是学习，有的人学了一脑子没用的东西，学了一脑子错误的东西？从这个意义上说，有时“不会”比“会”好，“不懂”比“懂”好，“没知识”比“有知识”好。这样的人不学习还明白，还会做，学了反而糊涂了，啥都不会做了。学习是为了学习一切有用的东西，做事是为了避免一切有害的东西（不输的境界才是最高的境界）。这两条，都是方法论的最佳取径。

在学习这个问题上，最坏的结果不是不学习，而是产生排斥性思维和截杀式思维。那么，需要什么样的思维呢？就是前面说的，需要建设性思维。建设性思维的特点是：列全、筛选、决策、实践、修正。这才是正确的态度。要看到好的地方或有能力联想到好的地方。江湖骗子也有真才实学。不必完美，更不必完美了之后再做事。不必要求会“说”的人会“做”，也不必要求会“做”的人会“说”。求全责备是中国人的思维模式。不搞争论，小平自称是他的一大发明。甚至，必要时不搞统一。动辄“统一思想”不见得是好事，要允许选择，因为只能在选择中学会选择。更要允许犯错误，因为很多时候犯错误是必由之路。

做天才的学习者

我还有一个体会：学习，永远只是少数人的事情。有如马拉松比赛，赛程中选手所处的位置永远是个正态分布的状况。跑在前面的和落在后面的都是少数人，大部分人在中间。有人说：好人很少，坏人也很少，大部分人是不好也不坏。这是同一个道理。这也算符合“二八理论”。善于学习其实是一种天赋。只有少数极有天赋的人，才能学习前人的智慧。大多数常人无法依赖前人的智慧去工作或生活，只能依靠自己的智慧去开创生活。所以，学习其实是个自愿的事情，内因相当重要。自身没有学习热望的人，无论给他多么好的学习机会和条件都是没有用的。

我参加的北大办的企业家培训班，70%的学员是年轻的私企经营者。他们对国家经济政策的研究比我们认真，而且会应用。这些人都很年轻，30 岁左右的居多。当然都是自费来学习的。三个半月下来，最少要 5 万元钱。听说最近这个班的学费又涨价了。当然也有年龄大的，有个 56 岁的，据说做生意亏了 6 000 多万，也来学习——借钱来学习。最小的是位 20 岁的小姑娘，是位私企总裁的女儿。

班上有个 23 岁的男孩子，看上去很腼腆，熟了以后才知道，他在阿根廷待了四年多。据他讲，他父亲在他 19 岁的时候给了他一笔钱，19 万美元，告诉他这完全是属于他的钱。然后告诉他，应该去南美闯一闯，趁年轻积累阅历，经历就是财富，不要怕失败。至于怎么去、去了做什么，那是他自己的事情。去了之后，只要他哪一天说在南美生活不下去了，就打个电话回来，或者找大使馆，他父亲一定把他安安全全地领回来。但那时他必须承认：他已经努力了，他在那里生活不下去了，失败回家了。这孩子先到巴西，再偷渡到阿根廷。从巴西到阿根廷要坐汽车，他给了蛇头双倍的价钱，因为偷渡的人多，他又是个孩子，他担心路上有危险，没人照顾他甚至直接把他扔出去。在南美的四年，他由走投无路到开超市赚钱，经历了很多。正当他处于投资回报期的时候，他父亲打电话要他回来，因为他父亲新买下来一个钢厂需要他回来经营。他舍不得南美的产业，他父亲说目的达到就可以了，证明他不仅能生活，而且生活得还不错，这就足够了。这样，他回来了。他父亲说，你先去北大补补课，熟悉一下中国的环境，结交结交朋友，然后再去上班。在向实践学习这个问题上，这个孩子无疑是成功的。但那是因为：他的背后站着一位思维不凡的父亲。这孩子在北大期间住最便宜的房子。

他没来过北京，周六周日却不出去玩，说是等五一长假有朋友来一起出去玩，为了省钱。

还有一位山东的学员，家里产业很大，也是在食宿上很节俭。有一次她在班级上给每个人发放她企业的简介，当时没有发给我，但她很有礼貌地对我说，有一次她曾在某个晚上我们一起听讲座时给过我一份，这就是做企业的精细与节俭的精神。她一直想寻求更广阔的市场。后来结业各自回到单位，她还邮来一套她们公司生产的西服，用她的话说是“不苛求，亦不放弃”。胡锦涛总书记提倡节俭意识，我看这些私企的人倒是做到了。

过去荀子写《劝学篇》，现在很多家长们续写的是“强学篇”，强迫孩子学。其实聪明的选择是：愿意学，并且会学。心态决定质量。学习速度才是唯一标准。假如一名聪明的上司每个月能读十本书，他是怎么做到的？很简单：每个月送给下属一本书——其实是自己比较想读却没时间读的书，一个月后问下属这本书的内容。在培养下属的同时，自己取巧地了解了这本书的精华所在。当然他自己也应该看书，是看自己特别想看的书。

其实，要学会“从无字句处读书”。时时、处处、事事皆是学习。每一个人都有可学之处。学到知识，是小学；学到方法，是中学；学到思想，是大学。学习身边的人和事，是低成本扩张；学习成功人物，是捷径；学习理论，是抽象的需要。只有实践经验丰富的人，才更有资格学习理论，也较之他人抽象得更为透彻。缺少学习热望的人，如果强迫他去学习，只能使他更厌恶学习，从而丧失了今后学习的可能，或使今后的学习更为艰难。我的看法是：热爱学习、善于学习、勤奋学习、不断向实践学习，本身就是一种天才的表现。这样的人，就是天才的学习者。

我的几点经验

在一次后备干部班结业仪式上，我曾用“一、二、三、四、五”

来概括学习问题，算是我的几点经验，在这里简要地介绍给大家："一"是唯一，即学习是我们唯一的选择（我们不是企业的唯一选择）。"二"是两条道，即学习是我们的生存之道（解决温饱问题），更是我们的生活之道（追求高质量、高品质的生活）。"三"是三条标准，即听得懂、悟得透、行得通。我们大多数人是能做到第一点的，能听得懂，或自以为听得懂。但第二条，能否悟得透，却需要借助经历、阅历、经验和悟性去体会。至于第三条，能不能把学来的东西在实践中贯彻下去，能不能行得通，自古及今，是很多人难于做到的事情。行得通是学习的最高标准。学习的目的，不在于吸收知识，而在于修正行为。学习知识不是目的，也不是学习的重点，除非我们能从"为什么会产生这些知识"的角度去体会，这样的学习才更有现实的、积极的意义。

"四"是四种状态：需要、习惯、乐趣、本能。学习首先是需要，不得不学习；其次要养成好的习惯，自然而然地去学习；然后要以此为乐事，愉快地去学习；最后修炼到一种本能的反应，不知道自己其实是在学习。

"五"是五项方法：温习、致用、质疑、贯通、输出。温习是最基本的学习方法。孔子说："温故而知新。"又说："学而时习之，不亦乐乎。"听一堂课，三天后、半年后要温习一下，记忆才会牢固，同时会产生新的联想。这是符合记忆规律和认识规律的。认识的升华，是随着阅历而加深的。"习"，有实践、实习、演练的意思。理论要内化为心智和思想，必定是伴随着实践并通过实践来完成的。

致用是感性认识与理性认识互相参照的学习方法。学东西就是为了应用的。企业领导者尤其要学"致用之学"。学了不用、学了不会用、学了用不上，都是白学。活学活用，带着问题学，不失为好的学习方法。要将学到的东西拿到实践中印证。通过印证，对理论才会有深刻的认识。"致"了"用"的知识，才真正是属于自己的东西。

质疑是创造性的思维方法。学无止境，知也无涯。现有的学问永远是残缺的。不进行质疑，就是死学——死的学问，就是没有运用自己的头脑去独立思考。荀子在《劝学篇》中说："学而不思则罔。"没有对托勒密和亚里士多德"地心说"宇宙体系的质疑，哥白尼的《天体运行论》就不会诞生。后代的很多历史学家认为，近代自然科学就是从 1543 年"哥白尼革命"中诞生的。没有对哥白尼"日心说"的质疑，布鲁诺就不会提出"太阳系实际上只是无限宇宙中的一个天体系统"这样一个理论。因为反对维护宗教统治的经院哲学，接受和发展了哥白尼学说，布鲁诺被宗教裁判所判处死刑，被烧死在罗马的鲜花广场，成为捍卫科学真理的殉道者。质疑，是科学进步的天梯，是科学"活的灵魂"。当然，质疑更多的是思考和研究阶段的问题。在接受阶段，还是像前面讲的，应该尽量以主动性、纠正性的吸收为主。

贯通是上了层次和境界的学习方法。有学者评价钱钟书的治学，是贵在"打通"。学贯中西的"贯"字，就是这个"打通"的意思，而不是"兼"的意思。"贯通"，有多重意思，比如总结、综合、杂学、触类旁通、联想、分析、创新等等。现代边缘科学的兴起，就是"打通"后的结果。过去我们称某某是数学家、物理学家、化学家，现在常常称某某为量子力学专家、热能专家等。杂学的妙用，应该是"不为学所学，不为用所用"，要"为用所学，为学所用"。目的，都是为了贯通。

输出是检验式的学习方法。方式有二：一个是语言表达，一个是文字表达。这不仅仅是个表达能力问题，实质还是个"学力"问题。有"学力"，才能输出。俗话说："台上一分钟，台下十年功。"这是厚积薄发的意思。往往在输出的时候，我们才会发现自己是多么贫乏、空疏和寡陋。所以，输出对自己是一种检验和认识，能称出我们"半斤八两"的自身分量，从而促进我们的学习。同时，输出的过程既是一种锻炼，又是一种提高。古人说："教学相长。"通过输出，思路会愈加清晰，措施会愈加得力。对企业来讲，尤其要拉动企业"内训"，一级培训一级，"土专家"有"土专家"的优势，往往最大的受益者是讲授者自己。这是双向促进。这样的“内训”说服力强，现场感染力强，针对性和实效性强。2006 年的“内训”中，曾总顶着花白的头发，在研讨班讲台上站着讲课，一讲就是四个小时，就是用输出的方式做出了努力学习的榜样。最有价值的培训，就是关于价值观的培训；最有力度的培训，就是培养和激发创造力的培训；最有乐趣的培训，就是让学员深度参与教学的培训。今后，我们企业的培训就是要以“内训”为主，走内涵式发展的路子。

学习的目的全在应用——“学，然后有直觉”

对企业管理者来讲，解决问题是学知识的目的。当然，背得下来菜谱，并不能成为好厨师。知识要转化为行动的力量，还要靠实践。学习的乐趣，在于要有享受知识的心态。不仅要为了干好工作而学习，也要为退休之后更幸福地生活而学习，还要为垂范子孙而学习。

现代社会，学习要重交流。交流应从建立或寻求共同的语言模式开始，以此保证使用相同的语言交流共同的问题。譬如我们今天探讨思维创新这个问题，前面就用很大的篇幅对“什么是创新”、“为什么创新”、“如何去创新”、“思维是什么”等四个前提性问题进行了解释。这样，我们才能就同一个层面的问题进行探讨。很多时候，就是应该先搞清楚问题本身的意义，建立共同的语言模式，否则很有可能尚不知在各说各的，还自以为是在交流。这种情况在争论的时候表现得尤其多。尤其我们中国人，争来争去，忘记了目的甚至题目，纯为了“面子”，变为意气之争了。

国学大师王国维曾以几句诗词来比喻做学问的三种境界：第一种是“独上高楼，望断天涯路”，大概是形容初学者略知一二后踌躇满志的样子。第二种是“衣带渐宽终不悔，为伊消得人憔悴”，说明做学问之不易，是件苦差事，但苦中作乐。第三种是“众里寻她千百度，蓦然回首，那人却在灯火阑珊处”，这是王国维最为推崇的境界：忽然间峰回路转，柳暗花明，豁然开朗，心领神会，类似禅宗顿悟的境界。这种境界，其实就是把理论和知识，变为属于自己的东西：内化为一种活的心智和思想。《礼记》中说：“学，然后知不足。”我说：“学，然后有直觉。”因为学，在当今很大程度上就是实践。直接的实践，从速度上来讲已经远远不够了，必须要靠间接实践，那就是学习。甚至学没学习已经不是标准，学习的速度才是衡量的标准。

对搞管理的人来讲，纯技术、极深的专业理论最具启发性，因为它本质上是思维、是思想。陌生的、冷僻的领域对人的启发性尤强。管理学其实就是“杂学”，你“杂”不起来是不行的。而“杂”恰恰是指这些东西——对你而言是“陌生的、冷僻的领域”。但做事不要杂，因为这是个专业化的时代。何阳办了个点子公司，其实就是搞咨询的，这个他内行，但他却又去搞晚会——以为自己无所不能，结果被以诈骗罪判了 12 年。所以到网上查询早已销声匿迹的改革开放初期的名人，往往会有意外收获。其实，在这个时代，能做好一件事就不易了。对企业来讲，多元化是个危险的事情，很多企业就栽倒在这个问题上。譬如“三九”、“三株”、“德隆”，这些企业失败的共性就在于多元化。

学习力，往往就是企业领导者的领导力，就是企业员工的执行力。联合国教科文组织曾经下了这样的定义：“在任何时间、任何地点、以任何方式、用最少时间、获得最多的更有用的知识与能力的活动，就是学习。”“不会学习的学习者，就是文盲。”易中天把学习与读书分开来理解：读书是谋心，学习是谋生。这是有趣的想法，是另一种思维方式。马一浮、南怀瑾应该就是这种读书人。带着那样单纯的心情读书，一定很惬意。不过，的确有很多人一提起学习，似乎就是读书，这真的是狭隘的认识。海信集团董事长周厚健说：“在企业里，没有激情的人基本是不能用的。他要有学习精神，因为社会在不断发展，如果不学习的话，最后都跟不上去，所以学习型人才非常重要。”江淮汽车股份有限公司董事长左延安说：“江淮汽车的核心优势是学习力。在知识经济、信息化时代到来的今天，只有不断保持和加强企业的学习力，才能保持企业的长期持续发展。”

学习是个大概念，不仅仅是指读书或培训。现在讲建设学习型组织，并不是说这个组织是经常开会组织集中学习的。首要的，是这个组织有共同的愿景。其次，是这个组织有一个有利于教育人、启发人、培养人、激励人、约束人、造就人、开发人潜能的文化氛围。学习型组织其实是一种管理模式，是一种整体创新能力不断加强的组织。创新才是学习型组织的本质与灵魂。以我参加工作25年的体会，大凡一个组织的自身建设都是至关重要的。对一个组织来讲，抓自身建设，不见得能马上看到什么效果。但是，不抓自身建设，一定会立刻“见效”。或者说，抓得好，正面作用不明显；抓得不好，负面作用巨大。惟其如此，更见抓自身建设的重要性。所谓“百年树人”，就是这个道理。工作中遇到问题，就应该将问题确立为我们要研究的课题。这是以问题为中心进行管理的思维方式。要以问题为线索进行学习，要以发展为导向进行学习。要研究课题，就要从工作中遇到的问题入手。

工作是什么？“工作就是上班”、“上班就是遭罪”，这是一种被动意识，抱这种意识的人不会有出息。“工作是养家糊口”、“所以要过好日子就得干好工作出人头地”，这是一种被迫意识——但要比前一种意识好一点。“工作是使自我升值”，这是主动意识，抱这种意识的人会有一点出息。“工作是学习”，这是更为主动且更为理性的认识，这样的人肯定会有出息，但不一定会有太大出息。“工作即娱乐”，前面提到过，这是丰田公司的口号，我觉得，这才称得上是真正上层次、上境界的认识，这样的人干工作“有瘾”，一定会有大出息。要提倡工作学习化、学习工作化。学习即娱乐，工作即娱乐。这是一种很高的境界。要学会体验学习中的生命意义，要学会体验工作中的生命意义。

培养和磨炼直觉，要从实践入手，要从学习入手。这其实是一项气质修炼。修炼的结果，是形成属于自己的东西——思想，内化出适合自己的心智模式，养成具有个性风格的独特直觉及运用直觉的习惯。对个人来讲，最好的修养总是内生的；对企业来讲，最好的机制也总是内生的。学习，当今在很大程度上就是实践。前面讲了，仅靠直接的实践已经不够，大量的还要靠间接实践。学习的速度才是衡量的标准。企业的竞争是学习速度的竞争，尤其是"一把手"的学习速度。甚至可以说，光有创新是不够的，创新的速度才是企业的生命。

学习的最终结果是养成一种品质，养成良好的思维方式，修正自己的行为。学习，也是人们追求幸福的一种需要。幸福生活是一种高品质的生活。高品质的生活，皆与学习有关。还是那句话："学，然后有直觉。"贝利尼家族是西方有名的收藏世家，至今已经传至第17代。这个家族被称为有一种"与生俱来的鉴赏力"。为什么会是这样？一方面，是家族文化熏陶的结果，甚至是"获得性遗传"的结果；另一方面，是苦练的结果。据说，这个家族的小孩子从小就得经过严格的训练，譬如小孩子要出门去玩耍，必须要先从十件藏品中甄别出一件赝品来，才能够如愿以偿。并不是这个家族所有的孩子都有这种"与生俱来的鉴赏力"，那些对艺术没有感觉的孩子，长大后当然去做他们对之"有感觉"的事情去了。所以，"最好的教育是有关启发、培养和调动兴趣的教育"。

归根结蒂，要向实践学习。对企业来讲，实践才是全部。我前面一再强调，企业管理不是科学，只是实践，并且全部是实践。企业领袖的良好感觉，全凭实践来砥砺。如果说有天赋，那也是实践所启示和开发出来的。不要误将知识上的了解当作学习，学习要产生新的思想与新的行动。

小结：在胜负往往由速度决定的今天，必须依赖好的直觉。好的直觉来自天赋，但更来自实践。伟大的组织需要灵魂人物，他就是重要的少数，而灵魂人物最宝贵的就是直觉。直觉是实践的积累、实践的升华。实践是第一学习，致知在格物，这种直接的学习最为可靠；实践之外的学习则是第二学习，这种间接的实践有着无可比拟的速度优势。所以，成为优秀的学习者是培养和磨炼直觉的快捷法门。

七、简便的思维

我们无法想象如果没有工具，我们将如何生活。现今我们所处的这个时代，是一个人类历史上从未有过如此丰富的工具的时代。其中有一些工具，就是为方便思维运行而设计的。借助这样的工具进行思维，如虎添翼。我认为，工具的本质就是使思与行简单化、方便化、快捷化。简单化的能力、抽象化的能力，是最高能力。简单与抽象，两者不在一个层面，却能够互相解释——所以两者其实是一回事。对这一条取径，我称之为“简便的思维”。

1. 工具的特征就是时代的特征、思维的特征

工具是人类的行为标志，是人类智慧的物质力量。工具是人的四肢的延伸，是人的能力的延伸。使用和制造工具，是人类最大的特征，是人类区别于低等动物的主要特征。人类历史上第一件最伟大的工具就是石器，其次就是火。有了火，人类的胃肠消化功能才大大地前进了一步。再次就是弓箭。全世界不同的民族几乎都在同一个时期或同一个发展阶段发明了弓箭。这是创新的必然性。南美洲和非洲的弓箭有不同的种类，有的是用嘴吹的，精确率很高，常用来发射毒箭，适用于热带雨林——说明工具有很强的地理特征。亚洲有的弓箭是用手瞄准，然后用脚蹬的，适合平原作战，可以远距离射击，算是那个时代的重武器。有了弓箭以及投掷的标枪，人类的狩猎能力才大大增强。我们在看奥运会传递火炬、看射箭和投掷标枪比赛的时候，不妨将之理解为一种对人类文明

的始祖进行祭奠的神圣仪式。

2. 工具代表一个时代的理念力量与知识力量

工具本身就是一个思想的凝结，代表着一个时代的理念力量和知识力量。有些历史断代是根据工具来进行或命名的，如旧石器、新石器分别代表不同的时代，被分别称作“旧石器时代”、“新石器时代”，而现在被称为“网络时代”。处在这个时代的白领们就要会开车、会使用电脑、会用外语沟通。我们在 2004 年对所属企业的领导班子的任期调整当中，使用了一个干部量化考核的工具，它简便易行，准确度高。其实，它就是一个公式，把各种数据放进去，就会得出一个结果。当时曾总和苏书记非常肯定这个量化公式，多次在大会上提到，对我们的工作表示赞赏。但是为了得出这个公式，我们探索了五年，如果算上早期组织部的研究，应该有十年的探索了。我们在国内所能了解到的干部考核量化研究，十分繁琐和复杂。但我们在得到这个公式之后，却感觉它其实很简单、实用、便捷。这就是公式的力量，也就是工具的力量。

3. 使用工具是基本能力，开发工具是创新能力

是不是经常使用工具是基本能力问题，有没有开发新工具是创新能力问题，培养使用和开发工具的意识与习惯至关重要。我们可以对照这两条看看我们身边的人，就会发现的确是如此的情形。那些动手能力强的人，往往点子比较多。他们的动手，其实就是动脑。聪明人总是会借力——太极拳的精髓就是“借力打力”，总是要寻求借助工具来解决问题。这样的人创新能力强。我想，原始人之间发生争斗，起初一定是用手脚，后来有人用了木棍，对方吃亏后也会想到要拿木棍，于是便会去找更长的木棍来报复。武器的创新就是这么开始的。从木棍到大炮，再到细菌战、化学战，据说未来战争

的武器是“非致命武器”。真是越来越“人道”了。我看可以研制人脑波武器，自己的军队佩戴上防护产品，专门干扰敌军士兵的脑波活动，岂不快哉！人脑是物质的，人脑的运行就是物质的运行，完全可以用物质来干预。

经济学产生得比较晚，但不幼稚，很成熟，并且经济学理论的淘汰速度很快。基本上十几年、二十几年就有一个天翻地覆的变化。管理学的发展也是如此。为什么会是这样呢？一方面是因为经济活动、经济实践、经济行为千变万化，另一方面就是因为这两门学问都更好地吸收和借鉴了其他诸如数学、统计学、哲学等学科的方法。可以说，没有高等数学，就没有经济学，高等数学成了经济学的拐杖和工具。数学是最能体现人类思维方式的一门学问，所以数学在很多领域成为应用性很强的通用工具。可以计算的才是科学。哲学就不是科学，因为它不可计算。什么叫错误？什么叫正确？经济学给出的含义是：“错误”是证明出来的，“正确”是计算出来的。譬如我们讲要做规模经济，那么多大规模才算规模？不是大规模的经济就叫规模经济。规模经济是“适度规模的经济”之意，这个“度”是计算出来的。

质量管理、目标管理、标准化管理、全面预算管理、项目管理、岗位管理等等，其实就是大量地借助分析工具和管理模型进行的管理。西方式的管理离不开这些。工具就是智慧，就是理念，就是分析能力，就是动手能力。所以，使用工具就是基本能力，开发工具就是创新能力。西方的项目管理理论是个应用工具的宝库。比如质量工具有七种：第一种是调查表，取得原始数据，发现问题；第二种是排列图，对质量问题的严重程度或发生频率进行排序；第三种是因果图，对排序第一的问题进行因果分析；第四种是对策表，对应原因一一提出应对措施；第五种是控制图，对关注指标的示值进行控制；第六种是验证表，对实施效果进行验证；第七种是流程图，对行之有效的路径加以固化。我们能看到，这七种工具其实就是一个思想性很强的连贯套路，是非常简单而管用的。

西方在运用矩阵式结构分析、平衡计分卡以及一些分析模型方面，是很有成效的。但我们国企切不可照搬，这里有一个切合实际的问题，一定要创造性地应用。经济学中经常应用的是数轴。一个简单的横轴和纵轴能演化出万千变化，让人一目了然，使复杂问题变得简单、清晰。这就是工具的力量。横轴若代表需求量，纵轴则可以代表供给量，我们可以分析出市场价格走势。另外，横轴若代表市场需求，纵轴可以代表市场价格，我们可以分析出行业态势。横轴若代表产量，纵轴则可以代表成本，我们可以分析出生产规模控制程度。用人——干部管理也能用上这个工具：横轴若代表品德，纵轴则可以代表能力，企业的员工都可以分别放在数轴所划分的四个区块当中，就会很清晰地得出“德才兼备者重用，有才无德者慎用，无才无德者不用，有德无才者培养使用”的结论。横轴若代表重要程度，纵轴则可以代表紧迫程度，这是时间管理的简便分析方法，能够使我们在那些重要而不紧迫的事情上多下功夫。如果从数轴的中心点划两条以上的曲线，那么这个图就能表达更多的内涵。如果划上七条曲线，就是当今的“显学”了，分别代表总成本、总可变成本、总固定成本、平均成本、边际成本、平均可变成本、平均固定成本。举这个例子，就是为了说明工具的强大作用。

创新需要抽象。数学、逻辑学等就是从实践中抽象出来的。比如《易经》，就是从大量的现象当中总结出来规律，再从大量的规律当中进行抽象的。将规律抽象出来的东西，就是一个形式。这个形式可不得了，看上去简单，其实很复杂，是“化繁为简”，是“大道至简”。所以，我称《易经》是“代数哲学”。人大的一位教授同意我的说法，但他加了一个限定词：“中国”，即“中国代数哲学”。都说用《易经》可以算卦，其实不过是逻辑学、数学、统计学、哲学之应用罢了。这样推算出来的结果，不可能没有正确的，也不可能都是正确的。现在，有人提出“审美经济”、“体验经济”等概念，都是学科之间的、学科与百姓生活之间互动的结果。

搞管理的，要多掌握一些模型，多掌握一些分析工具，这是很有必要的。还有一些简单实用的表格，也是很好的工具。西方用得比较多，直观上很清晰。西方对工具的运用很主动、很广泛，这几乎成为他们的一种思维方式。比如，德国人在家里挂一幅画，通常他会先找来尺子、钉子、锤子、胶带、铅笔、水平仪，用尺子量出墙壁的中心点，用铅笔画上，再用胶带粘上（以防墙皮掉灰），然后以向上倾斜20度的角度钉钉子（因为钉子在钉入的过程中通常会有一个向下倾斜的移动，20度的角度不会使这种移动移至水平，钉子会始终保持一个向上的倾斜，这样即使画受到震动也不会脱落），画挂好了之后，用水平仪找出画的平衡点。德国人认真竟至于此！连挂个画都这样科学地操作，他们的产品质量可想而知。西方人使用工具的意识是如此浓厚，以至成为一种很好的思维习惯。我想我们在家里挂个画，凭感觉，找个钉子一钉，差不多就行了。当然，我们中国人的感觉很准。这是我们的文化特征。德国人洗衣服，怎么洗？先用秤（天平在德国是每家必备的东西）称一下衣服的重量，再找出一张表，看一看什么材料的衣服用多少洗衣粉，然后用专用量具盛出洗衣粉，再用尺子刮掉高出量具平面的部分。精细至极！我们完全可以理解，为什么国际上德国制造就是质量的标志。我们中国人炒菜，从来是“食盐少许”，“少许”究竟是多少？凭感觉。所以不同的厨师炒出来的菜虽然各有风味，但难以标准化，难以批量生产，中餐也就难以国际化。“差不多”、“基本上”、“大概”，是我们的文化特征。再比如说，我们东方人对合作企业信用的评价，往往是感觉出来的，而西方却是计算出来的。如果说“信用是可计算的”，人们可能还会不大理解。但在西方，事实就是如此，是一个完整的、数字化的信用社会。

有一个居住在德国的中国人，孩子学费晚交了一个星期，结果不断地有物业公司、电话公司、煤气公司的人找上门来，要求预先支付若干费用以防不测。原来是按照他们国家的标准，“计算出”这个人的社会信用等级出了问题，所以这个人才麻烦不断。有一个中国留学生有过两次逃票记录，结果到哪里都找不到工作。前些年据说有个留学生，把硬币打个孔，穿上小绳儿，打公用电话。一般来讲，中国人比西方人聪明，但思维方式截然不同。这个留学生后来被警方通过监控录像抓获了，很丢中国人的“面子”。我有个朋友的表弟在国外，买了一辆自行车，骑了三年要求退货，商家还真给退了。西方人的思维方式是“相信你的陈述是真的”，我们这位中国同胞就“聪明”地利用了这一点。其实，且不说人格问题，从利益上讲，损失也是巨大的。

西方经济学讲，欺诈与遵约相比得出的结论是：不值得欺诈。于是西方出现了诚信社会。这几乎是个必然的结果。所以，诚信在那里不是靠觉悟，而是靠利益驱动的。这是符合理性人假设的。德国人从不把遵守规则当作奉献或负担，而是很自然地当作利己，就是这个道理。我们一味地讲奉献，反倒是有问题的。不得不讲诚信，才是确实的诚信。中国人到欧洲去看到这种“无为而治”的现象感到很惊讶，百思不得其解，那是不明白这个道理。在那里，诚信只是利己的手段。问题是，最后一次的博弈是最危险的。但是，好在谁都不知道哪次是最后一次，也就相安无事了。美国有一次发大水，很多人“趁水打劫”，间接证明了“最后一次”有多么可怕。亚当·斯密的《道德情操论》是他用力最多的一部书，可惜几百年来并不受重视，那是因为他的《国富论》的光辉太过耀眼了。《道德情操论》讲的就是市场经济需要高度文明的、高素质的人来支撑——有人说这是“第三只手”（“第一只手”是市场经济，“第二只手”是国家法律）。如果这一思想早一点加以研究运用的话，也许今天的世界会是另一番景象。

前面讲数学是最好的工具之一，其实数学的本质不是计算，而是方法，是哲学。共产主义是什么？是马克思几大本厚厚的大部头著作推导出来的。共产主义应该是个数字化的信念，值得去追求、去奋斗，但要通过努力才能达到，放任自流是达不到的。西方的推导思维、数学思维、理性思维、实证思维、逻辑思维的力量是很强大的。这一点值得我们好好学习。但我们的模糊思维、直觉思维、空灵思维和写意思维，也值得他们学习。

4. 一切皆可量化，管理皆需量化

工具的另一个重要含义，就是一切皆可量化，管理皆需量化。量化的管理是最好的管理。量化就是标准化，就是规范化。西方人浓厚的使用工具的意识，已经成为一种很好的思维习惯和行为习惯。这种思维习惯和行为习惯几乎渗透到每个领域。

拿麦当劳做例子，麦当劳的管理就是动用了相当多的工具，取得了相当多的量化结果。比如一片小小的牛肉饼需要经过 40 多项质量检查控制；面包切口不圆的不用（有专用切口机）；奶浆接货温度必须在 4℃以下，高一度也退货。生菜从冷藏库拿到配料台上只有 2 小时保鲜期，过时就扔掉；所有的原材料都按生产日期的先后顺序码放，制作好的成品与时间牌一起放到成品保温槽中；炸薯条超过 7 分钟、汉堡包超过 10 分钟必须扔掉。我们看到，麦当劳真正做到了把一切过程标准化、数字化。麦当劳的《管理手册》仅目录就有 600 多页。《管理手册》上用照片说明汤汁应该放在小面包的什么地方，每片泡菜的厚度有特别规定。麦当劳店里的所有设备都必须从许可商那里购买，从里到外的建筑设计都有严格的管理。我们看到，麦当劳做到了工作程序制式化。麦当劳规定：客人排队等待的时间不得超过 2 分钟，付过钱之后等待的时间不得超过 1 分钟。麦当劳管理人员都有一本袖珍的质量参考手册，上面载有诸如半成品接货温度、储藏温度、保鲜期、成品制作温度、制作时间、保存期等指标。有了这种手册，管理人员就可以随时随地进行检查和指导，发现问题及时纠正，保证产品质量能达到规定的标准。我们看到，麦当劳做到了考核数字化。再如，吸管：粗细当能用吮引母乳般的速度将饮料吸入口中，感觉最好；面包：气孔直径为 5 毫米左右，厚度为 17 厘米时放在嘴中咀嚼的味道才是最好的；可乐：温度恒定在 4℃时，口味最佳；牛肉饼：重量在 45 克时，其边际效益达到最大值；

柜台：高度在92厘米时，绝大多数顾客在掏钱付账取食品时最感方便。我们看到，麦当劳做到了管理细节化。麦当劳还特别注意自己的形象标志，红底黄色的“M”招牌十分醒目，全球统一的标志让人无论在世界任何地方都能够一眼认出。我们看到，麦当劳做到了标志鲜明化。

我们都知道，在服务业，标准的微笑是露出八颗牙齿。西方的这种一切皆可量化、一切皆可工具化的思维习惯和行为习惯，已经成为一种普遍的价值观。更为广泛地使用和开发工具，是一种很实用的思想。把这种思想应用在实际工作中，能把复杂的事情简单化，把简单的事情可操作化，甚至能把可操作的事情图表化，把可图表化的事情考评化。

我们有些处在改革中的国企，热衷于玩那种机构分分合合的游戏，每次游戏下来，都付出巨大成本。单说纸张一项，就浪费许多。因为每次机构重组都要搞所谓的“流程再造”。殊不知所谓“流程”，不是纸上谈兵，而是基于实践产生的很自然的一个结果。它不是设计出来的，而是干出来的。甚至它不是成功造就的，而是失败造就的。流程设计出来而不加以应用的话，不过是空纸一张。其实，流程就是一系列有价值的动作。流程再造就是减少那些可以减少的动作。流程再造的核心，是要更加注重加强协作、更加注重加强互动、更加注重加强协商、更加注重加强参与。界限严格的流程是不存在的，也是不实际的，特别是对国企来讲尤为如此。我们很多国企把流程再造搞得界线森严、一清二白，对工作反倒是大损害。

总之，工具的开发就意味着创新。转变思维方式，就要有这样一个广泛地使用和开发工具的意识和习惯。

小结：工具本身是思想的凝结，代表着当时最强的理念力量和知识力量。使用工具是基本能力，开发工具是创新能力。能够经常地开发出便捷高效的工具，是思维创新者的大本事。

八、追问的思维

思考的过程，其实就是一个自我问答的过程。问是出发点，答是落脚点。没有问和答，就不会有思考。问答是思维的主要方式。思维方式的问题，很大程度上是个人的问题——习惯、品格等。在改善思维方式这个问题上，要特别强调个人的作用。自己的问题，自己解决。自己的问题，自己来回答。道理，要自己想通才管用。自问自答，是一种自我启发式的、螺旋递进式的、积极而有效的思考方式，要时刻自问自答。我把这一个取径称为“追问的思维”。

1. 永远的问题

从概念上讲，自问自答是指固定的、有效的、哲学意义和实用性兼具的自问自答。这个世界上，永远有一些问题，是永远的问题。屈原的《天问》，向苍天发问了很多本原的问题。莎士比亚通过哈姆雷特之口发问：“生存还是毁灭？这的确是个问题。”毛泽东更是直截了当：“谁是我们的敌人？谁是我们的朋友？这个问题是革命的首要问题。”我认为，人类需要回答的一些基本问题——哲学层面、道德层面、方法论层面等问题——都在古希腊时期、欧洲文艺复兴时期和中国春秋战国的百家争鸣时期回答完毕，后来的科学只是在证明这些回答的准确性甚至先验性而已。

2. 对一些根本性的问题永远不能轻视或厌烦

对一些根本性的问题，我们永远不能麻痹、忽视或心生厌倦，不能以为这些问题太过浅显和常见，去追逐更新鲜和更时髦的问题而忽略甚至忽视这些基本问题，尤其是我们搞企业的。不仅如此，我们还要经常，甚至是天天，反复琢磨这些问题。

比如有这样几个根本性的问题，我们每时每刻、做每项工作之前都要好好问一问自己：第一，“为什么要做这件事?”解决的是原因、动力问题。动力问题，向来是非常重要的问题。大革命时期，农民为什么要起来造反闹革命?改革开放初期，农民为什么迸发出空前的积极性与创造力?领导者就是要找到或替他们找到这种动力，并为之提供发挥动力的机会与平台。

甚至光有动力还不够，还要比较动力的大小。比如非洲草原上的羚羊，要想活命，就必须在与狮子的赛跑中获胜。另一方面，狮子的思想负担也不轻，假如跑不过最慢的羚羊就会挨饿。但是，羚羊跑慢了，丢的是命，而狮子跑慢了，丢的只是一顿美餐。相比而言，羚羊通常更会拼命地快跑，它的动力比狮子要大得多。事实上，狮子是跑不过羚羊的。狮子只能靠掌握好出击的时机来取胜，硬追是追不到的。性命与美餐相比，前者的动力更大。动力越大，奔跑的本领就越强。猎豹的速度是陆地上的动物所能达到的极限速度，但猎豹硬追也追不到羚羊，因为羚羊为了活命会长距离地狂奔，猎豹如果在一分钟内追不到并且仍然不放弃的话，将因体温的迅速升高而倒地毙命。

我们国企的员工，要真正解决“我们为谁而工作”、“为什么要做这件事情”这样的动力问题。如果这些动力问题解决不好，国企就做不好。我的体会是，企业在做任何工作时只要站在总经理的高度、站在企业战略的高度，甚至站在国家和民族、党和人民的高度考虑问题，就能很好地解决动力问题。

第二，“谁来做?”解决的是主体、责任问题。我们很多问题就出在这里，比如一个事情，动辄说人人都有责任，齐抓共管，最后出了问题谁都没有责任，谁都不负责，说什么“负领导责任”，等于没负责任。另外，同样的工作由不同的人来做，其效果也将是不同的。对此我是深有体会的，这主要是用人的问题。所以，解决“谁来做”的问题相当重要。但就目前国企的情势来说，挑选人来做成事不算本事，不换人就能把事做好才是本事。在这种体制下，培养人是当务之急。

第三，“怎么做这件事?”解决的是方法、途径问题。比如一个很好的事情，就说重组吧，这其实是个按经济规律办事的问题，但搞成行政命令，就是低水平的管理者做的事，这样做的结果，后患无穷，不如不做。要从方法论的角度寻找方法。实干是企业管理最好的方法。任何工作，调查研究都是基本功。调动全员积极性常常是唯一选择。

第四，“为什么要这么做?”这是一个质疑、反证的过程。还是说重组这件事，重组只是个手段，重组不是目的，目的乃在于重组后各经济要素能否高效地发挥作用。有的企业已经达到这样的目的了，还要“一刀切”搞重组，有什么必要吗?为了好听、时髦就要这样做吗?常常问一问自己“为什么要这么做”，会带给我们很多意想不到的新想法、新方法。

第五，“我们应该做什么?”这是目标、理想的问题。要实现这个目标、理想，是要分阶段和步骤的，一定要与“我们目前能做什么”区别开来，否则就是理想主义、形式主义，这对工作的危害是极大的。现实中，我们很多领导者做的大多是“应该做的事情”而不是“能够做的事情”。所以一定要把这个目标、理想分解为若干个小目标，分阶段去实施。现实中，我们的企业领导者做规划的能力常常强于落实规划的能力。

第六，“目前我们能做什么?”涉及手段、现实性的问题。譬如老鼠们开会研究，要在猫的脖子上挂一个铃铛 。可以说这是最美好的规划。应该做，但是能做吗？现实中，人们常常只关注“应该做什么”的问题，而忽视“能不能做”的问题。我的体会是：说正确的话容易，做正确的事难；做正确的事容易，正确地做事难。从来如此。其实很多时候，我们需要弄清楚：不应该做什么？这些年来，在工作中，我深深感到很多领导并不清楚“应该做什么”与“能够做什么”的区别，往往把两者混淆了，这害处是很大的。这两者缺一不可，混淆了更不行。工作中，因为不清楚这个分别，往往理想主义者造成的危害比保守主义者更大。

前面讲的六个根本性问题，我在工作中是深有感触的。比如搞内控，是不是应该搞？是应该搞，但搞着搞着就搞成形式主义了。信息化建设，应不应该搞？应该搞，但不顾实际地、理想化地搞，既大量地消耗了人力物力财力，又不解决实际问题。搞一个长远规划好不好？当然好，但请中介来搞就大有问题。且不说中介的责任感和把握实际的能力，即便是中介的方法就是管用的吗？方法从来不是拿来就能用的。方法如果不是产生于自己的实践或者经过自己的实践来检验，就是学术范畴的东西，是不管用的。自己的事情，终究是要靠自己来解决的。搞监管分开，对不对？肯定对，但为什么一搞起来就仅仅是增加了人员机构编制而不解决问题？不但不解决问题，还制造问题。高等院校的学生应不应该发生性关系？肯定谁都不是抱着鼓励的态度。我们的措施是怎样的呢？只会做各种宣传教育、制定男女宿舍严格管理的校规。美国是怎么做的？发放避孕套，规定学生必须随身携带。为什么？既然你制止不了那种愉悦事件的发生，那么就至少要让这种活动是安全的。这就是现实的态度、管用的思维方式。好比治水，堵截不是办法，要疏导。好医生的标准是什么？开管用的药，给患者开出管用的药方，不要出现医疗事故。拿不拿红包，倒在其次。在我看来，“红包”并不比西方的小费低贱。再比如说我们谈戒烟，西方国家有很多场合不许吸烟，在加拿大一盒烟要加税九加元，并且一般商店不许经营，以此达到限制吸烟的目的。这是比空谈戒烟更为现实的思维方式。

还有，“我们的根本任务是什么？”“我们的最大优势是什么？”“这件事情真正的原因是什么？”“我们还有没有更好的办法？”“对这件事情员工会满意吗？”“群众会满意吗？”“事先去调研或征求意见了吗？”“我们究竟想要什么？”“市场真正需要的是什么？”等等，都是一些很重要的问题。追问是一种很好的思维方式，使我们增长智慧、更接近真理。

古时有两小儿辩日，是太阳早晨离我们近，还是中午离我们近？早晨太阳比中午的大，应该是近的，但中午太阳更热，也应该是近的。孔子回答不出来，两小儿笑说：“孰为汝多知乎？”看来圣人也禁不住再三追问。对有些问题，人们在不同时期是有着不同回答的。说实话，上中学的时候，我是怀有治国安邦的志向的，立志要做大事。现在我渐渐懂了，所谓“治国安邦”，其实就是做好本职工作。也就是说，做好本职工作就是治国安邦。过去认为不做坏事，就是讲道德。现在我渐渐懂了，把好事做成才是道德的最高体现。因为我看到太多的人想要做好事，却做不成、做不好，甚至客观上反而做了坏事。所以说，从引申的意义上讲，干好工作才是道德的最高体现。对同一问题的不同时期的回答，代表思维方式的转变，代表一个人的成长轨迹，可以考量出一个人的品格、修养、见识、能力和价值取向。

3. 养成自问自答的习惯，遇事会更有办法

如果能养成一种自问自答的习惯，我们会发现，我们至少会比没有养成这样一种习惯的人更有办法。古人讲慎独，这是一种修身的功夫。曾子讲“吾日三省吾身”，也是时时注意保持对自己内心的追问。我也经常这样问自己：“这件事情，你问过自己没有？”问问自己的良知、见识和潜意识，注意警示和唤醒自己。才干才干，贵在实干；学问学问，贵在发问。才是干出来的，学是问出来的。自问自答，更是一个促进独立思考的过程。很多问题，都是在不断的

追问中得到完善的。很多经典名著就是问答录。柏拉图的《理想国》采用的就是对话录的形式。《孟子》、《庄子》也可以说是问答录，假借他人之口发问，自己来解答。凡事多问一个为什么，总会有所启发与收获。

跆拳道表演者用肉掌砍断木板，让人惊叹。许多人会自然而然地认为：这是需要刻苦训练才能练就的硬功夫。其实，并不是所有的功夫都是苦练才能达到的。如果我们自问一下：我们常人能做到吗？答案是能。据跆拳道高手讲：多者几天，少者几分钟，大多数普通人都可以练成肉掌砍断木板这样的“绝技”。我们不妨思考一下：当你挥手准备劈木板时，你的思维习惯使你的眼睛肯定是盯在木板的上面，那么你的手掌与木板接触时，掌力已经是“强弩之末”了。我们都学过物理，假如劈木板时你的眼睛盯的是木板下面半尺的地方，你的手掌劈到木板时正好是力量的峰点——因为你的目标还在半尺之外，所以手掌会穿越木板的阻碍。

结论是：把目标定得稍微远一点点，你可能做出让其他人惊讶的结果。这个结论是怎么得来的？不能想当然地认为什么事情是不可能的，要彻底追问，在追问中思考，并亲自动手实践。所以不要给自己设限，要经常问一问自己：我是不是可以把目标设得更高一点？我是不是可以做得更好一点？追求完美不只是理想，更是方法。孔子说：“取乎其上，得乎其中；取乎其中，得乎其下；取乎其下，则无所得矣。”没有什么是不可能的。即便真的不可能，也要把它当作可能的去做。孔子讲“知其不可为而为之”，是大有深意的。前面讲永动机是不可能的，但在追求发明永动机的时候，却意外地对研究能量转化和守恒原理大有帮助。所以，追求一流，比达到一流还重要。因为追求一流的过程是个快速提高的过程。这时候，过程比结果重要。

我在电视上看到一位二十几岁的农村姑娘，用手掌砍断钢板，而且钢板是垫在水水嫩嫩的豆腐上的！钢板被砍断了，豆腐却完整如初，细看豆腐只有一道浅浅的裂纹。如果不是亲眼所见，很难让人相信这是真的。我相信很多看了这期节目的人一定会在脑子里问自己：这怎么可能？专家对此的解释是：理论上这是可能的！只要速度够快、信心够强，苦练之后是可以做到的。

还是那句话：不能想当然地认为什么事情是不可能的，凡事要多问几个为什么！对于已经竞争上岗或准备竞争上岗的中层管理者来说，“员工凭什么选择你？”应该是经常自问自答的一个问题。相信在类似这样的问题的追问下，自己就会保持住一种良好的状态。

三星中国公司经常组织员工去做公益活动。有一次，他们到北京香山公园，爬山兼收集垃圾。香山公园的环卫工人是比较尽职的，路上包括树林里的垃圾很少，许多三星的员工空手而归，只有两位韩国高管，每人收集到两大口袋垃圾。员工们很惊讶，他们回答：“你们为什么只盯着脚下呢？”原来，他们发现公园里有个不大的水潭，水面上漂浮着一些不容易打捞的垃圾。这两位高管脱掉鞋，卷起裤腿就下到水里，把水面上漂浮的垃圾都收集了起来。其实这次野外活动是一次完美的培训。其他员工未必没有看到水潭里面的垃圾，只是没有想到要去做，或者不认为自己应该这样做而已。“我能否下到水里去收集垃圾？”“我是否应该下去？”“这样脏的水，我下去收集垃圾值得吗？”如果其他员工能这样问问自己，也许就是另外一个结果了。从这件事上我们也可以看出：同样简单且并不复杂的小事情，我们却不如韩国人做得好，是因为这些员工的观念和行为方式与韩国高管相比，还是有差距的。这也许就是三星等韩国企业迅速崛起的秘诀。

4. 令人汗颜的追问

被管理学界称为“大师中的大师”的德鲁克，提出了这样一些经典的问题：你是谁？什么是你的优势？你的价值观是什么？你在哪里工作？你属于谁？是决策者、参与者，还是执行者？你应该做什么？你如何工作？会有什么贡献？你在人际关系上承担什么责任？

你的后半生的目标和计划是什么？很多人在尝试回答这些问题的时候常常会陷入难堪和困境。这些问题问得够狠，也够精彩！认真回答起来往往会使人汗流浃背、如坐针毡，甚至羞愧不已，会觉得自己活得既不清晰又不尽力，也可能会如梦初醒、茅塞顿开，从此清晰又尽力地去工作和生活。

结合自己多年来的体会，我认为当前迫切地需要更为符合中国国情（尤其是企情）的追问：你在品质上、能力上与习惯上的真正长处是什么？你的价值观、幸福标准和最终你想要的是什么？你的思考方式、做事方式和行动上的特点是什么？你最需要的工作环境或工作条件是什么？你将如何评价自己最为成功和最为失败的事情？如何对待自己力所能及和无能为力的事情？我自己的回答是：我在品质上的长处是正直，在能力上的长处是善于独立思考，在习惯上的长处是能够坚持；我的价值观、幸福标准和最终想要的是让更多的人因我而幸福；我的思考方式是求变，做事方式是权变，行动上的特点是迅速；我最需要的工作环境或工作条件是希望上司懂战略、干实事；我最成功的事情是总能从工作中找到研习大道的乐趣，最失败的事情是年轻时曾经浪费了许多大好时光，但不管怎样我对过去的事情从不挂怀而只考虑如何做好当下的事情；对自己力所能及的事情，我会一定全部做到最好，而对自己无能为力的事情，我只会从自身找原因使自己强大到堪当其任。

小结：如果说学习的精髓是“习”，则学问的精髓就是“问”。思考过程其实就是一个自我问答的过程。问是出发点，答是落脚点。没有问和答，就不会有思考。自己的问题终归要自己回答和解决。有些问题是永远的问题，根本性的问题永远不能轻视或厌烦，时髦的问题则往往没有深度。遇到困难或困惑的时候，往往只需多问自己几个为什么。爱因斯坦曾经说过：“不是我聪明，只是我与问题周旋得比较久。”门捷列夫甚至夜里做梦都会梦到白天怎么也想不明白的事情，是活跃的潜意识帮助他发现了元素周期律。

九、如水的思维

没有规律，也是一种规律。这是大规律。学会运用大规律做事，做到思无定势，是很高的一种境界。我把这一个取径称为“如水的思维”。

1. 要注意及时消解思维定势

思无定势，是说：最好的思维方式是没有方式。这是对这个概念的简单解释。我们听说过“水无常形”、“兵无常势”、“法无定法”的道理。水的形状，取决于装水的容器的形状，取决于地势的高低宽窄，取决于季节的变化。被敌方摸清规律，是用兵的大忌。大凡招数，皆可破解。武术中的“无招之招”才最难对付。企业必须以思维方式的变化来应对环境的变化。

思维在形成定势的过程中是有益的，而一旦形成、固化下来，则是有害的。什么叫思维定势？思维定势能避免吗？所谓“思维定势”，其实就是思维习惯！习惯当然不可避免，只能改变。比如画鬼，我们不妨每个人试一下，结果会怎样？可想而知，画出来的，大都是人的模样或禽兽的模样或人兽兼备的模样。并且外国人画鬼和中国人画鬼，画出来的鬼就会大不一样。外国鬼是外国人的模样，中国鬼是中国人的模样。好莱坞影片中的外星人，无一不是如此——带有鲜明的西方人的模样。这是为什么？思维定势。那些小报上所谓“外星人”的照片，总有些地球生物的特征。在这方面，造假遇到了前所未有的难题。估计我们中国的民间造假高手们对此也会一筹莫展、束手无策。美国动画大片《花木兰》，画的是中国人的模样，动作、神态和语言习惯却是美国式的。这没办法，这就是思维定势，人人都避免不了，关键是要及时消解思维定势。如果螳螂总到一个地方去捕蝉，那么黄雀就会知道到哪里去守候美餐。有一匹驴子，贩盐时失足掉进了河里，爬上来后便很轻松地走了一路。第二次它故伎重演，结果商贩这次贩运的是棉花，给了这头自以为聪明的驴子一个沉重得有实在斤两的教训。刚刚适应一个变化了的环境或条件，企业就会处于上升期。而当企业的环境和条件再次发生了变化之后，如果不随之改变思维方式，企业必困无疑。

再比如，我们大庆创造的岗位责任制，是“中一注”一把火烧出来的。[①] 但等搞到一百多次岗位责任制大检查的时候，就流于形式了。谁还记得“中一注”？还有，油田第一次技术座谈会、第一次政工会，当时都新鲜得很、管用得很，也很有创意。譬如第一次政工会，提出了学“两论”，宣传了“王马段薛朱”五面红旗，喊响了“有条件要上，没有条件创造条件也要上”这句掷地有声的话。后来呢？技术座谈会、政工会慢慢流于形式了。很多好东西一开始都是很好的，搞着搞着就不行了。后人形成思维定势之后，只记得皮毛、“皮相”，不懂得为什么做以及怎么做了。一部油田创业史，就是一部创新史。二次创业不比一次创业轻松，可能更艰难。不创新，二次创业是没有出路的。

工作或生活中，我们不可避免地会形成思维定势，但要时时注意及时消解思维定势。很多时候，我们不能不使自己形成思维定势。

---

① 1962年5月8日1时15分，大庆油田最早建成投产的“中一注水站”因管理不善酿成火灾，注水站全部被烧毁。大庆会战工委发动群众围绕“一把火烧出的问题”展开大讨论，提出了“从大量的、细小的、常见的工作入手，全面管好生产”的要求。通过不断摸索实践，逐步完善形成了岗位责任制、交接班制、巡回检查制、设备维修保养制、水质化验质量负责制、岗位练兵制、安全生产制、班组经济核算制等八大制度。1962年7、8两个月，会战工委在北二注水站召开现场会，介绍他们创建岗位责任制的经验。自此，岗位责任制在战区推广。此后，岗位责任制逐步发展成为石油系统基层管理的重要基础工作，是中国石油工业发展的宝贵经验和财富。

这是没有办法的事情。像我们每天都要洗脸一样，需要清除灰尘和皮屑。思维形成定势是必然的，关键是要不断地、经常地消解它们。

我们都知道“不要进入夕阳产业”，但衰落已久的产业就可以进入。企业也是轮回的。这个“夕阳产业不要进入”，就是个思维定势。把跳蚤关在瓶子里，经过不断的碰撞，逐渐地跳蚤便只能跳到盖子的高度，打开盖子也是如此。我们人也是一样，年轻的时候四处碰壁，逐渐地在潜意识里形成了一个“自我设限”，这个限度使我们不敢越雷池一步，这就是思维定势。如果送给你一个漂亮的鸟笼挂在房中，你就一定会去买一只鸟，因为去买一只鸟比不断地向客人解释为什么你会有一只空鸟笼要简便得多。人们经常是首先在自己的头脑中挂上“鸟笼”，然后不得不在“鸟笼”中装上些什么东西。分体鱼缸中的狗鱼如果在攻击小鱼时，每次都撞在玻璃夹层上，它将放弃攻击，并在玻璃夹层被抽走之后，仍没有攻击小鱼的行为。因为它患上了“狗鱼综合征”，即对差别视而不见，自以为无所不知，滥用经验，墨守成规，拒绝考虑其他的可能性，缺乏在变化下采取行动的能力。科普作家阿西莫夫几次在智商测试中，得分总在160左右，属于“天赋极高”之人。一次一位汽车修理工问他，如果聋哑人想买几枚钉子，做敲击手势的话，那么盲人要买剪刀，会怎么做呢？阿西莫夫伸出食指和中指，做出剪刀的形状。汽车修理工说，盲人只需要开口说话就行了，干吗要做手势啊？那位汽车修理工在考问前就认定阿西莫夫肯定答错，因为他“所受的教育太多了，不可能很聪明”！如果使笼中饥饿的猴子每次伸手取食物时都受到打击，那么新入笼的猴子会被原笼中的猴子制止取食，即便换走了先前的老猴子，那后来的猴子会继续警告再换进来的新猴子。这就是群体思维惯性。

这几则故事告诉我们：昨天的教训可能会影响到今天的你不敢去抓住明天的机会。如果我们过于汲取昨天的教训，可能会对变化失去敏感，从而失去明天的机会。更糟的是，我们经常用这教训来限定孩子。我们看魔术表演，不是魔术师有什么特别高明之处，而是我们大伙儿思维过于因袭习惯之势，想不开，想不通，所以愉快地上当了。大家能够想象得出狗是如何扑咬老虎的吗？我在电视上看到了发生在哈尔滨的虎园里的这一幕：一只活鸡被扔进去后，老虎首先得到了，然后一只狮子又从老虎嘴里夺了去。这时，一只狗又来抢狮子嘴里的鸡，没有得手。于是，狗迁怒于旁边的老虎，这只看上去体形要比成年老虎小很多的狗，疯狂地冲上去将老虎扑倒撕咬。动物园的工作人员解释说，这些老虎、狮子“从小与成年的狗在一起”，狗是“强者”的印象牢牢地烙印在它们的脑袋里并伴随它们长大，于是成年后不但不敢动吃狗的念头，而且还怕它们。要是换头牛进去，尽管体型很大，老虎和狮子们还是会毫不客气地扑上去吃掉牛。据说大象小的时候，用一根小小的木桩就能拴住它。等到它长大后，不管力气多么大，都不会动挣脱木桩的心思——因为头脑中形成的思维定势限制住了它。火车提速了，我们无法事先通知鸟儿们，很多小鸟撞死了，血肉模糊地粘在火车头上。因为它们早已习惯于对火车速度的直觉判断。当整个世界都提速的时候，我们如果还停留在思维定势中不能自警自省，结果就会和小鸟一样，在时代的列车前撞得血肉模糊。形成思维定势，会有性命之忧。这不是危言耸听。

我们还可以深究一些带有思维定势的概念。比如“风格”，从某种意义上说，也可以说它是一种思维定势的产物。日本的一代围棋宗师木谷实，棋界公认他的风格是“坚实”；还有高川秀格，是“水流不争先”的风格；我国的钱宇平，自称“钝刀”。这些都是长期“手谈”生涯中思维定势所留下的鲜明烙印。“七番棋之魔”赵治勋的风格是“过分”。为什么？因为他说：“与其因软弱而输棋，不如因过分而致败。”这是赌徒的风格，首先想到输，并在内心里选择输的方式，这样的人不怕输，很难对付。现在称霸棋坛的“世界第一人”李昌镐的风格是“不出错”，这太厉害了！前面讲了，“不输的境界是最高的境界”。这位面无表情、被称为“石佛”的李昌镐，内心其实是相当执著的。他年幼时就因为爷爷拒绝给他买一辆玩具小汽车，一向沉默寡言的他就突然击破橱窗玻璃，拿到小汽车，结果玻璃划破了动脉，被送至医院救治。看来，能成为“世界第一人”，自有其过人的禀性。所以有人说，“只有偏执狂才能做大事”。记者们给李昌镐拍照，最苦恼的就是无论拍多少张，表情都一样。其实，在李昌镐平静的外表下，是其超人的执著乃至偏执。吴清源为什么能独步日本棋坛30年，就是没有风格。就像他的名字所寓意的一样，源头之活水清流不断，那就是创新！所以，没有风格，才是最可怕的。与他同时代的高手，好多都被他残酷地打至“让先”。今天他以九十岁的高龄，仍然在孜孜不倦地钻研“21世纪的围棋”——可惜像爱因斯坦的晚年一样，他超越时代的想法不被当今现役高手所认可，聂卫平就曾说过，所谓“21世纪的围棋”是“不知所云”。

再看看我们所谓的“开发区”，哪个城市都有，但哪个城市都一样，到处是餐馆、酒店、足疗、洗浴，连开发区建设也形成了思维定势。那么多的洗浴中心，真是很奇怪的现象，也不知怎么突然中国人都如此讲卫生了，家里安个电热水器不能洗澡吗？

再看看我们的城市建设，也是毫无特色，到处是工地——整个中国就像是个大工地，可是建筑千篇一律，毫无创造力，简直是视觉污染、建筑垃圾，比白色污染还严重。要命的是，我国的平均建筑寿命都不长，有的还是豆腐渣工程。这样的建筑，对于我们这个文明古国来讲真的是个悲剧。大雁塔经历多次地震和现今过度开采地下水，仍屹立一千三百多年不倒。我们中国的古代建筑那么辉煌灿烂，而现在的建筑却是这个样子。这样下去根本无法传承传统建筑文化，更别说发扬光大了。从这样的建筑，我们看不到对生活的热爱，看不到对环境的珍爱，甚至看不到人性中活泼的、美善的、个性的元素。这不是科学发展观的产物。欧洲的一些广场是用长条方石砸进去的，可以用上千年。他们的一些建筑能用上几百年、上千年，一劳永逸地牢固和美观。巴黎的下水道，宽敞得可以跑汽车，每年接待十几万参观者。上海、天津有两座德国人建的桥已经使用了一百年。美国和加拿大三四十年代就铺就了全国高速公路。而我们的哈大高速呢？年年维修。韩国的歌厅都建在地下，音乐放得再大也不扰民。我想，这些已经不是什么科技、知识的问题了，根本就是理念的问题、思维方式的问题。

办事不能一味地讲依据、讲程序。什么叫依据？符合实际就叫有依据。不符合实际，有文件也不应该执行。好的执行从来就是一个充满创造性的过程。好的执行就是创新。一味地讲依据，就是教条主义，就是思维定势。就如前面提到毛泽东在《反对本本主义》中一针见血指出的："盲目地表面上完全无异议地执行上级的指示，这不是真正在执行上级的指示，这是反对上级的指示或者对上级指示怠工的最妙方法。"对过去而言，强调依据大多是对的；对未来而言，强调依据就不一定对。因为未来少有依据可循，只能讲是否符合实际。符合实际的就干，不符合实际的就不干。领导要敢于负这个责任，连这个责任都不敢承担，那还能叫领导吗？对未来也讲依据，就是僵化的思维模式。山西有个退伍军人，58 岁时健健康康的，一天他出门，短短 24 小时，他的家人就被告知去取骨灰盒！都是讲依据、按程序来的：派出所说是无名尸，法医从外表判断是缺氧致死，送到殡仪馆；民政部门说停放死尸是需要费用的，所以尽快火化；殡仪馆说只听派出所的，有证明就火化；公安分局说都按程序走。只有家属说：整个过程真是"活不见人，死不见尸，甚至烧不见灰"。为什么说"烧不见灰"呢？因为"按程序"，得能证明死者与其家人的身份关系，不能证明就不给骨灰，于是乎 30 多个家属对着空空如也的骨灰盒完成了祭奠仪式。"讲依据、讲程序"讲到这种僵化的程度，荒唐至极。企业里性质相似的事情也有很多，我们却司空见惯，不以为奇。

有些思维定势荒唐得不能再荒唐。比如一艘船上，运载着 25 只猴子、20 只鹿。问：船长年龄多大？多数人回答：45 岁。这是什么逻辑？没有逻辑。但为什么多数人这么回答？这是可怕的思维习惯使然。这是一份调查问卷显示的结果。还有，一般大家都认为"年轻干部有激情”，这也是一种思维定势。其实，有的年轻干部提拔起来后，很快就表现出享受心态，聪明地认为个人在事业上“到头了”、工作也就“那么回事了”、“玩玩股票挺好的”。所以，年轻不等于进取，年纪大不等于没有激情。具体问题还是要具体分析。人与人的差别根本上就是思维方式上的差别。

李想，1981 年出生，所谓的 80 后，20 多岁就创业，泡泡网 CEO，掌控资产超过两亿。他的财富传奇是怎么诞生的？在很多父母怕孩子沉溺于打游戏，千方百计进行限制的时候，他的父母却出乎意料地给他买了一台游戏机，并且陪他一起玩，交流心得。李想说，他真的是“特别特别地喜欢”打游戏。的确，对成就事业来讲，喜欢比什么都重要。他的父母用的是一种什么思维方式？李想说：“这是对我的信任，是一种放权，给我很大空间，让我自己去选择，自己去承担责任。”这无疑是一个假设，假设孩子能够为自己的行为负责，然后基于这一假设展开管理。现在的孩子叛逆心理都很重，过去我们讲“没有落后的群众，只有落后的干部”，那么是不是同样可以说“没有不好的孩子，只有不好的父母”？

记得有一则西方的故事给我印象较深：一个男孩把一只名贵的花瓶打碎了，他用玻璃胶给粘上了。他的母亲发现后，奖励给孩子三块巧克力，并解释说第一块巧克力是奖给孩子的想象力——孩子绘声绘色地说是野猫进来打碎的，第二块是奖给孩子的手艺——粘得还算不错，第三块是表达歉意——因为作为母亲她没有把这只名贵的花瓶放在安全的位置。

茅侃侃，1983 年出生，也是 20 多岁创业，MAJOY 首席架构师兼首席运营官，掌控三亿财富。他在做市场分析的时候，不同于别人，他把不同类型的夜场都玩上一遍，并且重点研究人类“玩”的本质、玩众分类、玩的标准和玩的心态，着重分析人的本性（需要发泄），研究服务上的差异。并且他不怕失败，声称失败了可以从头再来，去“下洋捉鳖”。他说：“做项目与人的灵气和思维模式有很大关系。”那么年轻，就有如此成就，不能不说与他的独特思维大有关系。

而且成功者从来不怕失败，或者说，不怕失败是成功者的一个思维特征。失败也是有价值的。并且，如同“不能两次跨入同一条河流”一样，在同一件事情上的两次失败，其价值也是不一样的——至少知道不能取得成功的失败方式有两种。

2. 从众思维要不得

很多时候，我们会在别人的误导下形成思维定势。哥伦布的鸡蛋，不破不立，本是一个很有寓意的案例。但是，鸡蛋真的只能那样才能立起来吗？可惜有人打破了这个“很有寓意”的案例。我曾经在电视上看到，有个人竟然将鸡蛋真的立了起来，而且立了好多，不用像哥伦布那样磕破了再立。还有，凉水锅里的青蛙，安稳地死于渐渐加热，寓意人对环境变化的麻木。但是，有谁亲自做过这个试验吗？我曾经看过一篇文章，一个人做了这项试验，试了好多次，结果没有一只青蛙是老老实实在那儿等着被煮死的。

1889 年，法国有一座巨大的铁塔落成，一批艺术家、建筑师联名抗议。他们形容这座巨塔是个“毫无意义的怪物”，说它是“大烟囱”、“铁皮柱子”、“空壳蜡烛台”、“高脚灯台柱”、“变了形的、未完工的铁桅杆”，声讨这座巨塔“以野蛮的格调破坏了整个巴黎建筑的氛围”。古诺德、莫泊桑、小仲马都在抗议书上签了名。莫泊桑甚至说：“铁塔建成之日，是我出走巴黎之时。我要远离法国。”这是多么强烈的抗议。但是铁塔还是在声讨中落成了，并且以工程师埃菲尔的名字为铁塔命名这种方式，表示了对埃菲尔的想象力和勇气的坚决肯定。当然，不是所有的人都从传统思维出发反对铁塔。爱迪生盛赞铁塔的建筑师是勇敢者，毕加索欣然作画，音乐家阿波利奈尔谱写了著名的《桥梁之父》。120 多年来，全世界更有近两亿的观光游客登上了这个巴黎的象征——埃菲尔铁塔。但我却觉得，这是一种从众思维，绝对要不得。我个人的看法是，埃菲尔铁塔更多的是在那个年代能够以雄伟和巨大取胜。它用材大胆，造型特别，很难说没有一大帮庸人随帮唱影，附庸风雅，像“皇帝的新装”，趋之若鹜，生怕不说好别人会骂自己不懂艺术，不敢反对建造铁塔。我想，埃菲尔铁塔的美，不一定有多少是作为艺术品与生俱来的，更多的倒是当时震慑出来的、人们口口相传颂扬出来的，以及厚重的历史感赋予的。仿佛张艺谋电影中的“伪民俗”，不免在欧美造成以讹传讹的效果。这是“劣币驱逐良币”理论在社会学上的胜利。糟粕文化的传播速度更快，这是人性的弱点。印度、韩国的文化导向要比我们好得多。

在艺术领域，传统的思维定势并不都是不好的，但在现代商业化浪潮中，传统审美价值遭到扭曲的现象比比皆是，很多人正在丧失真正的审美能力。在巴黎美丽的画面上，我看不出埃菲尔铁塔有什么特别的好，但 120 多年的风风雨雨打造了它特有的厚重之感。再过 1 000 年，它又将积淀和叠加出更多的审美元素。音乐也是这样。有些乐曲不见得有多么美，但既是名曲，普通人不敢说听不懂，何况听多了，自然也就顺耳了。就像当初中国人都喝不惯中药味道的可口可乐一样，要靠饮料的名气和漫长的时间来慢慢培养出相应的味觉。不但音乐如此，很多事情都有这个问题。

谬误往往凭借积累而成为常识或常识性的错误。爱因斯坦说：“所谓常识就是人到 18 岁为止所积累起来的各种偏见。”重复是产生美感的重要因素。以讹传讹、人云亦云的危害也正在于此。这些最后都成为新生人类被告知的文化命令，使新生人类在威压下屈服，却不自知。好比“皇帝的新装”，无人敢说不存在或不好。这就是一种文化专制，是文化暴政。人类如果更多地被改变了传统精华文化口味和文化嗅觉，就会从出生起就成为奴隶。上古的音乐就不是这种状况。所以我认为，最好的音乐就是生活，就是生活给予人的记忆，就是生活给予人的体验，所以音乐是有民族性的。

3. 思维的民族性、地域性特征

思维定势中的民族性、文化性

民族性，这是思维的一个重要维度。英文中没有“恩”这个词，所以只好翻译成“义务”——这跟中国文化大相径庭。但英文中“休闲”一词的直译是“出去嗅一嗅花香”，而在中文中“闲”的本义是安静地守在家里。日本人在接受陌生人恩惠时一定要说“斯密马森”（音译），英文意译过来是“对不起”，简直是笑话——其实应该译作“平白无故受到您的恩惠，我深感不安，这太难得了！简直让我无法回报!”我们讲“科教兴国”，德国人却讲“国兴科教”——所以一个是实用主义，一个是理想主义。德国甚至立法禁止学前教育，孩子入学前唯一的任务就是快乐地成长。考虑到民族性，这是思考在维度上的一个重要要求。比如，中国人好吃、讲究享受生活，有“民以食为天”这古训，所以饮食业永不衰落。还有按摩业，什么推背、按脚、挖耳朵，还有拔火罐儿、刮痧，这些享受与养生之法都会长久存在。据说，按脚都按到国外了，洋人也很受用。洋人离不开红酒、咖啡和牛肉，所以开酒吧、咖啡店和有煎牛排的餐馆是不会赔本的。西方国家——比如法国，不认为中国是发展中国家的理由是：路易十三在中国有很大的销量，连中国农民都打台球了。在他们看来，富豪才喝路易十三，绅士们才打台球。这是思维定势中的民族性、文化性的问题。

再比如，我们很多话他们都听不明白或听不出味道：“不是不可以的”（就看你给我多少“好处”了）、“好”（表示在听而不是同意）、“不错”（有时是称赞，有时是说你虽没说错但没说到点子上）、“有中国特色的社会主义”、“有计划的商品经济”、“社会主义市场经济”、“党委领导下的厂长负责制”等等，他们想破脑袋也不知所云。

印度被英国殖民的时间很长，然而他们的总理辛格在任何正式场合都头戴浅蓝色头巾，身穿民族服装。要知道他本人是在西方受的高等教育，是一名经济学家，是印度经济改革的开拓者，是亚洲也是世界上专家治国的典范。“只有民族的才是世界的”，这句话要引起深思。思维也是一样，“只有民族的才是世界的”。思维习惯也有地域性。

以围棋为例，日本人的思维方式是：要发展壮大围棋事业，须在全世界培养对手。日本围棋以求道为本，胜负次之。当日本围棋在国际上“独孤求败”的时候，他们未免感觉缺少劲敌的寂寞，希望有更高水平的棋手与他们坐而论道，于是有了濑越宪作九段先后培养后来横扫日本棋界的中国少年吴清源和横扫世界棋界的韩国少年曹薰铉，木谷实九段则培养了后来在日本拿了70多个冠军头衔的韩国少年赵治勋，更有藤泽秀行棋圣率领的“秀行军团”多次自费来中国与中国的年轻棋手对弈，聂卫平、马晓春就是当时受益最深的国手。后来成为“中日围棋擂台赛”英雄的聂卫平和两度问鼎世界冠军的马晓春，都对当年秀行先生的义举感佩至深，对秀行先生始终敬重有加。日本人还花很多钱，到西方国家推广围棋。现代世界围棋的发展，日本人是有大功劳的。西方国家使用的围棋术语，都是源自日语。今天的世界棋坛，是韩国领先、中国居中、日本为后的格局，不能不说是日本人培养对手这种思维方式的成功。并且直至今日，日本人仍然担当着在西方国家坚持不懈地做着普及围棋工作的重要角色。其实，对企业来讲，培养对手是一种高级“战术”，这种独特的思维方式追求的效果是：使自己保持高度的警觉和强劲的战斗力。

再以篮球为例，美国人的思维方式是：改变规则。美国的NBA篮球赛制与比赛裁判规则，不同于通行的国际标准，目的是为了刺激观众，提高比赛的对抗性和激烈程度，提升篮球比赛的商业价值。事实上，NBA的商业运作获得了极大的成功，从某种意义上说，NBA已经成为美国的象征，这不能不说是自由地看待规则（其实是一种解放）这种思维方式的功效。

中国的乒乓球长期称雄世界，国际乒联为了使乒乓球更健康地发展，所采取的措施主要也是修改规则，“11 分制”增加了胜负的偶然性，“增大球体”限制了中国人“前三板”的速度，等等。

说到规则，应该说，这个世界总是由强者来制定规则。没有实力，恐怕只有任人宰割，没有选择。订立和修改规则，是确定和转变思维方式的快捷方式。

节俭精神与实用主义

在这里，首先我想说的，是关于节俭精神和实用主义的问题。在国内，我们都知道或自以为知道“节俭”、“实用”这两个概念的意义。尤其我们国家并不富裕，对“节俭”、“实用”应该有比较到位的理解。但在加拿大，我却体会到了完全不同的、极为“另类”的、使我印象深刻的关于“节俭”与“实用”的特殊含义。应该说，加拿大这个国家很富裕，但在大街上很少跑名贵的车，相反破损的车很多，有的破得已经很明显了，也不修，很让人奇怪。我还特意对行驶或停放的这些破车拍了照。滑铁卢大学的徐教授告诉我，这通常是为了省钱。这使我联想起我们的城市街道上跑的车很多都是名贵的进口车，连有些贫困县政府官员坐的都是好车。东北的森工、煤炭企业十分不景气，但干部屁股下坐的都是 90 多万元的崭新的4 700大吉普。徐教授说，车在国内是身份的标志，但在这里不是，只是代步工具，只要车辆的安全性能有保障就可以。他们大学的校长买的就是二手车，很便宜，2 000加元左右，合人民币14 000元左右。我去过这所大学，他们教学楼的楼梯干脆就是水泥预制板，未加任何修饰，明目张胆地保持着“原生态”，节俭至极。楼内的棚顶也是水泥预制板，甚至两端都露出了钢筋。徐教授讲，节俭、实用，是西方人普遍认可的价值观。我却想：崇尚节俭与实用，已经是他们很重要的一种思维方式。

我们在加拿大所住的地方是个平房公寓，其实挺普通的，设施极简单，格局有点像我们的“三代户”，有厨房，可以自己做饭，我们三个人住在一起。早上散步时有个加拿大人问我们：“你们是哪里的人？住这地方很贵的。”这话让我听了很惊讶。我去过几个加拿大人的家，我注意到他们随手关灯，真的是人走灯灭。加拿大人均年收入 50 000 加元（相当于 35 万元人民币），但节俭到了极致。一位学员对我说，他们不管怎么有钱，都很节俭，手机都不随便打，一定要有急事才能打，有的给自己规定每月只能打十加元的手机费。

徐教授讲，这个国家的淡水资源是异常丰富的，仅五大湖就占世界淡水资源的 1/3，据说美国要买都没有卖，可这个国家从 19 世纪就开始利用雨水了。这是他们的一种资源理念。

我们很喜欢逛 yard sale，就是家庭后院小卖场，往往是大人带着孩子们把家里不用的家具、衣物、电器、书籍、唱片、餐具等物品拿出来，以极低的价格（通常是一加元）卖掉，有的物品几乎还是新的。这是一种循环经济的理念，是对资源的反复利用，既互通有无，又物尽其用。这些东西绝对是有价值的，但他们绝不卖高价。徐教授说，也不能当垃圾扔，因为要考虑到扔出去的东西别人是不好意思捡的，并且污染环境（处理垃圾的费用也较高），而浪费了又可惜。我们的留学生很喜欢来 yard sale 买生活用品。一次徐教授用一加元买了六个盘子，说是给新来的学员们用。

我去过徐教授的家，布置得很漂亮。徐教授说，买来的时候就这样子，房间内几乎所有的物品卖家都没有带走，全部随房赠送了。一方面是那么节俭，一方面又慷慨赠送，其中意味，大可深思。

节俭精神与实用主义，既是个价值观的问题，又是个思维方式的问题，而这与创新都是息息相关的。也就是说，创新既要本着节俭与实用的原则，又要达到节俭与实用的目的。

对生活的热爱

其次我想说的，是加拿大人对生活的热爱，这一点让我深受感动。应该说，不论哪个民族、哪个人都是热爱生活的，似乎无须特别强调。但这只是在道理上讲的。我没有想到的是，在加拿大，人们竟然是那么地热爱生活。我想，热爱生活最可贵的体现就是热爱劳动。在加拿大，每家每户的房屋设计都不同，各具特色，充分张扬个性。徐教授说，这里的很多房子都是他们自己根据想象设计的。我也看到，很多人自己盖房子。取暖也是自己搞一个系统，自己发电，没有什么物业公司来管理。他们爱劳动的品质，使他们乐于自己动手解决问题，因此动手能力很强。他们似乎什么活儿都会干，什么活儿都愿意干。设计师、泥瓦匠、木工、电工、园丁等角色，都能集于一身。看他们劳动的场景是比较感人的，那么投入，穿着工服，使用着专用工具，神态专注而轻松，似乎在做一件神圣的事情，使劳动成为一种享受。我总觉得穿着工服劳动是最美的。我们的民工常常穿着西服做工，使我感觉很别扭。我觉得这既不够尊重西服，也不够尊重劳动。

在加拿大每家每户门前的草坪都极尽完美，甚至奢华，远远地看竟然有一种不真实感。我很佩服他们的园艺，他们很会设计，而且都是自己动手修剪。他们设计的房子和草坪，都像童话世界般美妙。我们部的谭主任去了欧洲，也看到类似的场景。他说："这不是钱能解决的问题，而是个文化底蕴的问题。没有文明的积累，或者说如若文明积累不到一定的程度，给你钱你也想象和设计不出这样的景象。"在那里，我看到建筑、雕塑都非常美、非常精细，看得出建造时是非常用心的，是倾注了建造者的感情的。伫立在这些建筑和雕塑前，能感受到他们内心对美的追求。

在加拿大，野外公路上或城市里戴着墨镜和头盔、穿着运动服骑自行车的人很多。滑铁卢大学有位教授，经常是只带一支枪、一顶帐篷，不带食品，开车到原始森林去体验一周的野外生活，有意训练自己的生存能力，从中获得乐趣。没有人愿意以辛苦工作为代价挤占休息的时间、休假的时间。他们每年都要旅游，每周都要安排野外活动。在那里旅游车、旅游产品畅销不衰。他们对中国式的勤劳是诧异的，甚至是愤怒的。因为这种不知疲倦的工作方式，在他们看来是一种不正当的竞争手段，挤垮了许多当地经营业主。

对生活的热爱，使他们在思维方式上有很多共同之处：环保的意识都极强，对垃圾分类处理的认真程度很高；安全意识非常强，大白天的，街道上所有的汽车都开着大灯行驶；对维护个人的权益是极为重视的，即便是你照章行驶，但假如车速稍慢了一点，后面就立即无情地按喇叭，因为你侵犯了他的“路权”；假如有人在某家门前的路上滑倒了，如果是这户人家没有及时清雪的原因，那是要赔偿一切损失的。加拿大人对维护自己的权利表现那么强烈，但对他人又表现出极大的宽容。他们对生命和健康非常尊重，不利于安全和健康的事坚决不做。

在加拿大行车途中，有一个老外停下车来摆手，情绪比较激烈地说我们占道了。我们开车的徐教授说是你占道了，老外无所谓地摆摆手，请我们先走。徐教授说，即使老外认为你占道了，但你要抢行，他会认为你有急事而让路。这反使我想起西方的一句习惯用语：“你需要帮助吗?”这是对人的尊重和友爱。

这些看似截然相反的现象，其实是一个有机的文明整体，并不矛盾，都是对人的充分尊重。我想，对生活的热爱，是创新之源头活水，是创新的根本动力，也是创新所要达到的一个主要目的。

对人的尊重及博爱的情怀

我觉得，西方对人的尊重是很充分的，进而使他们有一种很可贵的博爱的情怀。这样的品质深刻影响着人的思维方式。现在回想起来，给我印象最深的竟是他们真诚的笑容。那是些发自内心的笑容，是我以前所未见，很灿烂，很单纯，并且随处可见，使一切都显得那么真诚友善，世界仿佛因此显得更加美好。一次，我们在机场办理租车，徐教授在前台办手续，我们坐在椅子上休息。徐教授过来跟我们说话的当儿，工作人员即从柜台后面绕着走到我们这里，请徐教授继续办手续，而不是站在那儿叫他过去。这件极平常的小事曾让我感动不已。短短 15 天，我深感西方对人的尊重，细致入微、无处不在，真正是“以人为本”。

在加拿大，北美灰雁、野鸭、松鼠可以在大街上漫步，鹿和熊会跑到公路上来，甚至闯进住宅区。听徐教授讲，一次他遇到交通堵塞，原来是两只灰雁带领几十只小灰雁在排队过马路。当然，公路上也经常看到被飞奔的汽车撞死的松鼠、鹿等动物，这说明因为没有人伤害它们，这些动物繁殖得很多，并且它们对人类没有警惕性，过马路时比较粗心大意。他们的鱼钩没有倒刺，以免伤害不够尺寸的鱼。如果鱼吞钩过深，必须将线剪断放生。甚至将鱼放生时，也不许扔，而是先头后尾顺势放入。这代表一种尊重。我想，如何尊重别人，如何被人尊重，只有身临其境，才能真切感受到震撼和冲击。

女足守门员高红在谈到中美之间的一场重要比赛时说，她被对方踢进一球后，永远忘不了对方回头那一带有歉意的眼神，仿佛在说：“对不起，我进你的球了。”并且女足姑娘们在黯然离开的时候，进她球的那位球员竟然过来拥抱了她，还流下了眼泪。高红说，那一刻，她体会到了什么是真正的体育精神，体会到了那超越体育竞赛的人文精神。

加拿大公共设施中那种处处折射出来的人性化设计，让人感动。比如厕所中有给带小孩的家长准备的婴儿坐架、给残疾人准备的特别扶手等，让你真切地感受到尊重的含意。大学的学生不同年龄有不同的收费标准，学生座位每天轮换。电梯按钮旁有小棍子，是给残疾人用的。马路上给他人让路，那由衷的“thank you”，优雅的风度，自然的发音，仿佛每一个音符都有实际意义和现场感。这种对人的尊重渗透到生活中的每个细节，让人感受到人生是那么美好。

在那里，是生命，就要被尊重。那是真正的人与自然的和谐。当你看到大学校园的草坪上，两只野鸭带着一群小野鸭悠闲地散步时；当你一挥手，灰色的大雁、雪白的鸽子，还有叫不出名字的鸟儿到你的手边觅食时；当鸟儿用友善的目光望着你时，甚至只是略微移动躲开你伸出的手时，你会真切地感受到什么是人与自然、人与动物的和谐。

前面说了，加拿大30%的淡水都任其流入大海，也不卖给美国。他们说，这是上帝赐予我们的，我们不能拿它谋利。加拿大人生活在感恩的氛围中。感谁的恩？我想那一定是自然之神。

巴门尼德说过："不存在是不存在的。"爱因斯坦说过："科学能够证明不存在的不存在吗？"我想，精神与信仰是无须科学来证明的。相比之下，科学倒是肤浅的。至今加拿大的门诺教派甚至拒绝使用一切现代产品，完全自给自足式地生活着。他们有这个能力，是因为他们有着坚定的信念。

黑人、白人、黄种人，在大街上交错行走，一派和谐，置身其中，感觉奇妙。就像谭主任说的："有差异的和谐才是真正的和谐。"甚至穿衣服都五花八门，同一个季节里，有穿背心的，有穿毛衣的。我想，平等相处、互相尊重，是最好的人际关系。孔子说："君子和而不同，小人同而不和。"统一化并不代表和谐。

尼亚加拉大瀑布观景台前有几棵树，其实是很妨碍观瞻美景的，换作我们，早砍了，但他们就是不砍。这是一种理念，是对生命的尊重。马路上，车一律是要让行人的。当一辆车停下来，司机招手让你先过去的时候，你会觉得，自己是受尊重的，生活是那么美好。大片的墓地就在市内，与别墅相对，那种和谐，真的有一种"人鬼情未了"的感觉——此情此景，那些墓地并不使人觉得可恶或可怕。

他们的文身是很普遍的，但我们接触后，感觉人都很好。这是个包容性很强的社会，只要符合法律、不触犯他人，都可以充分张扬个性。甚至色情、毒品、同性恋等，只要在划定的区域内，按照规范去做，就是合法的。把合情作为合法的前提，这对人性既是一种尊重，又是一种现实的、有效的疏导。既然人性中有邪恶的一面，那么为什么不能正视呢？要给邪恶的人性一个出口、渠道，给一个限定。这才是理性的。

2007年美国弗吉尼亚理工大学枪击案发生后，西方民众却大多最终原谅了凶手韩国学生赵承熙，据说还给他立了个碑，认为“他是在我们这里被关心得不够才做出了这样的事情的”。据报道，在遇难者悼念仪式上，放飞的气球是33个，敲响的丧钟是33声，其中包括32名遇难者和自杀的枪手赵承熙。33块半圆的石灰岩悼念碑被安放在校园中心广场的草坪上。其中一块悼念碑上写着“2007年4月16日赵承熙”，旁边放着鲜花和蜡烛。还有一些人留下的纸条：“希望你知道我并没有太生你的气，不憎恨你。你没有得到任何帮助和安慰，对此我感到非常心痛。所有的爱都包含在这里。劳拉”；“赵，你大大低估了我们的力量、勇气与关爱。你已伤了我们的心，但你并未伤了我们的灵魂。我们变得比从前更坚强、更骄傲。我从未如此因身为弗吉尼亚理工学生而感到骄傲。最后，爱，是永远流传的。艾琳”。对凶手的宽容意味着什么？他们认为凶手本身也是受害者，因为他心理有疾病，可惜没有及时得到社会、家庭的关心和救治，才导致悲剧的发生。所以在悼念活动中，校方也把他当作一个“人”来看待，以体现人性关怀。在美国人看来，凶手孤僻、性格扭曲，却没有被关怀和治疗，社区是有责任的，同时凶手的家属也是受害者。

在西方一些国家和地区，个人拥有枪支就是自由的象征。按照他们的思维逻辑，武器本身不是悲剧的根源，而是使用武器的人。杀人的手段有很多，不只是用枪。刀也可以杀人，假酒、假药都可以杀人。积毁销骨，舆论也可以杀人。这是我们在生活中领教最多，也最熟悉的事情。犯罪率高低不在于民众个人是否拥有武器，而在于拥有武器者的动机，在于动机背后隐含的社会文明程度和社会规范程度。从这一点来说，我们过去对自由的理解还是肤浅的。徐教授讲，西方的暴力、色情电影很多，这未尝不是因为他们生活得和平、美好，才有对暴力和色情的文化需求。人的心理需求有一种“反向”的特征，生活中没有的，就向往看到。假如他们整天生活在暴力和色情当中，他们还会看这样的电影吗？不腻才怪。香港多产警匪片，但香港却是个法治社会。

对自由的理解

我常想，自由是什么？我感觉，自由就是建立在独立基础之上的一种自觉、一种意识、一种节制。自由的程度取决于独立的能力。人只有充分解放才能获得自由。这种解放，既是精神上的解放，又是物质上的解放——例如获取科学知识的能力。例如未成年人总说“我要自由”，可是他们具有独立生活的能力和健全完善的人格吗？加拿大人的独立生存能力，超乎想象。前面说了，很多收入丰厚者，他们自己盖房子、自己装修、自己收拾杂物、自己美化环境。有的定期到野外，只带一个帐篷，靠打猎生存。他们从过程中体验到了乐趣，他们具备这种独立生存的能力。加拿大是英联邦成员国，加拿大人公投决定是否独立，结果60%以上的人不同意脱离英联邦。对他们而言，争取独立的代价是牺牲了作为英联邦成员国带来的幸福。从这一点来说，加拿大是彻底的实用主义。

宗教的作用

在西方，宗教对人产生的积极教化作用是深刻而广泛的。宗教进入现代社会之后，尤其在发达国家，已经是一件很积极、很美好的事情了——完全摆脱了中世纪对人的残害。事实上，通过宗教，西方社会形成了有益且有效的管理。我看到，宗教的作用无处不在。宗教使人向善、行善。一切宗教至少在形式上都有追求真、善、美的特征。我想这已经足够了。至少那份虔诚，对心灵真的是一种净化。这使得社会成员守规矩、讲秩序。我想，在这样的国家，没有宗教信仰是难以真正融入当地社会的。

我感觉，在西方，人们注重的是行为，而不是文本上的道理。他们的博爱仁厚体现为一种行为。行为其实是一种长期积累和教化的结果。在加拿大，时时处处都能看到这样的行为。排队时，人与人之间距离较远，松散，但有秩序。公共设施处处体现的人性化设计，让人感动。反过来，这种行为、设计就是一种对人的教化。老外有时对问题研究比较浅，显得笨拙，但其文化都体现在行为上，且某些行为甚至难以让人理解。比如父母对子女的教育，极少言论，全是行为。

什么是真正的培训

我觉得，心灵受到震撼的培训才是真正的培训。作为公派出国人员，我总感觉自己有强烈的责任感，把赴加拿大作为一次培训来看待，事实上也确实是经受了一次真正的培训。回头想想，真的是不虚此行，感触良多，收获很大。比如对培训的认识，又深了一层，知道什么是真正的培训。自从2006年初分管培训工作以来，我对培训工作非常热爱，进行了深入钻研，平时凡与培训有关的事物，都联系培训展开联想，深入思索。这次赴加拿大，对我的人生观、价值观以及方法论等方面的教育和冲击，尤为深刻。

我认为，培训其实有两个“门槛”：第一个“门槛”是内心的愿望。如果没有愿望，就没有资格接受培训。我参加工作20多年了，到目前为止，对我影响最大的事有两件：一件是参加北大特训班，一件是去加拿大。在北大，我每天平均学习十个小时，如饥似渴，学习成为一种人生的享受和乐趣。白天上课，晚上听讲座，如果没有讲座，我就感觉郁闷；讲座多了听不过来，就与同期学员分别听，回来再交流。第二个“门槛”是日常的积累。日常的积累决定着培训中有无受启发的可能以及受启发的程度有多大。例如，我这次在加拿大，以前积累的感觉、认识和体会仿佛被照亮了，被启发出来了。“不愤不启，不悱不发。”孔子说的很好。人生阅历积累到一定程度，才能一下子领悟到闪光的东西。这个积累包括知识、经验、道义、情感上的准备。

我想，我们派去加拿大培训的人员，不仅是去学知识，还应受到启发，有所感悟，回来后对工作有所改变和促进，而后者更为重要。过了这两个“门槛”，才有资格作为培训对象。可我们派出的人员有的连语言都不过关，国内不解决，到国外去解决语言关，等于花更高的成本做事。这给我一个启发，今后一定要做好各年龄段的优秀人员的外语培训工作。

“人治”是最好的管理

我还是那个观点：“人治”是最好的管理——至少在目前。苏格拉底是怎么死的？是在民主制度下，以多数人同意被判死刑的。伯克说，以多数派的名义实施的暴政，是加倍的暴政。后来亚里士多德面临同样的境遇，因此他说：“我不愿意让希腊成为戕害哲学的国家，所以我选择离开。”我们理解的民主太肤浅，多数人统治不是民主，少数人统治也可以称作民主。民主不是个数量问题，而是个质量问题、程序问题。当年希特勒获90%以上的支持率，至今在德国还是难以被打破的纪录。可见多数的民主还有个质量的问题，还有个“政治生态”的问题。

最大限度地开发和利用工具

人类的生存从未离开过制造和使用工具——不论是实物工具还是思想工具。最大限度地开发和利用工具，能够创造更为美好的生活。在西方，这早已成为一种主要的思维方式。关于这一点体会，我在加拿大找到了广泛的依据。加拿大人的思维方式是最大限度地利用工具，并使得工具几乎细化至不可再分。在他们的家中，各种工具非常齐全。即使是在草坪上除掉某种小黄花这样的小事，也要用专门的工具。这和我前面讲的“更为广泛地使用和开发工具”非常一致。这一点从19世纪加拿大人利用马拉杠杆来锯木和水力驱动装置来锯木上可以看出来，他们每做一件事情首先想到的是如何开发和利用工具。据说中国的笙通过传教士传到西方就演变成了手风琴，他们给笙安装了一个风箱，比用嘴吹省力又高效。西方发达国家近代快速发展，不能说没有此种思维方式的因素。他们的哲学、认识论和方法论早已解决，发展过程中只不过是解决一件一件的具体事情和问题、制造一件又一件能够解决问题的工具。

我前面讲了，干事不一定靠聪明，主要还是靠方式。西方的大科学家很多都是小时候学习成绩不好的，中国武学名家很多从小是体弱多病的，可见天资不是最重要的，方式才是根本。以我的观察，中国女人出国的，丑的多。男人出国的，笨的多。所不同的是：出去的男人往往是敢出去的男人，出去的女人往往是敢嫁的女人。这便已足够。敢为天下先，便为天下范。闯关东、走西口，往往是迫不得已地出去。这些敢走出去的人之所以成功，靠的不是比他人多么聪明，而是拥有异于常人的思维方式。强调要靠勤劳的双手与强调要靠高效的工具，是两种不同的思维方式，从而形成两种不同的行为导向。依靠工具的本质是依靠勤劳的大脑。

西方人思维的灵活性和行动的务实性体现在每个细小的决策和情节上。大家都知道温哥华的煤气镇，那经典的建筑物、古老的煤气大钟和浪漫的红砖街道、精致的餐厅和商店，给人一种时光倒流的感觉，仿佛回到古欧洲。特别是那重达两吨的蒸汽钟，是煤气镇的标志性景观，每 15 分钟伴随着顶部冒出的白色蒸汽，蒸汽钟顶的五只由蒸汽奏响的汽笛会合奏出音乐，吸引游客驻足。但据说，造这只钟是因为这个镇的地下煤气管道发生泄漏，却怎么也查不出是哪里泄漏，于是灵机一动，就在地面上弄了这么一只蒸汽钟，用泄漏的煤气作燃料，既解决了煤气泄漏问题，又成为一道别致的人文景观。

做好本职，才能创造自己的天堂

最后一点体会：做好本职，才能创造自己的天堂。加拿大是天堂，但不是我们的天堂，它是从属于加拿大文化的少数印度人、韩国人、日本人的天堂。要寻找你的天堂，只能立足脚下，在求索的过程中去寻找，只能靠自尊、自爱、自立、自强去寻找，你的天堂只能在你所在的国度，那就是对你的工作尽责任，在你所在的单位把你的工作做得更好，实现你的价值，这就是我们创造的天堂，让外国人愿意移民到中国来。我认为，其实造就自己的天堂并不难，所有的基本功全在做人，没有别的捷径。人做不好，事业难以成功，就不能到达天堂。

在加拿大，我看到做人与做事的完美统一。文化是习惯的积累，真正的文化就是行为，很少是说教。说教解决不了问题。听徐教授的夫人讲，那次北美大停电，在大街上的车辆还是那么有秩序，让人惊叹。虽然加拿大是一个法治社会，但道德对社会的影响和规范行为的功能非常深广而有效，他们对人高度信任，住酒店退房时根本不检查房间，是数字化的诚信管理。

在加拿大的日子里，我想到了“述而不作”的含义，那也许是先哲在告诉我们：行为！行为才是一切。于是圣人们述而不作，因为写下来就是“文字相”，因为只有头脑中朦胧的想法才是最真实的，所以柏拉图认为阐述哲学思想最好的方式是对话录。所以孔子说：“文不及言，言不及义。”现在的理念应该是不需要学习就能获得极高的教养。靠什么？靠文化。干成事则要靠做事的方式。我看到，有的人在没有知识、缺少知识时，纯靠他的想象力，他的思维却会走得很幽远。有些时候，知识是人类想象翅膀上的铅坠。所以人要是在年轻时知道自己该干啥就好了，可往往是当你具备条件时，你却不运用它，而当你不具备条件时，只有怅然兴叹。

4. “内训”对国企来讲价值巨大

在我们那次后备干部“内训”上，尤靖波助理讲“两论[①]起家基

① 指的是毛泽东同志的《矛盾论》和《实践论》。

本功”。他是把“两论”放在特定历史环境中去，朴素地从做事的细节中、从做事的效果中去体会深刻的道理。而我们通常的文本式的解读，往往把“两论”看成中学教材一样的通俗读物，懂是懂了，考试可以打高分数了，但于做事没有切实的帮助。“这矛盾，那矛盾，国家没有油是最大的矛盾。”何等简单的认识！却着实清晰、管用。尤助理开讲的第一句话是：“读过‘两论’的请举手。”结果，举手的寥寥无几，包括我在内。我只读过若干章节，没有完整地读过全文。从问题管理的角度来看，这就是问题。毕竟是后备干部培训班啊！我们是否存在一个问题：大庆油田在现今情况下能否恢复“两论起家基本功”？我们再看从外面请来授课的老师，讲的题目都很吸引眼球，应该说比“两论”好讲多了，但我们学员不甚满意。当然老师没有不满意，对他来讲是例行公事一样。目的不同，思维方式就不一样。但我们有些“内训”课准备不够充分，效果不够好。当时尤助理眼看要退休了，还准备得这么充分，我们年轻人反倒不去认真准备，在思维上、态度上就差了一大截。我从事干部工作这么多年，总的感到，国企的干部，素质能力不用要求那么多，两条足够：一是务实，一是责任感。这两条真正做到了，就是好干部！尤助理讲，我们物业的“以雪为令”，很多城市就做不到。为什么？是文本上没理解吗？不是，而是没有那个文化积累，没有那个历史沉淀，没有那个长期养成的功力。朱镕基在视察上海国家会计学院和北京国家会计学院时的题词是“不做假账”，本是最基本的、天经地义的一句话，可有几个企业能真正做到不做假账？似乎有的企业的财会人员就是专职做假账的。所以说，文化是个很重要的事情。

据说四川开县很多接受过中石油巨额赔偿的人，现在又一贫如洗了，且落下了“吃喝嫖赌抽”的毛病。为什么？富裕是一种文化，没有那个富裕的文化做底蕴，凭空从天上掉下一大笔钱那只能“坑害”他们。有了钱，并不能成为“有钱人”，只能叫“人有钱”。所以说，文化积累很重要——无论对国家、民族、企业，还是个人。积累到一定程度，就是文明，就是教养了。在西方老牌发达国家，很多老人也是没“文化”的——并没有上过学，但绝对有教养。教养是几百年的事情，是一代代靠行为熏陶出来的。我在北大听课，那个刘文忻教授，学生答对了，她随口一个“谢谢”就出来了，她打个喷嚏，也是随口一个“对不起”。这就是教养。无形之间，随处可见。

还是说“内训”这个事情，这是我们今后培训工作的趋势和出路，是一种思维方式的转变，这也算是一种应时之变。下面，不妨把这个当作思维创新的案例来剖析一下。2006 年，可以说是大庆油田的“培训年”。从年初 3 月份开始，处级以上领导干部 650 多人分九批进行了针对《二次创业指导纲要》的学习研讨，规模非常大，效果很好，引起很大反响，是一次成功的企业“内训”。过去，我们的培训就是办班，就是花钱请人来授课。年初列个计划，全年按部就班地往下走。这种培训方式，对一个拥有 20 万员工的特大型企业来说，是远远不够的。像大庆油田这么大的企业，行业又这么复杂，单靠请人来授课是远远不够的。怎么办？必须要有自己的“内训师”。在管理层面、专业技术层面、技能操作层面，都要培养自己的“内训师”。所谓企业“内训”，就是自己的专家讲课，讲自己干的事情。这次研讨班，就是拉动企业“内训”的先声。

2001 年我在抓处级后备干部培训的时候就开发了一批“内训师”，大概 20 多人，那时候我就有抓“内训”的想法。我是 2006 年初接手企业培训工作的。经过一年的深入思考，在年底的一次培训工作会议上，我提出了今后培训工作的基本思路：从工作需要和实际需求出发，本着务实、管用、解决问题的原则，干什么培训什么，缺什么补什么，什么紧迫做什么。这个总的想法，我相信是切合实际的。我把这个想法汇报给曾总，请曾总在会上讲一讲。不久曾总就在一次干部大会上说：“今后在培训上，要提高实用性和针对性，岗位需要什么就培训什么，实际操作中需要什么就培训什么，要做到培训内容与实际工作有机结合，不要搞那些华而不实、实用性差的培训。”此后，我就把“内训”作为今后一个时期的重点工作，提出企业培训以“内训为主，外训为辅”，要走内涵式发展的路子，这也是今后企业培训工作的一个总的战略。

要真正让企业培训围绕生产经营转，围绕市场转，围绕效益转。我们要下功夫培养我们自己的培训师队伍，建设一支基本能够涵盖主营业务的企业“内训师”队伍。像我们这样大的一个企业，没有“内训师”是不行的。比如讲铁人精神，讲“两论起家”，非得是在那种特殊时期历练过的，由在领导岗位或者在某个井队亲身经历过的人来讲，才会有那么强的现场感染力，才会有那么强的说服力。凡是自己信的、自己干出来的事情，才会讲得打动人，才能讲到人的心里去。不一定非要讲出多么高深的理论，只要管用就行。特别在专业技术层面和技能操作层面，要建设以专业技术岗位上的技术专家、工程师和操作岗位上的老技师、老工人为主的“内训师”队伍。只要受欢迎、效果好就行。为此要花大气力研发大量的课程，构建完备的课程体系。

要抓好“内训”，首先“一把手”就应该成为本单位的“首席学习官”、“首席内训师”。我们很多同志，包括上级的同行，都很赞同我的想法，说很受启发、很有特色。一次在北京开会，我同中油测井的组织部长谈起了“内训”，他很感兴趣，请我给他们的中层干部设计个培训班。我当时就给他设计了十天的班，有“两论起家”等七堂“内训”精品课、参观“铁人纪念馆”等传统教育基地、游览五大连池等自然风光。后来这个班办得很成功，反响很好，并且他们自己也讲了两堂“内训”课。其实“内训”并不是新鲜事物，只是有的企业提得虽早却没有下功夫做实。

为了使“内训”的针对性更强，我当时还提出了“六个结合”：第一，与企业文化和企业发展理念结合。比如以大庆精神、铁人精神为核心的企业文化，就应成为“内训”的重要内容，成为“内训”的必修课，使企业文化和企业发展理念体现在每个流程和动作中去。把追求“更好的服务和更佳的效益”、“推进发展、构建和谐”等企业发展理念，作为“内训”的主要内容，变为员工的自觉行动。第二，与企业发展趋势结合。那就是“建成国内一流、国际有竞争力、以石油工程技术服务为主、向新经济领域迈进的大型现代企业集团”。今后企业的培训就要营造这样的环境和氛围，提供有力的服务和支持。第三，与当前重点工作结合。如推进集团化、专业化、扁平化，要把这方面的成果总结出来，用典型来引导。第四，与岗位分析结合。真正把岗位分析作为人力资源工作的全部基础。一个员工在他的岗位上需要履行什么职责，需要具备什么样的技能，就要针对性地对其进行培训。第五，与员工职业生涯设计结合。为员工设计符合实际的培训曲线。第六，与激励约束结合。在使用和薪酬待遇上进行激励，尤其是操作层。不与使用和薪酬结合，培训就难以取得实效。

我还强调了“五个突出”：第一是在队伍上，突出技能培训。我们过去花在处级领导干部身上的培训经费相对是比较多的，花在工人身上比较少，这已经造成了一个严重后果，现在再不转变，那么技能操作上“青黄不接”、技术断代的问题就将成为企业发展的“瓶颈”，生产一线就没人会干活了，所以技能是第一个要突出的。第二是在内容上，突出重点培训。即对管理、专业、技能这三支队伍要有不同的培训侧重点，对领导干部主要是突出观念上的培训；对专业技术人员主要是突出研发和推广新技术的能力，以及现场解决生产技术难题能力的培训；对操作层主要是突出技能培训。第三是突出形势培训。国际石油形势、中国石油发展战略、大庆油田《二次创业指导纲要》和与全油田重点工作相关的业务知识，都要作为重点培训内容。我们现在还处于中石油专业重组的持续过程当中，我们的培训就要培训前沿的、有前瞻性的东西。第四是突出问题培训。就是围绕企业存在的问题有针对性地进行培训，这样我们的头脑才会很清晰，比如市场化用工、子女工的培训，转业军人的培训等。有些问题在本单位难以解决的，就拿到全油田层面来共同研究解决，使培训内容更有针对性，更有利于解决实际问题，更能够取得实效。第五是突出素质培训。我们很多有能力的人缺乏素质，这也是培训工作者的失职。有些人能力那么强，专业技术那么高，但就是素质差，这怎么行？所以说素质教育不仅中、小学生存在这个问题，企业员工中也存在这个问题。企业员工素质的内涵是什么？没什么特别的，就是价值观、幸福观、世界观、业绩观的问题。一位教授讲："我拒吃老虎肉，拒收导弹基地的讲课费，这是我的价值观。这种实现自身价值的行为，为我带来满意度。"作为大庆的员工，那就是继承大庆精神、铁人精神的问题，传承会战优良传统的问题，所以如何搞好培训当中的素质培训，是一个大问题。

针对过去存在的"轻闲的人总是参加培训"的问题，我又在优化培训对象上，提出了"五个优先"：一是日常担负工作任务较重较多的优先培训；二是外拓市场的优先培训；三是急需和紧缺的人才优先培训；四是年轻、有发展潜力的优先培训；五是多年未受培训的人员优先培训。并对重点培训对象实行强制调训、限期调训。

还有就是关于企业的学历教育问题。一直以来，企业这方面存在很多严重问题。主要是针对性不强、实用性不强、浪费较大，滋生了许多腐败行为。在一些干部中形成了"学历贴金风"、"学历攀比风"以及"学历高就进步快"等不正确的观念和风气。现在看，学历教育对企业来讲，远不如培训重要。若是关系到解决队伍的资质问题，如按照国家的要求，在施工作业队伍资质等方面对队伍的学历水平有明确规定的，可以考虑进行学历教育。还有特殊岗位有特殊要求的，以及关键岗位、技术岗位等，也可以考虑进行学历教育。其他的，都不必要，也不紧迫。特别是当今知识的淘汰率很高，每年20%的淘汰率，五年不读书就等于文盲。在国外，看学历更看本事。我总觉得，人才的基本特征应该是"能成事"。"能成事"靠什么？靠实践。学堂里能出"高才生"，但出不了人才。总的说，今后企业的学历教育应属个人行为，全部费用应由个人承担，确属企业急需的专业性学历教育，应按权限严格审批、备案，并要提高个人负担的费用比例。其实国家"八部委"已经有文件了，明确企业学历教育属于个人行为，中石油也将出台办法。看来对这个问题的认识，上下已经是有共识的了，只是我们认识早、行动晚。我想，这事不能等所谓的“有依据”再干。

5. 思维如水

老子的《道德经》，是中国古籍中思想内涵极为丰富的一部书。这个道德，不是我们日常所谓的道德。“道”，是形而上的范畴，是讲真理的，譬如追问宇宙的本体是什么？空间有多大？时间是否有始终？人类为什么活着？“德”，是形而下的范畴，指在实践中得到了什么，是讲行动、应用的，譬如如何征服宇宙？如何利用空间和时间？人类如何活着？《道德经》是由《道经》、《德经》两个部分组成的。《易经》是侧重讲形而下的，《道德经》形而上、形而下两个都讲。按现代语言讲，“道”，可以说是宇宙观、世界观、价值观范畴的问题；“德”，可以说是方法论范畴的问题。世界观、价值观是方法论的根本。方法论是世界观、价值观的体现。不存在没有世界观、价值观来支撑的方法论。同样，也不存在没有方法论来实行的世界观、价值观。无道之德与无德之道都是无法想象的。《道德经》在中国文化里的地位非常重要，这本书在相当大的程度上影响过和正在影响着中国人的思维方式。就是在这部《道德经》里，老子讲，我们人类要向水学习七个方面的道德。他的这段话在中国思想史上是很有名的，在这里有必要介绍一下，他说：“上善若水。水善利万物而有静，居众人之所恶，故几于道矣。”“上善”，是指最完美的、合乎道（真理、规律）的意识、行为。“几于道”，指接近于道。这句是说上善之人，具有近似于水的特性。水的行为表现为利于万物而不与万物争宠，始终停留在众人所厌恶的低下、隐蔽之处，自身很沉静，保持一种谦虚的姿态。所以，水具有近似于道的特性。他接着说：“居善地，心善渊，予善天，言善信，正善治，事善能，动善时。”这就是水的“七德”。接下来我就要谈谈水的“七德”应用到思维创新上是怎么回事。因为我发现，水的特性很像思维的特性，水的“七德”也可以活用到改善思维方式上。

“居善地”——选择式思维

原意是说水停留的地方都是众人厌恶的低洼之地，意为上善之人选择的修炼场所是不引人注目的地方，这样可以给生活带来安定并有利于修道，引申指在社会上能够找准自身位置，知道自己处于什么境况，善于选择自己的目标定位。从改善思维方式的角度，这完全可以理解为善于将思维停留在它应该停留的地方，即善于选择问题。历史上，思想家都是善于选择问题的高手，而实干家都是善于解决问题的高手。选择或提出一个正确的问题，等于解决了问题的大半。工作中，我们为什么常常打不开思路？往往就是因为没有正确地选择问题。譬如我们企业的培训中心，我们用什么标准考核绩效？定经济指标是可以的，但不应该是主要的，逐年地提高经济指标则是愚蠢的。那应该用什么标准考核？毫无疑问，应该用培训的品质来衡量工作绩效。企业培训中心不应该是效益中心，只能定位为质量中心。什么是培训的品质？不是简单的几张测评表能搞清楚的，那远远不够，那是过时的、外行人的做法。培训的品质是什么，首先取决于企业的使命和战略是什么。其次，培训中心要搞清楚自己的核心价值观和战略，要花大气力来搞清楚。这不是编几行文字的问题，而是全员解放思想和转变观念的问题。选择做高品质的培训，这是企业培训中心唯一的选择。但这其实不是一个选择，而是一系列的选择，其中每一个选择都必须正确且必须做对。

“心善渊”——系统性思维

这是说水深则藏，含而不露，比喻上善之人虚怀若谷，从不自我炫耀，像深渊一样，极有深度，波澜不惊，从容不迫，不为外物所动。我前面讲了，思维是一种维度，如果空间足够大，同时结构足够合理，才有利于思考力度的发挥。空间要够大，结构要合理。“大而不当”也不行。这是两个含义。另外，还有一层重要的含义，是思维的系统性问题。也就是说，思维这个维度、这个空间、这个结构是自成系统的。

举个例子：一名鞋厂销售员到非洲某个小岛去，看到人们都光着脚，便向公司报告说这里的人们都不穿鞋子，因此鞋子没有销路。而另一名销售员到了那里，却兴奋地向公司报告说，这里的市场空间非常巨大，因为这里的人们都不穿鞋，如果给每人卖出两双鞋子的话，公司将会有很大利润。这个例子很多人都知道，是说明思维走向的。我要说的是第三名销售员的报告——这第三名销售员，我是从高贤峰博士那里听来的。这第三名销售员向公司报告说：这里的市场情况目前不好确定，这里的人们习惯光着脚，需要引导他们改变这个习惯。如果能让他们穿上鞋子，公司将会有较大的利润空间，但是需要前期的投入，比如需要公司派专业人员来量一下当地人的脚型——由于不穿鞋，当地人的脚趾是张开的，量身定制几种符合当地人实际的型号。他还计划在这里搞一个雕塑，形象是一名当地人心目中的英雄，背着弓箭，拿着长矛，但脚上穿着鞋子，从文化上引导他们。再招募一些当地的青年男女，穿上公司的鞋子，在潮流上进行引导。同时免费发放一些鞋子，让人们感受鞋子的好处。等做到一定程度，再进行“水果换皮鞋”，将这里的水果运出去，运进来皮鞋，这样来回不走空，降低运输成本。我们看到：第一名销售员的思维是固化的，第二名销售员的思维是开放性的——但还缺少可靠性，只有第三名销售员的思维是实实在在的系统思维。

再比如，如何看待经济全球化问题，也要运用系统思维。当今经济全球化的浪潮已不可阻挡，如何应对经济全球化浪潮的冲击是摆在各国面前的重要课题。只有全面客观地分析经济全球化带来的利与弊，才能找到正确的应对之策，从而采取切实可行的措施。从以往的历史经验来看，经济全球化对各国有利有弊。

从发展中国家的角度来分析，其利有五：第一，可以吸引和利用外资；第二，资本的进入会同时带来科学技术、管理经验和企业精神，也有利于学习和建立现代企业制度；第三，有利于扩大就业；第四，有利于金融市场的建立和完善，从而促进经济转型；第五，经济全球化使经济战争越来越多地取代传统意义上的战争，有利于人类和平地实现资源整合。

但从发展中国家的角度再来进一步地分析，其弊有七：第一，外资的进入可能会造成债务负担，引发债务危机；第二，外资进入对本国民族资本和民族工业冲击较大；第三，经济全球化会使发展中国家的生态环境遭到破坏，资源被大量消耗，这与经济的可持续发展宗旨相背离；第四，资本进入将增大金融市场的风险性，短期投机资本会冲击国内市场；第五，经济全球化使发展中国家的经济转型充满了变数甚至动荡，可能会加大发展中国家和发达国家之间的差距，甚至会损害发展中国家的经济主权；第六，资本进入所带来的技术往往是发达国家淘汰下来的较为落后的技术，同时资本的进入所带来的管理经验、企业精神、现代企业制度将不可避免地与本国文化形成冲突，可能在一定范围内和一定程度上造成社会性的混乱，甚至会使发展中国家的传统价值观、道德观濒于崩溃；第七，经济战争的危害性远大于传统战争，经济战争发展到最终阶段就是文化侵略，这一点还没有被发展中国家所普遍认识到，在经济战争中失败会使整个国家亡国灭种。运用系统思维思考经济全球化问题，能够使我们的头脑更清醒。系统思维要求我们要实际地、超前地、缜密地看问题。

还比如一位原组织系统的干部，与我谈到如何应对别人送礼的事情，他有一段反思的话。他说，一次送礼的人来了，他没有给开门。后来他离开组织部门了，那人一次与他聊天，谈起他当年没有给开门的事情，笑呵呵地说："你还不知道呢，那天你没开门，我就把那两条烟和两瓶酒扔进你家楼里的垃圾道了。""啊？为什么啊？""你想啊，我能好意思让司机看到我这么没人缘、没能力吗？连两条烟都送不出去！"我们且不说这位送礼人的思维，我们单说这位原组织系统的同志，按他自己的话说，是能够“从自身找出问题原因”的：第一，他知道对方不会开车，并且习惯于走到哪里都用司机，应该分析得到那次到自己家来送礼是由司机开车送来的，应该想得到他送不出去礼物的尴尬。第二，那人很在意“面子”，送不出去，应该想到他可能会扔掉礼物，好端端的东西扔掉毕竟是可惜的。第三，不只是一个人来送礼，这次扔掉了，下次怎么办？可不可以先收下一份，等下次有人再来送礼，不妨以此回赠，然后将收下的礼物再送给下一个送礼的人。如此循环往复，既没有得罪人，又保持自身清洁，岂不快哉？我听了他自己的这些分析，心中也大受启发。更重要的收获，是感到系统思维的重要性。

但有一点要引起注意：“心善渊”的思维不是绝对地指深度，而是指维度。深度固然重要，但浅处同样也很重要。爱因斯坦说过一句话：“物理学理论如不能使小孩懂，就可能是无价值的。”这句话是很深刻的。很多人对此很不理解：认为爱因斯坦的相对论高深莫测，连科学家也不易全懂，遑论小孩。其实，这是误解。相对论的证明过程固然是深奥难懂的，但其基本原理是浅显的：一切物理学定律都不应随观察者的运动状态而改变。否则，乘火箭的宇航员所见物理定律与地面上的不同，不就乱套了吗？还有马克思的“剩余价值学说”，仔细思量，也是平凡之理。所以，维度不单指深度。古人说：“大道至简。”真理是简单的道理。大道，更是简单到极致的。真理往往在浅显之处，只是不易发觉，仿佛辛弃疾的名句所言：“众里寻她千百度，蓦然回首，那人却在灯火阑珊处。”

我们总是费尽心机地寻找真理，其实真理往往就是常识。尊重常识、实践常识者，才会发现真理。所以孔子说：“过犹不及。”我们往往因为过度思虑，而得不到简单的真理。舍里求表，是不好的；但舍表求里，也是不对的。物性与人性一样，皆有某种表里如一的内在联系。我们都有这样的通识：浅尝辄止，得不到真理。却很少认识到：忽视浅显，也会得不到真理。这是创新的浅易性问题。撒切尔说：“没有社会这回事，只有个人和家庭。”说社会不存在，这似乎说得过分了，却道出了一个常被人忽视的平凡道理：社会是由个人和家庭构成的，前者从属于后者，而不是凌驾于其上。很多理论家将理论描述得高深莫测，若不是故弄玄虚，就是还没有研究透彻。所以，化繁为简，是一种能力；简单地描述理论，也是一种能力；发现简单的道理，还是一种能力。

创新有时是很简单的。据说当年美国的金门大桥建好不久就发生了堵车的现象，为此有关当局开始筹资建设第二座金门大桥并征集方案。这是典型的定势思维。此时一位年轻人提出建议：将现有4+4的8车道模式，按上下班不同时段的交通流量调整为6+2和2+6模式。当局采纳了他的意见。结果，大桥塞车问题迎刃而解，那位年轻人由此获得高额奖金，同时也省去了再建金门二桥的巨额费用，更节约了公共资源。我在加拿大的一些城市，也看到了这种交通管理方式。又一个“哥伦布的鸡蛋”式的案例，不费吹灰之力，简单解决问题。很多事情，不怕做不到，就怕想不到。想到了，原来很简单。什么都没增减，就解决问题了。简单就是高效。学会把问题简单化，是一种大智慧。

其实，这种简单的思维在生活中也比比皆是。有个小孩对母亲说：“妈妈你今天好漂亮。”母亲问：“为什么？”小孩说：“因为妈妈今天一天都没有生气。”原来要拥有漂亮很简单，只要不生气就可以了。有个牧场主人，叫他的孩子每天在牧场上辛勤工作。朋友对他说：“你不需要让孩子如此辛苦，农作物一样会长得很好的。”牧场主人回答说：“我不是在培养农作物，我是在培养我的孩子。”原来培养孩子很简单，让他吃点苦头就可以了。有一家商店经常灯火通明，有人问：“你们店里到底是用什么牌子的灯管？那么耐用。”店家回答说：“我们的灯管也常常坏，只是坏了我们马上就换而已。”原来保持明亮的方法很简单，只要常常更换灯管就可以了。有个笑话，说印第安人秋季的时候每次收回晒在场子里的粮食之后都会下雨，一位学者感到很神秘，便去问酋长，酋长说：“难道你们不听广播的天气预报吗？”

“心善渊”维度的另一个含义，是排列组合的问题。同样是这些元素，不同的组合方式，会产生不同的功能和效果。比如钻石和煤炭，构成原子是相同的，只是因为排列不同，才会有如此不同的结果：一个是名贵的钻石，一个是普通的燃料。思维也是这样，构成一个维度的诸多元素，同样有不同的排列组合方式，产生的产品（思想）会有很大的区别。比如，《礼记·大学》中说：“古之欲明明德于天下者，先治其国；欲治其国者，先齐其家；欲齐其家者，先修其身；欲修其身者，先正其心；欲正其心者，先诚其意；欲诚其意者，先致其知。致知在格物，物格而后知至，知至而后意诚，意诚而后心正，心正而后身修，身修而后家齐，家齐而后国治，国治而后天下平。”这是传统儒家思想中知识分子尊崇的信条，也是最优美的人生流程。这严谨的流程以自我完善为基础，一丝错乱不得。这也是中国几千年来无数知识者的最高理想，当然很难做到。于是有“穷则独善其身，达则兼济天下”的思想。不管怎么说，这些元素的排列是很有讲究的。我们常玩的扑克，有一种打法叫“拉杆”，六个人分成两伙打，很有趣。后来我给它来了个“结构创新”，六个人分成三伙打，规则不变，结果打起来迥然不同了，很有点“三国演义”的味道，互相牵制，妙趣横生——看来玩儿也要创新才有趣。

“予善天”——给予式思维

“予善天”原意是说水利万物而不害万物，上善之人处世仁慈，像天一样利物惠民，无私奉献而不图回报，从不利用恩惠来笼络别人。思维也是这样，不能受到私心杂念的干扰，不能狭隘，不能局促。倘若一个人思维之目的是为了企业利益、国家利益、民族利益，这个人一定是个了不起的人。孙中山、毛泽东、鲁迅，都是这样的人。他们胸襟之恢宏大气，抱负之雄浑高远，无人能出其右。倘若一个人思维之目的是为了一己之私、为了见不得人的勾当、蝇营狗苟，那么这个人是不会有什么了不起的创意和思想的，有多么好的天赋都没有用。我常见身边那些最聪明、最精明的人，往往混得并不好，甚至恰恰是他们一直在吃亏。如果买卖双方中的一方对对方的利益表示关切的话，反而更能赢得对方的信任。这也是“予善天”思维的效果。

2001 年，当小布什总统签署旨在逐步削减并最终废除遗产税的法案时，作为最大受益者的富豪们反而予以最强烈的反对。包括盖茨的父亲老威廉、巴菲特等在内的 120 名美国大富豪联名在《纽约时报》上刊登广告：“请对我们征税。”他们的理由是：取消遗产税将使富翁们的孩子不劳而获，并使富人永远富有，穷人永远贫穷，从而伤害社会结构的平衡。许多富豪认同卡耐基的话：“在巨富中死去，是一种耻辱。”这也是前面谈到的思维创新的气质性问题。2006 年 6 月份，巴菲特宣布将 85%的财产约 370 亿美元捐献给社会，并说“亲属拿不到一个美分”。盖茨宣布将其 400 多亿财产的 98%捐献出来，用于研究疾病疫苗及改善贫困国家的状况。

韦伯认为，西方可以产生资本主义，是因为白天赚钱，晚上捐献，以赎罪的方式完成了财富的聚散，这种宗教信念成为推动社会发展的动力。中国有些企业家受“小富即安”的思维支配，“够吃够喝”就行了，所以企业做不大。其实，胸怀有多大，企业就有多大。我们有些人是怎么看待财富的呢？一位有两个女儿的父亲，因为没有儿子来继承他的巨额财产，就在外生养了一个儿子，结发之妻一怒之下将丈夫棒杀，上演了一幕财富悲剧。

联合国成立初期，资金上捉襟见肘，联合国总部没有能力建立其组织系统。洛克菲勒当时在华盛顿的郊区拥有一片沼泽地，他从联合国的宗旨和发展规划里面看到潜在的商机，以一美元的价格把那一片沼泽地卖给了联合国（在美国赠送是需要交税的，而一美元的买卖则不用交税）。联合国在这片沼泽地上建立了庞大的联合国总部，随之世界各成员国都需要在联合国总部的周边建立常设机构和代办处，于是就必须从洛克菲勒手中购买联合国总部周边的土地，使那里的土地价格飞涨，洛克菲勒坐享其成，大获其利。商业上的失败，往往在于不肯给予。

在很多时候，气质性是一种力量。莫扎特在听了一个孩子弹奏钢琴后，沉吟良久后说："小心看护这个孩子，他将震动世界。"这个孩子就是贝多芬。1978年小泽征尔在北京指挥中央乐团演奏了弦乐合奏《二泉映月》的第二天，他提出要听二胡演奏的《二泉映月》。在中央音乐学院他聆听二胡独奏《二泉映月》时神情专注，并慢慢跪了下来，他说："这首曲子只能跪着听！"还虔诚地说："如果我先听了这次演奏，昨天绝对不敢指挥这个曲目，因为我没有真正理解这首音乐，我没有资格指挥这个曲目。"真正有大作为的人，都具有这种气质性的力量。这种气质性的力量使他们在思维上、事业上也拥有了一份独特的力量。一次看电视，四川有个竹编大师，在国际上甚得盛名，但他不愿独富一方，教会了乡亲们竹编技艺，但乡亲们却糊弄他，偷工减料，以次充好，眼看交货日期将近，外商催货，他苦思三天后，咬咬牙，不顾儿子们反对，一律照单按价全收，然后付之一炬！乡亲们大受震动，都纷纷加班加点、保质保量完成了订单。外商听说这件事后也很感动，不但没有按合同规定收缴违约金，还签订了下一批供货合同。这个事例说明，一个人的创造性是与他的品格大有关系的。鲁迅说："战士的日常生活，是并不全部可歌可泣的，然而又无不和可歌可泣之部相关联。"

还有，重庆商学院有个贫困生叫刘刚，他靠捡破烂交学费、维持生计，却拒收学校的特困补助。但他在学习上在班里是尖子，还得到了奖学金。后来，他组建了一个旧物回收公司，自任董事长、总经理，带动了一批贫困生脱贫。韩国"经济皇帝"李健熙投资汽车失败后，面对惨重损失和潮水般的指责，做出了不仅令所有等着下岗的三星汽车公司员工感激涕零，并且令所有投资者钦佩不已的举动，他一次性捐献出20亿韩元的个人财产，承担了投资失败的责任，拿出个人收入的90%改善员工福利及财务状况，媒体称赞他是"为错误的投资决策承担责任的CEO"。

还有联邦德国总理勃兰特，1970年到华沙犹太人死难者纪念碑前献上花圈后，突然双膝下跪谢罪。勃兰特后来对记者说：“献花之后，我突然感到有下跪的必要。”勃兰特的这一举动震惊世界，被誉为“欧洲近一千年来最强烈的谢罪表现”。这一跪不仅使德国得到欧洲的原谅，并使勃兰特本人获得翌年的诺贝尔和平奖。早在 1949 年阿登纳被选为联邦德国的第一任总理时，德国就进行了深刻反思。阿登纳作为一名反法西斯主义的战士，两次被纳粹政权逮捕入狱。1951 年他曾在政府声明中郑重表示：“新的德意志国家及其公民只有感到对犹太民族犯下了罪行，并且有义务做出物质赔偿时，我们才算令人信服地与纳粹罪恶一刀两断了。”1952 年德国与以色列政府和世界犹太人联合组织签订了向犹太人支付赔偿的《卢森堡协定》，尽可能地赔偿受迫害的犹太人的损失。到 2002 年，德国累计赔偿金额已达到 1 040 亿美元，德国还通过了一项赔偿法案，向波兰、捷克、白俄罗斯、乌克兰、俄罗斯，包括已移居到美国的 120 万受害幸存者，支付了 45 亿美元。德国每年还向 10 万名受害者赔偿 6.24 亿美元养老金。勃兰特是第二任联邦德国总理，他 16 岁参加了社会民主党，1931 年加入了社会主义工人党。希特勒上台后，他被迫逃亡到丹麦，开始了 12 年的逃亡生活。他也是一位反纳粹的斗士，但他继任总理后说：“我虽然在二战期间从事反法西斯斗争，但是我现在是联邦德国的总理，我对希特勒上台搞法西斯主义觉得有道义上的连带责任。”我们再比照一下日本的胸襟和态度，可以想见日本的未来不会太好。器量决定成就。

现代联合控股集团董事长章鹏飞说：“人做好了，企业做不差。”央视年度经济人物、美前财政部副部长、深发展董事长法兰克·纽曼说：“一个人如果在操守上有瑕疵，就很难再担当重要角色。”即便是从功利的角度讲，强调做人也是极重要的。联想的人本哲学是：小公司做事，大公司做人。爱因斯坦说：“不要为成功而努力，要为做一个有价值的人而努力。”有专家指出：目前我国经济界有一种“重术而轻道”的倾向。据日内瓦世界经济论坛发布的一份报告显示：48 个国家中，中国的人才素质只排在第 40 位。业内专家认为，中国人才有三大不足：诚信度不够、创造力不足、实践力不强。这样发展下去，我们的经济要真正强大起来是很难的。加拿大不列颠哥伦比亚大学尚德商学院院长莫佐克在上海的一次会议上说："经济效益并不会垂青品质不好的人。培养一名企业家，首要的是培养一个健全的个人人格。"如果婚姻专家自己的婚姻出问题了、心理医生自己的心理出问题了、警察犯罪了，那一定不会是技术层面的问题，很可能是品格上的问题、价值观上的问题。现在是诚信经济时代，诚信是全世界的通行证。

"为人民服务"这句话是谁说的？马克思。这是马克思终生的理想和抱负。被称为"中国外科之父"的裘法祖，是治学很严谨的一位名家。他造就了一位在世界上更负盛名的学生，叫吴孟超。吴孟超做过无数个疑难肝胆手术，世界上最大的肝病瘤手术（术后这个叫陆本海的农民几十年一直做农活，当时吴孟超才 40 多岁，正值"文革"期间，报上用当时的语言称，吴孟超拿掉巨瘤的行为是"搬掉了一座修正主义的大山，是毛泽东卫生思想的重大胜利"）、最小的婴儿肝脏手术都是他做的（后来这个婴儿成为他医院的护士）。吴孟超有几个特点：一是不信邪、不服输。身高 1.62 米，不适合做外科大夫，他偏要做，而且几十年来一直站在小凳子上给病人做手术。二是热爱做医生、治病救人。三是乐观豁达、平易近人。年近 90 岁还在为病人做手术。四是秉承师风，很严格。曾批评自己的学生不懂得给患者省钱，只图自己省事。五是自尊、自信，曾因急切回到战火纷飞、灾难深重的祖国，在越南中转签证时，含泪摁下了屈辱的手印。对自己那双"灵巧的手"，吴孟超则是非常自信。这就是一位有成就的人所具有的品质。这些品质与成功有着密不可分的关系。

吴孟超尊师重道，对裘法祖十分尊重，一周打一个电话，称自己就仿佛是老师的儿子。在一次高层学术大会上，比老师更负盛名的吴孟超礼让老师的举动，感动了现场的人，也使裘法祖很受感动。吴孟超说，自己的"手感"很好，常常"伸手一摸"就知道了病情，可惜这一神技怎么都教不会自己的学生。不仅是大量的实践经验，练就了他独到的手感，过人的品格，也是他能够在大量实践中练就过人手感的重要因素。其实他的恩师裘法祖品格也很好，年轻时在德国曾亲手从纳粹手中解救了 40 名集中营的犯人，事后他很低调，刻意不谈那段历史，但仍被德国人多方寻到并授予他“联邦大十字勋章”。裘法祖曾说：“做人要知足，做事要知不足，做学问要不知足。”还说：“德不近佛者不可以为医，才不近仙者不可以为医。”

剑桥大学把荣誉学位授予了在大学门口摆了 40 多年书摊、在打字室打了 50 多年字、在大学校园里干了一辈子石匠活的三位普普通通的人。这种精神，何尝不是剑桥的成功秘诀。品格与个性是紧密相关的。从某种意义上说，品格就是个性，个性就是特色，特色就是创新。在德国餐馆用餐如果剩饭剩菜，那是要罚款的，因为他们认为那是在浪费公共资源。这样的规定，源于一种人文的思维方式，也是一种给予式的思维。这样的思维就会带来创新。德国一向出大思想家、大军事家、大科学家，不能不说与这种思维方式、文化底蕴大有关系。德国的义务教育搞了三百多年，国民素质很高。威廉三世说过：“正是由于贫穷，所以我们要办教育，我还从来没有听说过，一个国家是因为办教育办穷，最后办亡国的。教育不仅不会使国家贫穷，恰恰相反，教育是摆脱贫穷的最好手段。”菲特烈二世甚至说过：“国王是国家的第一公仆。”这与我们共产党“为人民服务”的宗旨何其相似。盖茨请胡锦涛总书记吃饭，只上三道菜。这样的行为，让人感动。中国台湾的 GDP 有 1/6 是王永庆带来的，他却捡食别人掉在桌子上的饭粒。这表面上看是节俭，再想想是习惯，再深入想想，是品格、是思维方式、是创造力的问题。有人说“产品如人品”，讲的就是这个道理。当良好的习惯成为下意识，那么出手即为上乘之作。这才是做事的最高境界。所以养成、修炼好的品格和习惯非常重要。久而积习，即成为本质，成为功夫。

"言善信"——诚信思维

"言善信"原意是说水虽不言，却避高趋洼，平衡高低，堵止开流，有着至诚不移的规律性。喻示上善之人言行一致，以诚信为本，知道什么时候说、什么时候不说，知道应该说些什么、不应该说些什么。思考和思维合成的结果是思想，思想往往表现为言论。这样说来，言论即是思维之体现。思维要善于以诚信为本，思维就是要围绕诚信、围绕真理去展开想象力。这才是思维的本质要求。诡辩和反逻辑只能距离真理愈来愈远。也许能够获胜一时、占一时的上风，却经不起时间的检验。因为事实胜于雄辩。巴林银行、安然、大宇，是这样的反例。很多失败的企业，是由于没有诚信。没有诚信的企业，是由于没有诚信的思维。"言善信"，就是说真话，就是不回避矛盾和问题，甚至可以到极端的程度。这是创新型管理者的一个特征。"言善信"其实是一种品质。这是个做人的问题。电影《手机》里有一句话："做人要厚道。"这是对的，但厚道不是软弱无能。品德与能力要兼顾。既不要拿别人的错误惩罚自己，也不要拿别人的愚笨娱乐自己。通常发达国家的国民素质和精神境界比较高，这与经济的发展是一个互相促进的关系。比如俄罗斯，虽然暂时在经济上遇到了一些困难，但这是一个优秀的民族，整体国民素质较高，这样的文化背景使得这个国家不会在经济发展上蛰伏太久，它的重新崛起只是时间问题。

"正善治"——洗涤式思维

这里"正"通"政"。原意是说水可以冲洗污垢，刷新世界，为政应如清流，清正廉洁，善于消除腐败，喻流水不腐。我想，有人的地方就有政治。准确地说，两个人以上的群体，就是个政治群体。在这个群体中，不可避免地大家都要做事，做事就需要思维，思维就不可避免地是政治思维。管理思维就是政治思维。这样的思维应该是"以人为本"的思维、以治理为主要特征的思维。水的流动性，喻示了治理的灵活性。水的清洗功能，昭示了为政的本来面目。也许韩非子算是洗涤剂，是"重典"，适用于乱世。而老子是水，是"无为而治"，适用于"小国寡民"。如何将洗涤剂与水调和出适当的比例，是现实中管理者的本事。我们做家务有这样的经验，凡沾了油腻的餐具，必先用洗涤剂洗一遍，然后用清水反复冲洗。管理也是这个道理。古人把这叫"宽猛相济"。

"事善能"——自由变换的思维

"事善能"原意是指水深得功用之妙。饮用、洗涤、发电、水产养殖、观赏（比如九寨沟的水就极具观赏价值，有"九寨归来不看水"之说）、攻敌（《孙子兵法》13篇中，有七篇直接谈到了水与战争的关系，以水的特性和功用论述孙子的军事思想。自古"火攻"、"水攻"就是常规战法）、灌溉、蒸汽动力、滑冰、冰镇、冰雕等等。水能静能动，能急能缓，能柔能刚，能内能外，能升能隐，可以解释为上善之人做事，"处无为之事，行不言之教"，一切遵循客观规律，不论做什么，都善于发挥才能。就思维来讲，有理性思维、感性思维、抽象思维、形象思维、逻辑思维、逆向思维、创新思维等等说法。理性思维是客观的、冷静的、公正的，它与感性思维正相反，后者更注重经验、情绪和感悟；抽象思维要比理性思维更深刻、更明确，而形象思维则是较为普通的思维方式，强调的是空间想象力和感官认知力，是一种可情状的、可视的思维；逻辑思维是理性思维的主要运行模式之一，是推理性的、论证性的、思辨性的思维；逆向思维是反常规、超常规的思维；而创新思维就是我一再强调的，是不断改善思维方式的问题。

要自由地变换思维方式

我们常能听到"思维能力"这个词。我个人认为，这个概念应该是指思考能力，而思维只是个方式的问题。如果一定要解释“思维能力”这个词，我倒愿意解释为：变换思维方式的能力。中国出口面粉与肉类是很困难的，但变换一下思维就好办了，我们可以出口饺子。管理是什么？有人说：“你不管他，他就不理你。”这是一种思维方式。有人说：“管理是严肃的爱。”这又是一种思维方式，真正的“以人为本”的思维方式。谈到公司利润，彼得·圣吉说：“利润对于公司而言，就像呼吸对于人一样。不过，人活着不单单是呼吸就够了。”这个见解深刻至极。德鲁克则说：“利润是对风险的补偿。”变换思维方式，能使我们得到意想不到的东西。我们习惯于做可行性分析，其实不可行性分析同等重要。懂法律可以保护自己，还可以侵犯他人。把企业经营破产了是孬种，善于破产就是经营高手。培训是什么？培训是出去放松，是公款旅游，是休假，是“认认人儿、学学词儿、养养神儿”，这是一种思维方式。“培训是最大的福利”，这又是一种思维方式。把培训作为“双赢”的投资，既提高了企业的效率和价值，又提升了员工的素质和能力，这才是最好的思维方式。

香蕉怎么吃？我们通常只知道是剥了皮吃，但非洲人是当主食来吃的，用火烤了吃，晒干了吃，与麦粉一起做成饭团吃。那么，是不是也可以和猪肉粉条一起炖了吃呢？有一户东北人家80多年前就是这样吃的，并且是连皮切成段炖的，结论是：“黏咕当的，挺好吃。”这是我的一门亲属的创新。他们为什么这么吃呢？因为他们从没有见过香蕉，从来就不知道怎么吃这东西，又不好意思问送他们香蕉的人。东北人的饮食思维习惯是炖，于是香蕉被炖了，于是才有猪肉粉条炖香蕉的创新吃法。其实，从科学的角度讲，香蕉做熟了更有利于人体吸收。有时候，对某事一无所知、不知道、不会，反倒有利于创新。

再比如，多哈亚运会乒乓球金牌得主及随后进行的世界杯比赛的“新科状元”王浩，可谓风头正健。他是打直板的，但他不会推挡，按说打直板而不会推挡是一件很奇怪的事情。那么，是会推挡好，还是不会推挡好呢？从技术全面性的角度讲，当然是会推挡的好。过去也有“艺不压身”的说法，但从创新的角度讲，就不一定了。前面说过，创新需要颠覆和否定。如果王浩会推挡的话，可能会在头脑中形成思维定势，回球时就会下意识地进行推挡。据说，王浩的父亲酷爱乒乓球，当年是鼓起很大的勇气，让儿子练这种直板横打的。现在可以说，王浩是世界直板横打第一人。这种独树一帜的打法，让很多乒乓顶尖高手不适应。这种层面的竞争，无法则可言。对竞争的双方来讲，琢磨如何使对手不适应，就是创新。洗袜子谁都会洗，但我看《大庆晚报》上有个报道，一名初中生的母亲发现自己的儿子将袜子洗得特别干净，一问才得知儿子是把袜子套在双手上再打上肥皂交相揉搓来洗的。

再接着说前面的话题，利润是什么？有人说：“利润等于企业综合创新力所带来的价值减去平均进步所创造的价值的剩余。”这就是很有新意的说法。说了这么多例子，就是要说明：思维要善于变化方式。思无定势，是思维的最高境界，好比武学中的“无招胜有招”。李小龙说过：只有当一个人武技上没有了形式，他才能拥有所有的形式；只有当一个人没有了风格，他才能适应所有的风格。也好比老子的“无为而治”的思想。这也符合事物不断发展的规律。

思维的层次性特征

另外，所谓“事善能”，从思维的角度讲，还有另一层意思，那就是要强调思维的层次性。思维的层次性，就是指处在不同层次、不同岗位上的人，思维的取向也是不同的，甚至有着某种不可置换的内在规定性。比如飞机设计师、飞机修理师与飞行师，虽然他们考虑的问题都是与飞机有关的，但都是从不同的角度去考虑的，否则就会乱套。孔子讲：“不在其位，不谋其政。”这就是在强调思维的层次性这个问题。但孔子的这句话常被人误解，比如被理解成要滑头、缺少参与意识和责任感。其实，不在其位，就会不知道内情、缺乏实际经验，谋政也是瞎扯，谋不到点子上，让飞机设计师去修理飞机，让飞机修理师去开飞机，就算会也一定是低水平的。著名经济学家厉以宁说过："作为最高层领导，应该多用道家思想，顺应客观规律去做事，把握大的方向和趋势；中层管理者应该奉行儒家思想，担负起启发、培养的职责；基层干部则要用法家思想，一切按照规章制度办事。"通常来说，专家讲究是非，领导权衡利弊。我想，这是岗位职责所带来的，甚至说是岗位职责所规定的不同的思维方式。还有，在科研或技术岗位上的人，显然对直线思维、线性思维的要求是很高的。而在领导岗位上的人，发散性思维则更为重要。窥一斑而知全豹，这应是领导者的思维；窥全豹而知一斑，这应是学术家的思维。但拿破仑说："不想当元帅的士兵不是好士兵"，说明有时还要从更高层次上考虑问题，但这属于前面讲的"自由地变换思维方式"的问题。从思维的层次性上考虑，应该说："当不好士兵的士兵是当不上元帅的。"

思维的环境性特征

有时，"事善能"也是逼出来的。比如，乌龟本不习水性，但为了活命，不得不与守在岸边的鬣狗比耐心，渐渐练就了好水性。所以，前面一再讲，环境是造就创新的一大因素。要充分发挥创造力，就要努力去营造一个有利于充分发挥创造力的、良好的、宽松的、愉悦的环境。同时也要营造适度的紧张环境或无畏的环境，好比破釜沉舟，背水一战，使创造力的发挥无所畏惧。"物华天宝，人杰地灵"，讲的是人与环境的关系，这是有道理的，是有内在关系的。坐在宽敞明亮的办公室，心情舒畅，创意会自然涌现。危机四伏的时候，也可以像乌龟一样练出真本领。

环境还有一个软环境的问题，比如"头脑风暴法"，就是创新的一种软环境上的营造手段。所以创新需要交流，没有交流就不会有火花；需要合作，亚里士多德说："不合作者，非神即兽"（其实神与兽也是讲合作的，天兵天将们围攻妖猴、非洲鬣狗围抢狮子的猎物，就是例子）；需要互相启发，孔子最看重这一点。环境是可以创造的。尝试着当一天残疾人，对思维会有很大启发和收获。这就是创造环境。每年出去旅游一次，开阔眼界，增长见识，也会对启迪思维有益。特别对那些长年累月埋头工作的领导者来讲，休假的意义是很重大的。大凡一种学问，必产生于当时特定的环境。所以凡研习一种学问，必须从分析其产生的环境入手。研究其产生的合理性与必然性，这才有意义。这既是学习的方法问题，又是个必要性的问题。

我曾从五个方面谈到过环境对思维的影响：自然环境是第一环境，对人性的影响是第一位的，也可以说是决定性的，这个后面我会再提到；传统文化、社会风俗是第二环境，这是个软环境，也是个“文化人”的概念，处在不同的文化环境中，思维方式是截然不同的；法律、政策是第三环境，这可以说是个政治环境，前面讲过，人从来都是群居性的“政治人”；心情是第四环境，有什么样的心情，就有什么样的思维；网络是第五环境，这是个虚拟环境，它能使人做出在现实生活中断然做不出来的事情，这也是个人性的问题，进而是个思维的问题。环境对人的思维的影响，启示我们：要转换和改变思维方式，创造环境是一个有效的途径。比方说好心情，是可以创造的——哪怕伪装也好，伪装多了，好心情也就出来了。

运用之道，全在方法

当然，水是无知的。水的智慧在于人的感悟。水的功能之妙，全在于人的运用。因此，“事善能”，本质上是人的运用方法的问题。讲到方法，这里首先讲两个技巧性的问题作为案例来分析：一个是培养分寸感，一个是培养接班人。

对于功能强大的事物来说，运用者的分寸感极为重要。譬如火，很强大，运用者的手段要很高超才行——否则就玩火自焚了。陀思妥耶夫斯基说：“真正的艺术都懂得分寸。”乔叟也说：“怀疑一切与信任一切是同样的错误，能得乎其中方为正道。”我们的祖先很早就认识到了这一点。《中庸》这部书，就是孔子的孙子子思根据孔子讲学的记录，整理发挥出来的。所谓“中”，就是“无太过无不及，不偏不倚谓之中”。“庸”，就是用。中庸理论就是讲如何把“中”这个最高的原则应用到事物中去，让事物取得最恰当的位置和状态。中庸之道，尽在分寸。分寸不是折中。比如杆秤，秤砣放在哪个位置，全取决于货物的分量。其实，更清晰一点说，“中”是适度，“庸”是应用。为什么说功能强大者更要慎重呢？很简单，“双刃剑”的道理。

至于培养人，则是全部方法中最省时省力、功效卓著的方法。尤其是领导者，境界之巅，全在于培养人。松下幸之助讲：“造物先造人。”企业要生产更好的产品，首先要生产更好的人。大树底下无劲草，这是大树之过，要问它一个荒凉之罪的。人理亦然。会烧菜的妈妈通常会有不擅厨艺的女儿。神射手旁边永远有一位助手，不会有后羿般的英雄。诸葛亮全能，事无巨细，是好事吗？也当问他一个失职之罪，没有培养好接班人。从这点来说，曹操就比他要高明。当子贡问孔子，谁是古来首屈一指的名臣时，孔子答：“齐有鲍叔，郑有子皮。”子贡不解，以为管仲、子产才称得上一代名臣。孔子说：“吾闻鲍叔之荐管仲也，子皮之荐子产也，未闻管仲、子产有所荐也。”这是“荐贤贤于贤”的道理。柳传志说：“以我办联想的体会，最重要的一个启示是，除了需要敏锐的洞察力和战略的判断力外，培养人才，选好接替自己的人，恐怕是企业领导者最重要的任务了。”

刚才，我讲了培养分寸感、培养接班人这两个技巧性的问题，是作为案例来分析的。下面，我想重点讲一个问题：实践方法论的问题。这个问题讲起来可能会比较抽象，因为是我从自己的实践中摸索和感知到的，感觉非常重要。我感到，目前国有企业的实践迫切需要方法论。因为几十年来我们在国企构建并完善起来的，且在将来的几十年中亦不会有太多改变的一整套世界观、价值观、发展观、业绩观，一直以来都难以得到良好的体现，主要是缺少实践方法论的问题。还因为一个世界观、一个方法论，是迄今为止人类在认识和改造世界中遇到的最重要的两大问题——在世界观相对稳固下来的局面下（绝不是说这个稳固的局面是正确的，只是说在某个时期内相对来讲是稳固的，或者说在某个时期内整体是稳固的，局部是变化的，其阶段和时期的特征永远不会消失，这是世界观的历史性与现实性的表现），一切的问题，全在方法论这里——进而从这个意义讲，目前国企的实践问题，全是方法的问题。

那么，什么是实践方法论？这是我提出来的一个说法。简单说，实践方法论，是相对于科学方法论而言的。所谓“科学方法论”，就是关于科学的一般研究方法的理论，探索方法的一般结构，阐述它们的发展趋势和方向，以及科学研究中各种方法的相互关系问题。科学方法论有广义、狭义之分：狭义的科学方法论仅指自然科学方法论，即研究自然科学中的一般方法，如观察法、实验法、数学方法等；广义的科学方法论则指哲学方法论，即研究一切科学的最普遍的方法。20世纪随着自然科学的发展出现了许多新方法，如控制论方法、信息方法、系统方法等，促进了方法论研究的高度发展。科学方法论愈来愈显示出它在科学认识中确立新的研究方向、探索各门学说的新生长点、揭示科学思维的基本原理和形式的作用。唯物辩证法是从人类实践中总结和概括出来的正确的哲学方法，是科学研究的普遍的方法论。它对自然科学的一般研究方法起指导作用，并将随着科学实践的发展而发展。

科学方法论的历史形态，从科学发展的整个历史来看，有四种形态：自然哲学方法论、哲学方法论、逻辑方法论和理论方法论。既然实践方法论是相对于科学方法论提出来的一个概念，那么是不是说实践方法论缺少科学性呢？不是这个意思。那样的话等于将实践与科学对立起来了。可以这样表述：实践方法论是关于实践的一般行动方法的理论，探索的是实践方法的一般表现形式，阐述实践中方法的发展趋势和方向，以及不同实践中各种方法的相互关系问题。唯物辩证法仍然是实践中的普遍的方法论，对实践的一般研究方法起指导作用，并将随着实践的发展而发展。

我认为，实践方法论概念的提出，其世俗意义（非经院的、非纯学术的意义）十分重要：对理论进行二次抽象（指提炼科学方法论）已经满足不了实践对理论及实践对方法的直接需求，更跟不上这种需求的节奏。现实中需要解决的实践问题堆积如山——甚至此时实践对方法的需求比实践对理论的需求更为迫切和显得实际。何况企业管理本非科学，亦非艺术，而只是实践。更何况国企的实践有着极为复杂的特殊性。但是，从道理上讲，实践方法论包含了科学方法论，本质上也是哲学意义上的方法论。但是，如果照此讲实践方法论，仍然摆脱不了一方面是实践紧迫需要方法，而另一方面却是方法悠然期待抽象的这样一种状况。而从具体事务上讲方法（一事一方法式的探讨），则无疑是一种愚公移山式的证明方式。所以，讲实践方法论，需要另辟蹊径。于是，近年来我才有了关于探讨实践方法的所谓“藏所”的考虑。也就是说，不只是讲哲学意义上的方法论，也不是讲具体方法，而是讲实践中方法的一般藏所，讲实践中方法的大致来处。正如不见树木，亦不见森林，只研究林木的来处（理由、依据、土壤）。

刚才讲的是关于什么是实践方法论、为什么要讲实践方法论，以及如何运用实践方法论（指探讨藏所）的思考。实践中，我总结了九大“藏所”（这本是我计划要形成的一本书的提纲，但由于工作实在太忙恐怕未见得能最终成书），在这里给大家介绍一下。

第一个藏所，就是信息。我们所居处的是个信息化的世界、信息化的社会、信息化的时代。在全球经济一体化的浪潮中，对于工业企业而言，呈现出来的是信息工业化、工业信息化的趋势。企业的一切行为，全是实践，并且只是实践。往往理论来不及形成，就“胎死腹中”了。

不管是所谓“红海战略”（指在固定市场内进行残酷血腥的竞争）也好，还是“蓝海战略”（指靠整合需求、创新价值来摆脱竞争，最终与用户实现双赢）也罢（其实并不存在这样所谓“红海”、“蓝海”的划分，所有企业都在一个海——市场经济这个海洋中遨游，不会有哪个企业愿意称自己是专门搞“红海战略”的，甚至连企业自身都不知道它实施的是哪一种战略），都只有“实践”二字，除了实践，还是实践。如果有谁谈出理论来了，那也只代表他的某种实践或仅代表学者们以及学者式实干家们的某种提炼，既代替不了我们的实践（别人吃梨，不管怎么解释那味道，都不及我们亲口尝一尝），更不会给我们还原出实践的功力（拳师只能教会徒弟招数，功夫却只能靠徒弟自己苦练）。这样的理论——而且是个过去时的理论，我们只能自己通过实践去体会和总结（甚至只能通过将别人的弯路走上一遍，才能切身得到真知并刻骨铭心地牢记，何况更多时候历史阶段是不可逾越的——逾越了回头也得补课，而且要花上更长的时间，正如夹生饭更难做熟），靠别人总结出来的理论不仅指导不了我们，甚至不能指导他们自己的明天。

关于这一个藏所的全部结论是：企业只能在了解真相当中生存；真相即真信息；企业只能在真信息当中生存；真信息即真相；调查研究是企业的生存之道，是企业的基本功；信息即速度，即对政策的、市场的、环境的反应速度；在今天，我们只能靠速度在速度中生存；实践的信息，比理论的信息更重要；方法即在信息当中；方法即在真相当中；信息新，则方法新；信息准确，则方法管用；信息全面，则方法周到；信息及时，则方法跟进快；信息量大，则方法多；信息等级高，则方法层级高；信息出人意料，则方法独特；信息壁垒森严（非共享、不共享或难共享），则方法隐蔽且难以效仿；信息即方法；方法即在信息之中；不论是在质量上还是在数量上，方法与信息都成正比例关系——战争如此，政治角斗如此，商战亦如此。

我要说的第二个藏所，就是工具。工具的产生，足以说明方法的重要性，也足以说明方法产生的迫切性。一个时代的先进思想，往往就凝结在工具上。尖端的工具，本身就是时代的标志。工具的划时代意义，总是一次次在实践中被阐述得十分深刻。从实践的角度讲，最好的方法就是工具。最简便易行的方法就是工具。能否掌握更多的工具、运用更多的工具、开发更多的工具，这既是意识问题，更是能力问题。当然，人类从来没有像今天这样依赖工具。似乎人类越是强大，对工具的依赖就越是严重。这从医生诊断病情几乎全部依赖器械这一点就可以得到证明，而方法的危机也正在于此，甚至一名“黑客”坐在家里就可以使一个强大的国家陷入瘫痪（因为整个金融，甚至国家安全都建立在对电脑工具的依赖上）。千百万年来人类在大自然中磨砺出来的强大功能，正渐渐在被工具所取代的过程中全面退化。手段与目的一旦被颠倒了，那就是最危险的事情。正如砖头是用来盖楼的，也可以砸死人。企业在竞争中得益于某个方法，就要预料并做好被其他企业运用同样方法击败的准备。

关于这一个藏所的全部结论是：工具即方法；方法即工具；工具即方法的工具；方法即工具的方法；开发和创造新工具的能力，是最高能力；拥有这种最高能力的人，是最有方法的人。唯一需要提醒的是：不能迷失在手段中，而忘记了目的。

我要讲的第三个藏所，就是实践。迄今为止，人类的一切活动——不论是物质形态的活动（生产、科学实验），还是精神形态的活动（政治、艺术），全是实践。这两种层面的实践，以文本形式表现出来的，或是对实践的总结，或是对实践的期待。前者是对实践的一种提炼、解释甚至是误会和歪曲。后者是以实践的方式对实践进行展望和预期——只是这种展望与预期不见得正确或有效。严格地讲，没有方法的实践与没有实践的方法同样是不可想象的。实践与方法，缺一不可独存。探寻实践方法论，根本上还要从实践中获得。一切已知的方法，皆在实践当中。一切未知的方法，亦皆须通过实践获得。最好的学习，就是实践。最好的实践，就是获得方法。只有实践，是学习如何实践的最可靠的方法。只有方法，才是实践检验自身的最好实践。实践的诀窍在于广泛实践，在于深入实践，在于反复实践。

全程地客观地记录实践、白描实践是取得实践方法的基础。遗忘是人类的天性，是实践的天敌。历史的相似性，决定了成功往往来自牢记。牢记，是取得成功的最简便的途径。仅仅是不忘记，就能让我们轻而易举地取得成功。这是最低成本的成功，更何况总结性的记录。失败会积累为成功。每一次失败的价值，在于知道什么是不能成功的方法，从而更接近于成功方法。如同不能两次踏入同一条河流，两次同样的失败也是不可能的。失败不是停止实践的理由，失败恰恰是继续实践的根据。尊重一切实践，质疑一切理论。这应该是我们对实践与理论的最终态度。

我要讲的第四个藏所，就是特征。凡事物皆有特征。人有人性，物有物性。没有特征的事物是不存在的。对特征的发现，即是对方法的发现。对特征的把握，即是对方法的把握。具体问题要具体分析，这是把握特征、遵循特征、利用特征、改变特征、创造特征的最有效的方法。传统文化，是人性特征的大表现、大藏所。如同科学实验是了解物性特征的总门径和总方法一样，研究传统文化，是预见未来的根据和基础。缺少科学实验，无从把握物性。缺少人性研究，管理也就无从谈起，更无从下手。“他山之石，可以攻玉。”外来文化、异域文明，往往是管理创新的捷径。凡特征皆有借助表现的形式。从某种意义上说，现象即本质。对国有企业的实践来说，一切现象皆不可忽视。对现象的研究，即是对方法的研究。

我要讲的第五个藏所，就是准备。机会只垂青有准备的人。做好准备，是方法中的方法。做好准备，是一切方法的共性特征。例如不管多么好的教授，备不备课，效果大不一样；开会发言，准不准备，效果大不一样；预案，则是应急的最好准备。更有长期准备，不可省略：第一，知识准备。知识即方法。知识宝库即方法藏所。知识总量，即方法总量；知识类别，即方法类别；知识结构，即方法结构；知识的更新程度，即方法的更新程度。第二，心理准备。心理准备是心理承受能力的基础，要做到“胜不骄，败不馁”。欣喜若狂、得意忘形和灰心丧气、偃旗息鼓一样，是招致失败的典型心理特征。心理素质是技术发挥的保障。良好的心理素质可以使人超水平发挥。自信是方法之源。要对挫折和意料之外的困难有充分的精神准备，才能处变不惊，才能做到“每临大事有静气”。第三，实力准备。专业技术水平、应用能力与实践经验是实力的重要内涵。虽然知识准备与心理准备也是实力准备的一部分，但知识储备需要通过实践才能转化为应用能力，心理素质也需要实践甚至技巧（如积极的心理暗示）才能营造出信心和气势。只有这两个方面努力到家了，才能锤炼出过硬的“功夫”——实力，才能富有创造性。创造力是实力的最高体现。创造力是方法之源。方法是对创造力的检验。

我要讲的第六个藏所，就是流程。做任何事情，都存在流程问题。流程问题，实质是做事的全过程的科学性问题。科学性体现在：做一件事，究竟需要哪些步骤或者说需要做哪些分项工作，以及如何连接这些步骤或者说按怎样的次序去做。譬如盖楼，设计、招标、备料、打地基、起楼、封顶、内装修、周边绿化等等，一项不能少，一丝乱不得。没有流程地做事，与拘泥于固化流程做事一样缺乏效率。优化流程（流程再造）的本质是追求效率。优化流程既不是一蹴而就的，也不是一次性的。即便是同一项工作，优化流程也是永恒的主题。流程即方法。优化的流程即优化的方法。优化流程有两个含义：一个是创新流程，一个是重塑流程。前者是打破常规，是基于剔除的创造；后者是整合，是基于修正的改良，是对排列顺序的调整。立足需求，是优化流程的根本。将需求量化为目标，是优化流程的前提。可行性分析是优化流程的关键。优化流程要解决的问题更有分工问题，引申含义也就是责、权、利的问题。工作彻底完成后的第一件任务，即应是最后一个流程：总结，甚至应早在每道工序结束之后进行总结。这是最佳时机，也是唯一机会。目的是为了今后在做同样工作的时候，改善流程，甚至设计今后该项工作的具体方案。这要比遇到或接受任务后再考虑设计方案更为实际、有效并节约时间与精力上的成本。方法总是越具体越好。一类事一类流程。同类但不同的事亦应有不同流程。一时一事一流程。目的是追求效率。

我要讲的第七个藏所，就是思维。因为之前我一直在讲思维这个维度的内涵和底蕴的问题，这个藏所在此就不多展开讲了。总之，方法总在思维之中。思维更多的不是力度，而是维度。维度是多重的，也是无限的。思维的问题，根本就是方式问题。变换思维方式，是探寻方法的捷径。方法即在方式的转换当中。譬如所谓80后亿万富豪，知识含量、智力、经验等未见得就比同龄人占据多少优势，唯一真正的差别就是思维方式。要打破思维定势。思维要围绕问题展开，要围绕未来展开想象，做出预测。

我要讲的第八个藏所，就是目标。做事首先要确定目标。目标明确了，方法也就明确了。总目标下有总方法，分目标下有分方法。目标有阶段性，方法也有阶段性。目标是个体系，方法也就形成一个体系。方法总是隐藏在目标当中。目标准确，则方法准确。目标现实，则方法管用。目标高远，则方法超前。前面讲的跆拳道表演者用手掌砍断木板，就是把目标定得稍微远一点，才是砍断木板的最佳方法。在设定正确且合适的目标的同时，其实几乎也就是罗列正确且合适的方法的过程。

我要讲的第九个藏所，就是品格。这个藏所我也不展开讲了，因为通篇讲的就是品格的问题、习惯的问题。品格可以生发责任感，责任感可以催生能力，能力可以衍生方法。性格是最突出的品格。要培育坚忍不拔的性格，如孟子说的，“养吾浩然之正气”。要有一种大无畏的英雄气概，王铁人就有这种豪气：“有条件要上，没有条件创造条件也要上!”“人拉肩扛”不就是方法吗?“人拉肩扛”是当时条件下最聪明的好方法。人就要有一种不信邪、不怕鬼、不服输、百折不挠、愈挫愈勇的精神。有这样品格的人，方法自然最多。锤炼出这样的品格，就会使方法源源不断地涌现出来。

“选点”是变换思维方式的前提

“事善能”，要搞对路子，搞准对手思维的路子，否则就是乱发挥才能。好比破城攻坚，指挥官先要选准突破口，然后再发挥作战才能，围绕突破口作战。这和“打蛇要打七寸”是一个道理。“选点”是“居善地”的问题，“居善地”是“事善能”的前提。

沙祖康刚刚出任中国常驻联合国日内瓦代表团特命全权大使时，接受各国大使礼节性拜会，英大使说英国“对中国人权状况表示关切”。这种带有实质性的话，是不应该在礼节性拜会中说的，这其实是一种对新任大使试探性的挑衅。沙祖康当即说：大使阁下，您知道我现在在想什么吗？英大使说不知道。沙祖康说：我怎么看着您这张脸就想起鸦片战争来了！鸦片对中国人民的侵害难道不是侵犯了我们中国人的健康权吗？香港一直到1997年才回归祖国，英国统治香港期间从来就没有搞过任何选举！怎么今天突然关心起中国的人权来了？沙祖康的反击强烈、有力而直接。英大使猝不及防，极为震惊，马上缓和了口气说：我们政府其实并没有太多的关切，但政府必须考虑我们的民意。沙祖康继续他强硬的姿态：因为民众有关切，你就代表他们来反映意见，行吗？作为政府，不能有效地管理非政府组织，是不是说明你们政府很无能、管不了事？沙祖康后来回答记者提问时说：不需要担心会影响双方的关系，因为他本身就是虚伪的。我为什么要考虑会影响双方关系呢？他为什么不考虑会影响我们的双方关系呢？如果我不予以反击的话，他会认为是我示弱了，他会越来越嚣张，这是我所不能接受的。

面对美国在大会上抛出的反华提案，沙祖康奋起反击，叫美国人“买面镜子照一照”，这成为日内瓦的佳话。国外媒体评价沙祖康的外交风格是“令人惊讶的坦率”。沙祖康说，如果在这个时候，吞吞吐吐，也说不清楚话，那就是一种失职。他戏称自己是“农民外交家”，喜欢直来直去。沙祖康说，他的风格并没有给他带来麻烦，相反，西方外交官都觉得沙祖康可靠、可信、真诚待人。沙祖康的反击有理有节，反受到对手的尊重。曾有一位西方记者问周总理：“请问总理先生，现在的中国有没有妓女？”周总理说：“有！中国的妓女在台湾省。”如果周恩来说“没有”，可能就中了他的圈套，他会得出“台湾不是中国的领土”的结论。这个提问的选点就在这里，很阴毒。周总理既识破了这种用心，他机智圆通的回答也反衬出新中国成立后良好的社会风气。

“动善时”——准确把握时机的思维

“动善时”原意是说水随着季节的变化而变化，冬雪夏雨，有固态、液态、气态，不违天时，对上善之人来讲，就是做事要审时度势，伺机而动，做任何事都善于选择时机。思维方式的变化，是绝对的，是思维的特性。善于变换思维方式的人，不仅知道怎么样，而且知道什么时候变换思维方式。“早穿棉衣午穿纱，围着火炉吃西瓜。”思维也要这样，顺天应时，道法自然才行。譬如我们办的青年干部培训班，办得相当不错。但设计下一个年度青干班的最佳时机，恰恰是现在。为什么？当然是因为现在感受最深，知道明年怎么做会更好，并且现在做计划的话，时间成本、精力成本最低，完成的质量却又会最高，现在当然是做计划最好的时机。现在设计出来，明年根据实际情形补充完善一下就可以了，况且年底事情多，可以腾出时间做其他更紧迫的事情。这是统筹法的应用。所以说做明年的年度规划的最佳时机，不在今年年底，更不在明年年初，而在今年全年实施本年度规划的全过程当中。

“不争之争”

老子说：“夫唯不争，故无尤。”“夫唯”，正因为，是承上启下，总结上文得出结论。“无尤”，没有忧愁、祸患，“尤”通“忧”。老子的这段话很深刻：水的特性近似于道的特性，水的特性就是上善之人的特性。上善之人看上去似乎与世无争，其实是一切遵循自然规律行事，不主观妄为，反而获得了别人所无法争到的东西。这正是“不争之争”。周恩来总理逝世的时候，举国悲痛。他一生都在奉献，得到了什么呢？他得到的是常人难以得到的，那就是永远活在人民的心中，这就是“予善天”，这就是“不争之争”。臧克家在鲁迅先生逝世的时候，写了一首诗，也是这样评价鲁迅的：“有的人死了，他还活着”，“群众把他抬得很高、很高”。“不争之争”也是顺其自然、道法自然的意思。一个始终按客观规律办事的人，自然不会有忧虑、有过失。老子以水的特性阐述了圣人“为而不争”的高尚品质，很高明、很睿智，也很形象。“不争”是顺应自然法则，只有效法自然，才能没有忧患，充分体现了老子的自然主义思想。我认为思维也有这样的特性：思无定势，顺其自然，让灵感的光芒自由地闪现，让想象的野马自由地驰骋。

6. 先哲们从水中悟出的道理

前面讲到中国古文，似乎是说古文不好。当然中国古文的意韵是很美的，但只适合于文学欣赏，写朦胧诗，或研究玄奥的哲学，不适合严格地、清晰地、准确地表达科学和传播科学。我是学历史的，读书的时候，比较喜欢古人经典著作中精妙的概论。尤其中国的古文，更能体现精深奥妙的意境。对阅历丰富和见解独到的读者来说，这样的语言让人理解的空间更大，且回味无穷。

照我看，中国的先哲好像都很喜欢从水中悟出深刻的道理。较近的，有林则徐的那段很有名的话：“海纳百川，有容乃大；壁立千仞，无欲则刚。”远一点的，《论语》中说：“仁者爱山，智者乐水。”“子在川上曰：逝者如斯夫！”《道德经》中还有“天下莫柔弱于水，而攻坚强者莫之能胜，以其无以易之”这样的句子。我们常说的“滴水穿石”，就是写照。《孙子兵法》则说：“夫兵形像水，水之形，避高而趋下；兵之形，避实而击虚。水因地而制流，兵因敌而制胜。故兵无常势，水无常形；能因敌变化而取胜者，谓之神。”《孟子》中说：“孔子登东山而小鲁，登泰山而小天下。故观于海者难为水，游于圣人之门者难为言。”《荀子》中引《左传》的话，说得比较浅显易懂：“君者，舟也；庶人者，水也。水则载舟，水则覆舟。”荀子便发议论道："故君人者，欲安，则莫若平正爱民矣。""川渊深而鱼鳖归之，山林茂而禽兽归之，刑政平而百姓归之，礼义备而君子归之。"《管子·形势解》中说："海不辞水，故能成其大；山不辞土石，故能成其高；明主不厌人，故能成其众。"《管子·水地篇》可谓集水之大观，其中有这样的话："夫水淖弱以清，而好洒人之恶，仁也。视之黑而白，精也。量之不可使概，至满而止，正也。唯无不流，至平而止，义也。人皆赴高，己独赴下，卑也。卑也者，道之室，王者之器也，而水以为都居。"可见管子也极力推崇水德，要人们取法于水。甚至《管子·水地篇》中把水与人联系起来进行印证："水者何也？万物之本原也，诸生之宗室也，美、恶、贤、不肖、愚、俊之所产也。"即认为水不但是孕育生命万物的根基，不同地方的水也决定了不同地方的人的形貌、性格、品德、习俗等等。比如说，"夫齐之水遒躁而复，故其民贪粗而好勇。楚之水淖弱而清，故其民轻果而贼。越之水浊重而洎，故其民愚疾而垢。"并且《吕氏春秋》、《淮南子》、《汉书》以及《世说新语》、《水经注》等典籍中，都有与《管子》相类似的言论。认为山水的特色可以决定一方人的性格，平坦而水清的地方，人的品性简淡清洁，而山高水急的地方，人往往具有磊落不凡的英气。这样的分类虽不一定科学，确也道出了山水感召和影响人类的客观现象。初唐四杰之一的王勃在其名篇《滕王阁序》中有"物华天宝，地杰人灵"之句，算是对这个问题的概括性总结。民间也有"一方水土养一方人"、"穷山恶水出刁民"的说法。

到外乡去讨生活，容易"水土不服"——其实是指文化不服。即便是单指饮食，也包含在饮食文化之中。我想这不能算主观唯心主义。辩证唯物主义的主要创始人马克思对地理环境的作用也是承认的："我们仅仅知道一门唯一的科学，即历史科学。历史可以从两方面来考察，可以把它划分为自然史和人类史。但这两方面是密切相连的。只要有人存在，自然史和人类史就彼此相互制约。"因为人是由动物进化而来的，是自然的产物。人类的社会历史进程，当然离不开自然环境的影响。正是由于这种地理环境的差异，才在一定程度上影响了人类（东西方）文明在物质生产和生活方式、民族体质、社会结构、历史发展与文化心理上的种种不同。至今为止的文化人类学、体质人类学等，都提供了大量的科学实证。近代西方著名思想家孟德斯鸠在《论法的精神》一书中称："气候的王国才是一切王国的第一位"，"异常炎热的气候有损于人的力量和精神，居住在炎热天气下的民族秉性懦怯，必然引导他们落到奴隶的地位。而寒冷的气候则赋予人们的精神和肉体以某种力量，这种力量和勇气使他们能够从事持续的、艰难的、伟大的和勇敢的行为，使他们保持住自由的状态。"这些言论与《管子》的认识有不谋而合之处。可见，认识水土环境与历史文化之间关系的思想，是源远流长、古今东西相映的。

黑格尔认为地理环境是人类历史的精神演进的舞台，大致分为三种：一是拥有广阔草原的高原地区，主要生活着随季节变化而逐水草迁徙的游牧民族，时常集聚在一起袭击和掠夺平原地区；二是大河流域的广大平原地带，定居着农耕民族，由于农业生产的季节规律性和生活稳定性，造成了墨守成规、重土轻迁等传统习惯，大一统的帝国往往就是建立在这种农耕居民的精神惰性上；三是沿海地区，这里的居民相对而言保守性少，文化程度较高，富有向未知领域挑战的创新精神，往往形成推动世界历史前进和人类文明发展的先进力量。黑格尔真不愧是思想大师，洞察古今。

马克思在《德意志意识形态》中指出："任何历史记载都应当从这些自然基础以及它们在历史进程中由于人们的活动而发生的变更出发。"这些自然基础是什么呢？就是"人们自身的生理特性"和"各种自然条件、地质条件、地理条件、气候条件以及人们所遇到的其他条件"。列宁说："地理环境的特性决定着生产力的发展，而生产力的发展又决定着经济关系以及随在经济关系后面的所有其他社会关系的发展"，"在马克思看来，地理环境是通过在一定地方、在一定生产力的基础上所产生的生产关系来影响人的，而生产力的发展的首要条件是这种地理环境的特性”。

新文化的先驱梁启超、陈独秀、李大钊等人，都对地理环境影响、作用于中国传统社会和民族文化的问题，做过有益的探索。只是后来由于把这个问题简单地归类、等同于“地理环境决定论”而大加挞伐，才使对地理与人的关系的研究没有深入下去。

德国两次发动世界大战，未尝不与其处于欧洲腹地的狭小地理位置有关，是向外争夺生存空间的内在驱动使然。当然，《管子》把水对人性的影响归结为“是以圣人之化世也，其解在水。故水一则人心正，水清则民心易。一则欲不污，民心易则行无邪。是以圣人之治于世也，不人告也，不户说也，其枢在水”，不免有些绝对。因为环境对人类文化的影响不是无限制的，特别是当今世界，经济一体化必然带来文化趋同化。在这个信息化社会中，科技突飞猛进，世界逐步被“铲平”，客观上弱化了地理对人性的影响力。当然，在以种植、狩猎、捕捞作为获取生活资料的主要手段的人类文明初始阶段，“第一类自然资源具有决定性的意义”，我们的古人有这样的认识也是可以理解的，并且是难能可贵的。

有趣的是，中国人讲究“风水宝地”，西方也一样。据说西方很多大学就有风水专业。优美的自然环境不能没有水，水在“风水”中占有极为重要的地位，所以有“风水之法，得水为上”的说法。关尹子对水的阐释很简练：“观道者如观水。”《墨子》也论及水：“江河不恶小谷之满已也，故能大。圣人者，事无辞也，物无违也，故能为天下器。是故江河之水，非一源之水也；千镒之裘，非一狐之白也。”

不仅我们中国的先哲喜欢观水悟道，西方也是如此。西方哲学的鼻祖泰利斯认为“水是本原”。我想，这不能只从科学的角度去理解，这实际上隐含着一种思想观念。这与现代科学的解释——世界由基本粒子、能量场构成，同样是一种有局限的解释。古印度《创生歌》中也有水的本体论。可见古人确有超出“元素解释”的倾向。因此，关于赫拉克利特“火”的本体论、老子的“气”说、德谟克利特的“原子”论，只不过都是认识论、思想方法而已。哲学不过是对未知的认定。一旦这种认定被科学证实，则所认定的内容也即失去了哲学意义。所以哲学不需要知识，只需要天才的想象。哲学只是一种冥想游戏，无“对”、“错”可言。所以我前面一再强调企业管理不是科学，只是实践。毕达哥拉斯对世界的解释是“数”，这又不同，他对“十”以内均有独到的解释，与老子的“一生二，二生三，三生万物”相类似，读起来甚是有趣。记得我是在去加拿大的飞机上读到的这一节，跨越大洋的同时又跨越了东西方关于数字的哲学阐释，使漫长的旅途变得短暂。

回过头来还是说“水”的启示。古希腊哲学家赫拉克利特有一句很精彩的话：“人不能两次踏入同一条河流。”意思是说，河水在不停地流动，当人们第二次踏入这条河流时，接触的已经不是原来的水流，而是变化了的新的水流——虽然形式上看并没有不同。当然，从水的角度认识思维，是从哲学的意义上来讲的。思维的哲学就是对变化的研究而形成的认识或规律，甚至连同这个认识与规律本身也是变化的。“唯一不变的是变”，所以思维在本质上，或者说其最高的境界是没有框架的、不受约束的，是自由的、开放的、无拘无束的，是没有模式的。也就是前面说的：没有任何方式就是最好的思维方式。换句话说，思维形成方式就是束缚，思维形成习惯就是灾难。

7. 要摆脱“材料思维”、“文本思维”

在实际工作中，我颇为深恶痛绝、痛心疾首的，就是写文字材料。不是不能写，也不是不会写，实在是因为打心眼里烦这套形式的东西。多年来，我们的工作一直没有摆脱这个“材料思维”、“文本思维”。这是个很严重的问题。“材料思维”、“文本思维”是什么？就是靠写材料部署工作，靠写材料推进工作，靠写材料总结工作。效益上不去是可怕的，队伍带不好是可怕的，但要我说：更可怕的是形成这个“材料思维”、“文本思维”的习惯。其实应该提倡有话就说，写材料其实就是说话，你想说什么，就写什么好了。写你所做，做你所写，才是正确的对待文本的态度。缺少实际能力的领导者，往往只注意看材料、看文本，看材料漂不漂亮，看文本整不整齐，甚至看它押不押韵。其实管用的东西、有思想的东西、真正能够解决问题的东西，从材料上、文本上是看不出来的，只能靠实践经验去看它的生命力、它的可执行性、它的含金量。我们一定要摆脱“材料思维”、“文本思维”。领导应该有现场说话、脱稿讲话这个能力。领导要说话，要说有内容的话，而不只是会议上念念秘书写的材料。我把这叫“读报纸的水平”。现在，到处都是材料，层层都在弄材料。一年到头，功夫都下在“写”上了。实际上是怎么“做”的倒变得不重要了。上级来了，看不到什么真实的东西，看不到第一手的东西，看到的都是加工出来的材料，并且是经过层层领导“把关”的。根本看不到“原生态”的东西。这是自己在糊弄自己，典型的形式主义，是自欺欺人。这个“材料思维”、“文本思维”不改变，这个恶劣的思维习惯不改变，国企难以真正发展。

那次研讨班上曾玉康同志站着讲四个小时，没有稿子，这才叫本事。曾总一开始讲到自己的头发，为什么大家突然间看到他的头发都白了，那是因为过去就花白了，只是一直在染，现在不染了。由白头发作引子，我感觉是隐含了“责任”这个话题，曾总是要让大家清醒地看到现实，将来他退了，换领导了，仍然要靠企业文化、靠会战传统管理企业，更重要的是要靠我们自己“干出来”的纲要指导企业发展。然后曾总与学员互动了一下，问及“科学发展观”、“新型工业化道路”的概念问题。我想，这种提问强调的还是“责任”二字。什么责任？首要的当然是学习的责任。当前，干部，特别是领导干部学习的责任很重。

曾总通篇讲话，处处折射出一种学习精神、独立思考的精神、务实的精神。比如他对前面提到的概念的理解和把握，他讲：“新型工业化道路，主要是信息工业化、工业信息化”，为此企业要努力追求“科技含量高、效益好、资源浪费少、人力资源充分发挥”的境界，“发展重化工工业，促进工业的优化升级，任务十分紧迫，跟不上国际潮流，就要被无情地淘汰”，“大庆油田无论是经济上还是政治上，对国家来讲都十分重要”；他讲：“改革开放后我国工业发展经历了四个阶段，要搞清楚这个沿革、演变、发展历程。搞经济工作，首先要弄懂需求，弄懂需求，才能弄懂供给。要搞清楚消费需求、出口需求，如何拉动投资需求”；强调了“创意经济”，提到“文不及言，言不及义”、“隐性知识”、“冰山”这些隐喻着真意和潜能的概念，谈到“今后的人力资源开发不能只看学历，还要注意人的隐性知识，真正能解决问题的是隐性知识。管理绝不是书本上能学来的，不是今天听了课就能行的，我们学到的对我们来讲只是个启发，启发一种思路、一些想法，然后联系自己的实际和想法去形成新的东西，去解决实际问题”；讲“创意经济，就要靠隐性知识和悟性”，“谁有创意谁就是大庆油田未来的主人”；讲“沟通的机制、沟通的氛围、沟通的意愿”；讲“要进行制度创新，要用制度管理人，用制度管理企业”，“国有企业真正要做到的，一是组织结构调整，优化资源，形成集中的跨国企业集团，以应对挑战；二是要强化管理，建立约束激励机制；三是要技术创新，增强自主创新能力。企业要做的就是这三件事”。

曾总讲的这些，充分展示了他深刻的观察能力、综合的分析能力、出色的判断能力，这些都来自他日常的学习、思考和深厚的实践，更来自一种强烈的责任感。他讲：“中国人总是习惯往后看，不愿往前看，所以总是觉得过去好。我们现在的电视节目，大量反映的都是明朝、清朝的事，一会儿‘正说’，一会儿‘戏说’，都是过去的东西。而美国人喜欢往前想，想未来的事，电影演的都是《星球大战》等科幻片。这就是观念问题。我们一些人也有这个问题，体制上总往后看，不往前看，总觉得过去的好。如果我们往前看，思想上想不通的都会想通”；“走新型工业化道路，不能再靠减员下岗，减员不是主要方式，有本事要把人养活起来，能带动社会就业，那才是有本事的企业家，才是真正的以人为本”。

我想，能够讲出这样的话，才无愧于一名国企领导者。与其说这是责任感的问题，还不如说是感情的问题。责任感从哪儿来？从感情上来，从人性上来，这是人性的光辉。他讲：“我们的人力资源，在今后选人、提拔干部的时候，要多考虑实用性，要多选拔一些能解决实际问题、有激情、有创意、有灵感的人”，“下一步我们在研究高新技术时，如果搞研发的高级人才不愿到大庆来，可以考虑带他到山清水秀的地方去搞研发，这样可以更好地激发创意”。

听了这些讲话，我觉得，我们是要好好反思一下，认真琢磨一下，比如以下几个问题：一是大庆精神、铁人精神这一笔宝贵的精神财富如何传承下去？二是如何按照纲要的指引谋求企业发展？三是如何才能高度认识到大庆油田的地位、高度认识当前形势？四是如何解决当前“忙于无用功”的工作状态？曾总说：“大家在实践中不要小看自己的理论，不要小看自己的实践”，“我们《二次创业指导纲要》中的观念一点也不比请来的专家讲的观念差”。他讲：“要挤时间来多读些书，我在来北京的飞机上看了一本书，是《戈尔巴乔夫回忆录》。戈尔巴乔夫说他非常钦佩邓小平，非常佩服中国的改革，同时他认为社会主义国家不能急于搞民主，如果过度搞民主必然是苏联那种悲惨的下场，他已经认识到了这个问题。”还有《国富论》，曾总也提到。他还讲了“体验经济”、“虚拟经济”等一些概念，讲马克思阐述的共产主义是一个“自由人的联合体”，等等。特别又讲道：“局机关，抓制度落实了没有？遇到矛盾绕着走，执行太差，缺乏奖惩激励”，“信息不灵，视野不宽，创新不够，运转不畅，执行不力，赏罚不明”，“有些团队为什么那么厉害？原因就是形成了一种共同的价值观”，要“进行智力修炼、耐力修炼、魄力修炼、合力修炼”，等等，讲的都是切中要害之处。

总的我感到，曾总的讲话充满一种激情，通篇讲话长达四个小时，声音一直铿锵有力，且发自内心，表达了内心的坚定信念和充沛的感情。尤其在最后，曾总对“责任”二字进行了解释：“责任是对任务出色地完成，是对职责忘我地坚守，是人性的升华”，“如果一个人没有责任感，他就没有必要在社会上存在，也就失去了在社会上存在的价值”，“有了责任，就有了激情，有了激情，就有了创意。可以说，责任重于能力”，“责任感可以给提升能力提供平台”，“对那些勇于承担责任的人，企业和社会对他的回报就是让他不断地承担更大的责任”，“有责任感的人，能够不断地焕发激情”。

记得这个录音的这一部分我反复听了五遍，大有同感。一次谭主任对我说：“曾总的这些话特别像你平时说的一些观点。”有一次我在内部业务学习时谈过对责任心的解释：“责任心是品德的现实表现，是能力的不竭之源，是学习的根本动力，是业绩的最佳保障，是职务晋升的基本资格。”我是在什么情况下听的录音？从北京赶回来，在吵闹的火车上几乎一夜没有睡，下了火车就到办公室来听这个讲话录音，整整四个小时，连中午饭都没吃，老婆孩子都没见一面，而且那天是周六。要我说，责任感也好，激情也好，其实就是在小事上的点滴表现。这些表现虽然并不起眼，却往往决定未来。

8. 重在养成好的思维习惯

在创新这个问题上，好的习惯养成非常重要。我们每个人在每天的工作、学习和生活中都会产生一些想法，甚至十分离奇古怪的一闪念，如果能够及时记录下来这些想法和一闪念，就是一个很好的习惯。可惜大部分都会因我们认为不合时宜、荒唐可笑或因一时的懒惰而被放弃，直至彻底忘却了。其实，在思维创新领域里，从来就不存在“荒唐”、“可笑”、“异想天开”、“不合时宜”、“坏主意”、“不成熟”这些词语。若干年前的某个想法也许不合时宜，而若干年后却可能成为一个真正的好主意。更何况，那些看来是怪诞的、远非成熟的想法，也许更能激发你的创新意识。

当年里根的一个子虚乌有的“星球大战”计划，拖垮了苏联经济。没有什么是不可能的，就怕想不到。如果能及时地将自己的想法记录下来，那么当需要新主意时，就可以重新思考、重新整理，在这个过程中，可以轻易地捕捉到新的创新性的思想。

不仅要记录，还要创造和利用好交流和表达的机会，不管是什么样的想法或念头，都应当表达出来。因为表达的过程，也是一个加工的过程、一个再生的过程，甚至是一个启发自己的过程。即便是独自一人，也应对自己表达一番，这就是很多伟人都有自言自语的习惯的原因。

事实上，一个人一生中的绝大多数想法，都被无意识的自我审查所否决掉了，这种无意识的自我审查机制将一切离奇的想法都当作杂草似的念头，巴不得尽快地加以根除。这是非常可惜的。长此以往，就会营造出一种循规蹈矩的心境，这样的心境里没有“杂草”，也就没有创造力。你想要有创造力，就必须照料好每一株“杂草”，把它们当作有潜在经济价值的新作物。一旦条件成熟，就把它们从头脑中解放出来，实现它们真正的实用价值。一个人，随时随地都要充满好奇和渴望，保持这样的一个状态，就是习惯问题了。习惯养成很重要。

比如，发明就是一种习惯。发明家往往有不止一项发明，前面我们提到了拥有一千多项发明的爱迪生，再如美国人开利，拥有包括空调在内的几十项发明。为什么会出现这种发明“专业户”、“包办式创造”的现象？我们不能否认习惯的力量。满足于现状，就不会渴望创造，这会妨碍创造力的发挥。其实发明家和普通人是一样的人，所不同的是，他们总是希望有更好的方法解决问题。系鞋带时，他们希望有更简便的方法，于是便想到了用带扣、按扣、橡皮带和磁铁代替鞋带。煮饭时，他们希望省去擦洗锅底的烦恼，于是便有了不粘锅的涂料。所有这一切，都来源于改进现状的愿望。

墨守成规不可能产生创新，也无法使人脱离困境。遇到困难，正是创新的大好机遇。这时候，要拿出勇气，乐观面对，用不同的思维方式去思考问题。比如用比较分析法来思考问题，将正反两方面的理由写在纸上进行分析比较。或者用形象思维法，把没法解决的问题画成图或列成简表。总之，创新需要持续不断的努力，持之以恒，才会如愿以偿。

9. 干部工作的核心竞争力

我们搞企业管理的人应该知道，企业的创新应该是全员的创新，没有死角，也不允许有死角。特别在基层，蕴含着无限的创新的生机。可以说，基层的创造力是无限的，工人的创造力是无限的。创新并不难，只要有内在的强烈愿望，就能够实现创新。只要有求真务实的精神，就能够实现创新。此外没有秘诀。作为管理者，要尊重群众的首创精神，这也是“以人为本”的体现。一次，我们企业有个员工发现，用镐头拆卸泵机，经常拆坏配件不说，还容易出危险。一名工人问组长，这个活儿能不能想个办法创新一下，提高工作效率？在组长的带动下，他们搞出了一台液压拆泵机，使原来拆一台泵四个人要五个小时变成两个人五分钟就能搞定，而且配件的破损率由40%下降到1%。后来他们总结说：“创新并非遥不可及，并非与己无关。工作那么辛苦，就要琢磨怎么才能省点力气和时间。工作那么不安全，就要琢磨怎么才能更安全。”

有位工人说：“其实弄个冲销啦、安个胶套啦、割道小口儿啦，并不难想到，但却能提高工作效率，这就叫创新。创新不论大小，不是获了奖的才叫创新。只要管用，能创效就行。哪怕节约一分钱、节省一分钟，也是创新。”

还有位工人说：“创新其实非常简单，有的技术含量并不高，只要用心，只要有耐心，只要不怕失败、不怕丢面子，只要主动去发现、去干，就一定能产生创新的灵感。”工人的语言就是朴实、直接，却道出了创新的本来意义。

我多年从事企业领导人员的管理工作，也就是考核干部，这项工作的创新难度一直很大。可以说，我们国家的干部人事制度改革多年来没有大的改观，特别是国有企业。我的体会是：干工作不一定非得等大的政策下来后才能干，只要认真琢磨这个事儿，根据实际情况创造性地去干，没有干不好的道理。

在干部工作中，我琢磨最多的问题是：干部工作究竟是干什么的？或者说，干部工作的“主业”到底是什么？我的看法是，干部工作主要是做两件事情：第一是考核干部，及时给用人决策者提供客观、全面、真实、准确的信息，为做出用人决策提供重要依据；第二是研究政策，通过不断地健全和完善选人用人机制，提高干部队伍建设水平。说起来似乎是无须强调的、简单的定论，但切实地体会出来并不容易，真正“做实”更是“功夫”了。

我想，这两大“主业”做精了，干部工作的“核心竞争力”也就打造出来了。所以，我把工作注意力一直放在考核与政策上，提出了“考核是干部工作的全部基础，考核能力是基本能力；政策是干部工作的生命线，政策水平是最高水平”的干部工作理念，并进行了探索。比如在干部考核上，过去一直是按“德、能、勤、绩、廉”的标准去考核干部，应该说这个标准是个共性的标准，或者说是个“完人”的标准。按照这个标准考核干部，往往流于形式，考核结果难免“千人一面”，基本上等于没有考核。按照“完人”的标准配备干部更不可取，因为这将意味着缺少岗位针对性、忽视人岗相适性，再说也不可能做到按“完人”的标准配备干部，做到了也是浪费。

对企业来讲，我强烈地感到，干部考核一定要突出各级各类干部的个性化标准，这样的考核才是真实的、实用的、有效的、有价值的。于是，我在2002年提出了“七重七看”的个性化考核标准，即：对“一把手”，重统揽全局能力，看决策水平；对班子副职，重独当一面能力，看与人合作共事意识；对年轻干部，重品德修养，看发展潜力；对年长干部，重创新意识，看当前表现；对党群类干部，重政治素质，看人格力量；对管理类干部，重组织能力，看工作魄力；对技术类干部，重业务能力，看敬业精神。“七重七看”的提出，是在凭借多年积累的实践经验，准确分析干部队伍存在的实际情况，认真进行岗位分析，进一步简化考核标准的基础上提出来的，对“做实”我们的干部考核工作很有好处，是个标志性的突破和转变。

在2003年初，我又提出“品德、知识、能力、业绩”的考核标准，与“七重七看”配套使用。在2004年的任期调整中，让群众按照这四项标准和“七重七看”的个性化标准对干部进行量化打分。我创造性地提出将定性考核与定量考核在可计算意义上有机结合起来，对多年的考核结果进行分析，并对多年的测评数据进行反复测算，形成了总体量化的考核公式，即：优秀率×20%＋优秀称职率×20%＋推荐率×10%＋量化测评率×10%＋组织考核得分×40%，对所属企业领导干部分类进行排序（打破了以往只在班子内比较的格局），干部队伍状况一下子变得清晰起来，其排序结果的重要参考价值充分地体现在当年的领导班子任期调整当中。

后来看到，中组部、上海市委也在出台的政策中提出了“品德、知识、能力、业绩”的考核标准，但此时我们已经进入了成熟应用阶段。这当中，确定各级各类干部个性化的考核重点，一定要围绕当年重点工作进行定性定量考核，这是保证每个年度都是个性考核、特色考核的关键。

2004年初，我还提出了干部考核工作要实现“两个过渡”，即：由任期考核（三年进行一次）向年度考核过渡，再由年度考核向日常考核过渡。为了这“第一个过渡”，我们一干就是三年。2007年，我们又将进行任期调整，但我们只需将三个年度的年度考核结果综合起来运用，即可以作为任期调整的重要依据，使年底进行的任期考核变得轻松而快速。

黑龙江省提出做实年度考核的时候，已经是2006年底，省里下发了年度考核办法，而这时我们已经开始实施“第二个过渡”。2006年底，我们成立了干部监督室，从2007年开始，对领导班子进行日常巡视，也就是不打招呼、随机考核、实地考察，这样做“慢工出细活”，考核比以往扎实细腻了许多，取得了意想不到的显著成效。

我计划从 2008 年开始，将不再需要进行年度考核（年底只进行民主测评），大量的考核工作都分担在全年、按计划进行。到那个时候，我们可以说：我们把考核工作“做实”了、“做精”了，考核的结果是真正有价值的了，甚至是不得不依靠的一个结果了。

做精日常考核的另外一个重要结果，是能够有效地杜绝日常提名考核，有利于提高选人用人的质量和水平，也有利于抵制和纠正用人上的不正之风。为什么这么说呢？因为过去的日常提拔考核是有明确人选的考核，这种考核都是顺情说好话的多，真正谈出问题的少，很难区分干部的优劣，往往一旦提名就意味着只要不是太不像话就非提拔不可。而做精日常考核后，由于考核结果一年内有效，完全可作为当年日常提拔干部的重要依据，这样将不再需要重新进行考核。根据日常考核总体排序，即可看出干部的优劣。排序靠后的将难以作为提名人选提出来（并且在前一阶段推荐得票较少的，根本就不会被纳入考核对象），这样当然能有效地提高选人用人的质量和水平。

实际上，前面说的仅仅是关于考核的粗略纲要，大量的具体方法还有很多。比如我们加大考核分析力度，加强了考前分析、考中分析（测评率分析、优秀率分析、特殊情况分析）、考后分析，提出分析中特别要重视少数知情人的意见，重视干部提拔前后的表现，进行对比分析；考核中重视考核干部“将来能做好什么”，而不仅仅是他“过去是不是优秀的”，注重围绕投资决策、年度审计报告、重大工程项目进度、各项经营管理指标完成情况对领导干部进行深层次考核，谈话内容扩人到家庭信息及个人爱好；对考核结果的使用，我们从教育和培养干部出发，将考核结果进行了书面反馈；考核方式上，使用了“交叉考核”，即通过干部原单位的领导、同事了解干部情况，通过调离的干部了解其原单位班子及干部情况，通过基层干部了解机关干部情况，等等。如果真正能够实现干部考核的“两个过渡”，我们就将使干部考核逐渐隐性化、真实化，将大大提升考核结果的使用价值。

前面说的是第一大“主业”，考核的问题。干部工作的第二大“主业”，就是研究政策问题。这个问题是很难的。我提出并着手成立了“企业领导人员管理学术研究会”，吸纳各方人士参与，汲取智慧。在系统内又倡导成立了课题组，将“不称职干部的认定标准”、“关于破格提拔干部的有关规定”等 21 项工作中遇到的难题作为课题进行研究。有些课题已经完成了，没有完成的也取得了阶段性的成果。这其中，我多年来琢磨最下功夫的，也是琢磨最深入的，是如何“分阶段完善干部竞争机制”的问题。

我在 1998 年任期调整中实行行政副职全员竞争上岗的基础上，于 2001 年的任期调整中提出了在党群副职的选拔任用中引入竞争机制，实行公开推荐人选，使竞争机制向纵深挺进。这一点后来得到中石油的认可，也在系统内推广了。

在 2004 年的任期调整中，我又提出了新的竞争理念，向“理性竞争、适度竞争”过渡，实行“80%直任”政策，即在任期调整中群众推荐率或民主测评优秀率达 80%以上、经组织考核胜任且优秀的，直接进入下一个任期的领导班子。那一年，大庆局 1/3 的优秀干部直接进入了下一个任期的领导班子（其他干部还需要按程序进行差额竞争上岗）。这个政策对干部触动很大，对全体干部都形成了有效的激励。

2007 年的任期调整中，我们又调整了政策，确定干部优秀称职率达 90%以上、经组织考核胜任的，可直接进入下一个任期的领导班子。这样预计将使近 90%的干部直接进入下一个任期的领导班子（其他少数干部仍需要通过差额竞争上岗），形成了激励竞争和示范竞争的局面。

我的看法是，竞争上岗只是个形式，一定要服从于阶段性的特征。这个阶段性的特征就是指干部队伍的素质、参与投票的群众的参政议政能力以及“一把手”的用人能力。我想，将来干部上岗，要向“无竞争、隐含竞争”的形式过渡。从大庆局的实践来看，竞争上岗的形式与程序是不断改进的，就是充分考虑到干部队伍的实际情况、参加投票的群众队伍素质的实际情况、“一把手”用人素质的实际情况。比如，投票的权重从1998年“一把手”无权重，到2001年“一把手”占30%的权重，再到2004年“一把手”占20%的权重。这种权重上的变化，也是考虑到干部、群众、“一把手”的实际情况的变化而制订的。

2004年，我曾设计了“双推双考”选拔干部的机制，由于种种原因没有实行。现在看，以后进行任期调整时使用“双推双考”这个选拔干部的机制，条件会更成熟。这个“双推双考”就是：群众推荐、领导提名推荐、组织考核、任职资格考试。程序是：先进行任职资格考试（每次任期调整前进行，成绩三年内有效。重点考《二次创业指导纲要》、企业工作中应知应会的常识），成绩通过后作为最低标准（过去常见的干部考试是择优，我们的定位则是除劣，即成绩不及格者不得提拔，这个定位是符合实际的。事实证明，考出来的优往往只是文本意义的优，不是真正有实践才干的优，这样的考不过是作秀。除劣才是务实的选择，既保证个别基本素质不过关的干部留在了最低线之下，又促进了更多年轻干部的学习）；进行群众推荐，每个岗位得票排序中的前两名分别为此岗位的第一人选、第二人选；“一把手”从这两名人选中进行提名推荐，重新确定出此岗位的第一人选、第二人选；组织考核，重点考核这两名干部，并根据考核结果重新确定出此岗位的第一人选、第二人选；最后，对群众、“一把手”、上级组织三方之中两方排序为第一人选的干部选用上岗。如果意见仍不够集中，则可以考虑竞争上岗或面向全局公开选聘。这种方式使竞争变得隐含、温和、真实、合理，有利于真正发挥群众推荐干部的积极性、领导提名干部的准确性、组织考核干部的针对性，能够体现群众、领导、组织三方用人的科学性。

之所以详细介绍这些情况，主要是想强调“找准主业、做精主业”的重要性，这才是打造核心竞争力、锤炼出过硬“功夫”的途径。我觉得，干好工作其实并不难，只要爱琢磨事儿就行；爱琢磨事儿才能创造性地工作，并能使工作者感觉到无穷的乐趣。

小结：灵活是思维的魂，诚信是思维的根。但唯有植根于实践，思想方有源头活水。思维如水的境界，说到底是实践的境界。

十、创新大师的思维

讲到这里，我想能不能找到几位人物，从他们的身上可以一览无余地窥视思维创新的全部秘密。思考再三，我找到了，并且发现：这些人物几乎从头到脚都包含着创新的元素，散发着无穷的魅力。通过对这些创新大师的简要生平事迹及言论进行解析，可以对前面所讲的主要内容进行一次感性的、案例式的回顾。

1. 伟大的爱因斯坦

之所以选择这位 19 世纪末、20 世纪初最伟大的科学家作为案例，是想说明：与其说这位伟人的知识如何丰富——甚至谈不上丰富，不如说他的思维方式是多么活跃、多么与众不同。

犹太文化背景

20 世纪最伟大的物理学家阿尔伯特·爱因斯坦，1879 年出生在德国一个犹太家庭。这可以说是一个极其重要的背景。犹太民族从来是一个极富创新精神的民族。犹太人一向被称为是“神的选民”，与各国民族相比，他们是全世界最为奇特的一个民族。不论流落在世界的哪个角落，他们总是特立独行、鹤立鸡群，总是显得那么聪明，又是那么富有。这都是因为他们极富创造力。他们的复国更说明了这一点。真可谓矢志不渝、不屈不挠，这是极难能可贵的精神。如果说犹太人是世界上遭受苦难最为深重的民族，也绝不为过。他们总共区区不到 2 000 万人口，却执世界金融之牛耳，领全球科技之先风。在科学发明史上，可谓群星璀璨。他们亡国近 2 000 年，仍能不被其他民族同化，仍能保持他们的特性，这是世界上任何其他民族所不及的。据美国人种学家研究，无论什么民族，一旦亡国了 500 年，就必定会被其他民族所同化，只有犹太人不是这样。

有人这样总结犹太人对世界文明的贡献：第一，传说在公元前 1240 年，犹太人的领袖摩西率领在埃及为奴的以色列人逃离埃及之后，来到西奈半岛的旷野上，上帝亲自授给摩西十条传达给民众遵守的戒命，从此宣告了“犹太教”的真正诞生。从而创造了“上帝”、“弥赛亚”这些概念，奠定了人类宗教发展的基础，并衍生出了基督教和伊斯兰教。第二，上帝颁给摩西供犹太人遵守的戒律共 613 条，不仅奠定了“不杀人、不淫荡、不做假证陷害人”等人类道德的基础，而且大大推动了人类法律的发展。第三，马克思、托洛茨基等数百位犹太政治家、思想家的出现，为科学社会主义思想的诞生和资本主义的繁荣发展做出了不可磨灭的贡献。第四，犹太民族为人类贡献了斯宾诺莎、迈蒙尼德、波普尔、胡塞尔、毕加索、夏加尔、毕沙罗、鲁宾斯坦、门德尔松、斯皮尔伯格、海涅、卡夫卡、茨威格、哈伯等众多思想家、艺术巨擘、文学巨匠和科学大师。第五，犹太人在股票、金融、计算机业，以及经济理论方面为资本主义市场经济的繁荣和发展发挥了举足轻重的作用，从而赢得了“世界第一商人”的美誉。第六，为人类教育的发展探索了模式，开启了智慧。

只从近代来看，操纵世界经济命脉的犹太人不计其数，不仅出现过洛克菲勒、哈默等企业巨子，而且产生了索罗斯、格林斯潘等“金融大鳄”和金融家。“股神”巴菲特也是犹太人，还有微软公司比尔·盖茨的合伙人鲍尔默、甲骨文公司的创始人埃利森、戴尔电脑公司的迈克·戴尔等经济巨人层出不穷。据《福布斯》杂志的美国 400 大富豪排行榜中，最富有的 40 大富豪中有 45%是犹太人；美国 1/3 的百万富翁是犹太人；美国大学中有 20%的教授是犹太人；

在年收入超过五万美元的美国家庭中，犹太人的比率是非犹太人的两倍。因为犹太人最喜欢的职业是教授、律师和医生，而这些行业的收入都比较高。在获诺贝尔奖的美国人当中，有31%是犹太人；占美国人数不到3%的犹太人却操纵了美国70%以上的财富；从1901年至2001年，世界上共有680人获得诺贝尔奖，其中有犹太人152位，占获奖总数的22.35%。若按犹太人占世界人口总数的比率看，大约只有0.2%，因为目前世界上60多亿人口中，只有1 300万犹太人，即使是犹太人最多的时候，也不过2 000万左右。

显而易见，近现代自然科学和社会科学的大部分发明创造和犹太人有关系。犹太人为世界贡献了很多发明创造，如迈克尔逊对于精确测定光速、李普曼对于彩色摄影技术、盖尔曼对于“夸克”、威尔斯泰特对于植物色素和叶绿素、佩鲁茨对于蛋白质、奥尔特曼对于RNA、哈伯对于合成氨、埃尔利希对于梅毒、兰德施泰纳对于血型、瓦克斯曼对于链霉素、科恩伯格对于基因、布鲁姆伯格对于乙型肝炎的研究和发现，都有重大贡献。还有避孕药、牛仔裤、氢弹等都是犹太人发明的，犹太人为自然科学所做出的理论贡献更是不计其数。还有，列宁也有犹太血统，据说以列宁为首的苏共中央政治局19人当中，有11位是犹太人。而卡耐基、弗洛伊德也是犹太人，发明宇宙飞船的是犹太人大卫·舒华兹，直升机是犹太人亨利·裴纳发明的，还有“氢弹之父”特勒、表演大师卓别林、政坛“常青树”基辛格也是犹太人。

美国工业管理委员会发现，犹太母亲的就业率大大低于其他民族。因为她们都留在家里照看孩子，确保孩子上大学。这就是他们的教育模式，与过去中国妇女的“相夫教子”相似。意大利人却不是这样，他们把孩子当作田间地头的好帮手，所以孩子多逃学，犯罪率也高——意大利的黑社会很厉害，政府也拿他们没办法，并且意大利政府与黑社会的瓜葛一直是有传统的。犹太人成功的家庭教育一向是有名的。每个犹太家庭都重视对孩子智慧的启迪和品德方面的教育，还特别重视对孩子进行财富观念的熏陶，让孩子从小就接受理财方面的训练。

家庭环境的熏陶与影响

爱因斯坦的父亲赫尔曼·爱因斯坦和叔叔雅各布·爱因斯坦合开了一个为电站和照明系统生产电机、弧光灯和电工仪表的电器工厂。这一点很重要。父辈的职业，与后辈的思维方式生成是大有关系的。

前面也讲了，思维与环境有很大的关系。家教的重要性更多地不在于知识的灌输，而在于思维方式的生成，所以古有“孟母三迁”之说。曹操就曾有两句诗感叹自己的家教不好：“既无三徙教，不闻过庭训。”爱因斯坦的母亲玻琳是受过中等教育的家庭妇女，这一点又很重要。一般来讲，孩子最初的成长与母亲关系很大，而这个阶段恰恰是思维方式形成的重要阶段。很多杰出人物在回忆母亲的时候，念念不忘的都是母亲在做人做事方面的教导。

我一直认为最成功的家教是启发孩子的好奇心，帮助孩子找到他们喜欢的、抱有兴趣的学科或事物，让他们形成良好的心理素质和思维习惯。爱因斯坦的母亲非常喜欢音乐，在爱因斯坦六岁时就教他拉小提琴。通常，儿童从音乐那里可以感受整个世界。中国古人重视乐教是有传承的，孔子就一向很重视音乐的教化作用。

前面一再讲的气质性，就是思维创新的一个很重要的维度。爱因斯坦小时候并不活泼，三岁多还不会讲话，父母很担心他是哑巴，曾带他去让医生检查。还好小爱因斯坦不是哑巴，可是直到九岁时讲话还不很通畅，所讲的每一句话都必须经过吃力但认真的思考。“小时了了，大未必佳。”这话虽是笑谈，却还是有道理的。早慧儿童中，许多是语言能力较差者。这其实正是儿童善于思考的表现。“心中有，嘴上无。”嘴上功夫跟不上思考的进度。在四五岁时，爱因斯坦有一次卧病在床，父亲给他一个罗盘。当他发现指南针总是指着固定的方向时，感到非常惊奇，觉得一定有什么东西深深地隐藏在这现象后面。他一连几天都很高兴地玩这罗盘，还缠着父亲和雅各布叔叔问了一连串问题。尽管他连“磁”这个词都说不好，但他却固执地想要知道指南针为什么能指南。这种深刻和持久的印象，爱因斯坦直到60多岁时还能鲜明地回忆出来。这就是一个孩子强烈的好奇心!

好奇心会引发探索欲，这是导致思维创新的根本原因。爱因斯坦在念小学和中学时，功课成绩属平常。很多大科学家小时候课业并不好，这是一种很奇怪的现象。还比如霍元甲、范无病等武学大师，年幼时也多是体弱多病。老子说：“反者道之动。”就是说，事物有向相反方向转化的特征。想想也没什么奇怪的，小时候课业不佳，说明没有养成循规蹈矩的习惯，这未尝不是一件好事。高考状元成长为大科学家、大企业家的，也少见。据有关调查显示，在社会上有所造诣的，往往是在学校学习成绩并不见得多么好的学生。据南怀瑾考证，历史上状元做大事的只有文天祥等少数几个人。由于爱因斯坦举止缓慢，不爱同人交往，老师和同学都不喜欢他。教他希腊文和拉丁文的老师对他更是厌恶，曾经公开说他：“爱因斯坦，你长大后肯定不会成器。”搞教育最忌讳的就是骂学生笨、不成器。而且因为怕他在课堂上会影响其他学生，老师竟想把爱因斯坦赶出校门。

爱因斯坦的叔叔雅各布在电器工厂里专门负责技术方面的事务，爱因斯坦的父亲则负责生意上的往来。雅各布是一个工程师，自己就非常喜爱数学。当小爱因斯坦来找他问问题时，他总是用很浅显通俗的语言把数学知识介绍给他。在叔父的影响下，爱因斯坦较早地受到了科学和哲学的启蒙。可见思维创新强调的是环境！从这点说，是个机缘的问题。但问题是，环境亦在于创造。对此不能无所作为。中国人讲“随遇而安”，是有消极性的。家教、环境，对于儿童的启蒙至关重要。爱因斯坦的父亲生意做得并不好，但却是一个乐观和心地善良的人。这对爱因斯坦潜移默化的影响是很深的。这也是我前面一再强调的气质性问题，前面讲过“给予式”思维。当然“阴险恶毒”也属气质性的一部分，但这样的气质生发的思维方式是损人利己，甚至是损人不利己。即便得意于一时，也难于长久，更是要留下千古骂名的。

爱因斯坦的家里充满自由的氛围，每星期都有一个晚上要邀请来慕尼黑念书的穷学生吃饭，这样等于是救济他们。犹太人在世界上一向是很抱团的，也是个懂得感恩的民族。以色列与中国存在意识形态的差异，但他们对我们一直比较友好，据说这与二战期间中国对犹太人的救助有很大关系。经常在爱因斯坦家吃饭的有一对来自立陶宛的犹太兄弟，他们都是学医科的，喜欢阅读书籍，兴趣广泛。他们被邀请来爱因斯坦家里吃饭，并和羞答答、长着黑头发和棕色眼睛的小爱因斯坦成了好朋友。我们看，自由的氛围，对一个儿童多么重要。救济学生是仁爱之举。孔子讲：“无友不如己者。”要交比自己强的人为友，这是“友以辅仁”的意思。另外也可以说，任何一位朋友都有比自己强的地方，这是讲交友的重要性。小爱因斯坦能交到这样的朋友，真是人生一大幸事。他们可以说是爱因斯坦的启蒙老师，借了一些通俗的自然科学普及读物给他看——儿童最需要这些读物，这会强烈地刺激儿童的好奇心。在爱因斯坦 12 岁时，还给了他一本施皮尔克的平面几何教科书——这无异于对爱因斯坦进行形象思维训练。爱因斯坦晚年回忆这本神圣的小书时说：“这本书里有许多断言，比如三角形的三个高交于一点，它们本身虽然并不是显而易见的，但是可以很可靠地加以证明，以至于任何怀疑似乎都不可能。这种明晰性和可靠性给我留下了一种难以形容的印象。”“明晰性和可靠性”，多么美妙的一种感觉。家庭的自由派思想和乐善好施的氛围，使爱因斯坦在童年就受到气质训练，接受了科学和哲学的启蒙。加上音乐的熏陶，他从小时候起脑子里就充满了许多奇思妙想。

爱因斯坦的个性

爱因斯坦上小学时耳闻目睹的排犹浪潮、军国主义教育方式和宗教礼仪等，使他逐渐厌恶权威。他说："我这个教徒在 12 岁时突然终结了，通过阅读科普书籍，我很快领悟到《圣经》里的许多故事不是真的。我认为青年被政府用谎言故意地欺骗了。"

能够独立思考问题是思维创新的关键，爱因斯坦从小就有与众不同的思维方式。12 岁时他就练习用自己的方法证明几何定理，这是创造力和创造欲望的体现。他特别喜欢读《自然科学通俗丛书》等书。13 岁时读了康德的《纯粹理性批判》，他的思考便面向宇宙、哲学和自然现象中的逻辑。

他的数学、物理很出色，但其他课程成绩不佳。这使我想到，在我们的教育中，一向不喜欢"偏科"的孩子，其实这是错误的。我倒觉得，"偏科"代表热爱，甚至是一种天赋的表现。爱因斯坦的数学、物理很出色，这正是他的天赋所在。

爱因斯坦 15 岁时，学校以其"自由主义思想"令其退学，这反倒使爱因斯坦从反面又接受了政治"启蒙"，知道了人类社会并非全部美好，政治的肮脏与蛮横是无处申诉的。

爱因斯坦还幸运地从一部卓越的通俗读物中知道了自然科学领域里的主要成果和方法。知识是死的，方法才是活的"钥匙"。科普读物不但增进了爱因斯坦的知识，而且拨动了他好奇的心弦。好奇心是天底下最大的动力，可以说好奇心就是一切。好奇心经常引起他对问题的深思。我想，这就是所谓的"登堂入室"，深思是通向未知的大门。他喜欢将那些"奇思妙想"记在随身带的小本本上，多么良好的习惯。

爱因斯坦 16 岁时报考瑞士苏黎世联邦工业大学工程系，可是入学考试却告失败。他接受了联邦工业大学校长以及该校著名的物理学家韦伯教授的建议，在瑞士阿劳市的州立中学念完中学课程，以取得中学学历。所以，我想：不放弃的品质相当重要。可以说，不放弃是创新者必备的品质。

1896 年 10 月，爱因斯坦跨进了苏黎世联邦工业大学的校门，在师范系学习数学和物理学。终于得偿所愿，无疑对提高自信心是一个激励。他对学校的灌输式教育十分反感，认为它使人没有时间，也没有兴趣去思考其他问题。这是真正的创新型思维。可惜中国目前的应试教育恰恰是不利产生创新型人才的，才使得钱学森对我们的教育状况忧心忡忡。

爱因斯坦很少认真听教授们上课，考试就靠借阅同学们的笔记突击。而他不懂客套、生性耿直、反对见风使舵、从不掩饰自己的观点、说话开诚布公和太强的个性为许多同学和教授所不容或排斥。其实，这正是大科学家的秉性。幸运的是，窒息真正科学动力的强制教育，在苏黎世联邦工业大学要比其他大学少得多。这真的是很幸运的事情，幸运也是创新成功的一大要素。

爱因斯坦充分地利用学校中的自由氛围，把精力集中在自己所热爱的学科上。热爱是天才的核心特质，是取得成功的因素当中最为重要的因素。在学校中，他广泛地阅读了赫尔姆霍兹、赫兹等物理学大师的著作，打下了比较扎实的基本功。他最着迷的是麦克斯韦的电磁理论，表现出了“术业有专攻”的倾向。渐渐地，他表现出了很强的自学本领、分析问题的习惯和独立思考的能力。这是创新型人才最重要的特征。他喜欢在物理实验室观察实际现象，读科学原著。这无疑是最好的治学方法。他喜欢思考现代物理学中的重大问题。

1900 年，爱因斯坦从苏黎世联邦工业大学毕业。由于他对某些功课不热心（这一点在我看来恰恰是许多成功者的特性），以及对老师态度冷漠，被拒绝留校。他找不到工作，靠做家庭教师和代课教师过活。爱因斯坦所彰显出来的这些个性，是创新特征十分明显的个性，即很多时候不在于认同，而在于拒绝认同。在失业一年半以后，关心并了解他才能的同学马塞尔·格罗斯曼向他伸出了援助的手。这种“才能”当然不是技术水平的显现，而是个人气质的显现，是一种可能性的显现。格罗斯曼设法说服自己的父亲把爱因斯坦介绍到瑞士专利局去做一个三级鉴定员。所以，有人赏识很重要。毕竟“千里马”不是一眼就能“相”出来的。爱因斯坦终生感谢格罗斯曼对他的帮助。在悼念格罗斯曼的信中，他谈到这件事时说，当他大学毕业时，“突然被一切人抛弃，一筹莫展地面对人生。他帮助了我，通过他和他的父亲，我后来才到了哈勒——时任瑞士专利局局长——那里，进了专利局。这有点像救命之恩，没有他我大概不至于饿死，但精神会颓唐起来”。

创造力的爆发

事实上，在专利局的七年是爱因斯坦辉煌的科学创造时期。他和两个青年朋友每晚阅读和讨论哲学与自然科学著作——体现出交友的重要性，戏称为“奥林比亚科学院”。1902 年，爱因斯坦取得了瑞士国籍，正式受聘于专利局，任三级技术员，工作职责是审核申请专利权的各种技术发明创造。做这种工作，久了会给人一种暗示，这些暗示积累多了，会带来创造性的大爆发。1903 年，他与大学同学米列娃·玛丽克结婚。婚后稳定的生活正可以使爱因斯坦投入到他的玄想中去。

1900 年，爱因斯坦 21 岁，此后的四年间，爱因斯坦每年都写出一篇论文，发表于德国《物理学杂志》。头两篇是关于液体表面和电解的热力学，企图给化学以力学的基础，以后发现此路不通。这无疑是个重要的积累创造力的时期。应该说，21 岁到 25 岁这个年龄段是谈不上有什么渊博的知识的，只能说是个富有想象力与创造力的时期。走不通的路，也是有价值的。孔子讲“不愤不启，不悱不发”，是一样的道理。他转而研究热力学的力学基础。1901 年提出统计力学的一些基本理论，1902 年至 1904 年间的三篇论文都属于这一领域。1904 年的论文认真探讨了统计力学所预测的涨落现象，发现能量涨落取决于玻尔兹曼常数。他不仅把这一结果用于力学体系和热现象，而且大胆地用于辐射现象，得出辐射能涨落的公式，从而导出维恩位移定律。勇气，是创新者的基本素质。爱因斯坦的想象力源于好奇心与勇气。涨落现象的研究，使他于 1905 年在辐射理论和分子运动论两方面同时做出重大突破。1905年他才26岁，极富创造力的年龄，爱因斯坦在科学史上创造了一个史无前例的奇迹——他终于爆发了。这一年他写了六篇论文，在3月到9月这短短半年中，利用在专利局每天八小时工作以外的业余时间，在三个领域做出了四个有划时代意义的贡献，他发表了关于光量子说、分子大小测定法、布朗运动理论和狭义相对论四篇重要论文。

1905年3月，爱因斯坦将自己认为正确无误的论文送给了德国《物理年报》编辑部。他腼腆地对编辑说："如果您能在年报中找到篇幅为我刊出这篇论文，我将感到很愉快。"这篇被"不好意思"送出的论文——这恰恰是在创新者身上所常见的现象，很多绝妙的事物，创造者往往并不知真正的分量，同时也折射出一种伟大的谦虚。一篇名为《关于光的产生和转化的一个推测性观点》的论文把普朗克1900年提出的量子概念推广到光在空间中的传播情况，提出光量子假说。认为：对于时间平均值，光表现为波动；而对于瞬时值，光则表现为粒子性。这是历史上第一次揭示微观客体的波动性和粒子性的统一，即波粒二象性。在文章的结尾，他用光量子概念轻而易举地——巨大的理论创新之后，就是广阔的行为空间——解释了经典物理学无法解释的光电效应，推导出光电子的最大能量同入射光的频率之间的关系。这一关系十年后才由密立根给予实验证实——这又是假设的胜利。

1921年，爱因斯坦因为"光电效应定律的发现"这一成就而获得了诺贝尔物理学奖。而这才仅仅是开始，从此爱因斯坦在光、热、电物理学的三个领域中的发现，一发不可收拾。这是典型的创新"综合反应症"！灵感的大门一经打开，那些事物中隐含着的精灵都会被解放出来。

1905年4月，爱因斯坦完成了《分子大小的新测定法》，5月完成了《热的分子运动论所要求的静液体中悬浮粒子的运动》。这是两篇关于布朗运动的研究论文。爱因斯坦当时的目的是要通过观测由分子运动的涨落现象所产生的悬浮粒子的无规则运动，来测定分子的实际大小，以解决半个多世纪来科学界和哲学界争论不休的原子是否存在的问题。三年后，法国物理学家佩兰以精密的实验证实了爱因斯坦的理论预测，从而无可非议地证明了原子和分子的客观存在。这使最坚决反对原子论的德国化学家、唯能论的创始人奥斯特瓦尔德于 1908 年主动宣布："原子假说已经成为一种基础巩固的科学理论。"这亦是一个伟大的宣言。天才的假设在科学界已成为理论创新的主流方式。

1905 年 6 月，爱因斯坦完成了开创物理学新纪元的长论文《论动体的电动力学》，完整地提出了狭义相对论。这是爱因斯坦十年酝酿和探索的结果，它在很大程度上解决了 19 世纪末出现的古典物理学的危机，改变了牛顿力学的时空观念，揭露了物质和能量的相当性，创立了一个全新的物理学世界，是近代物理学领域最伟大的革命。创新的最高境界就是革命。狭义相对论不但可以解释经典物理学所能解释的全部现象，还可以解释一些经典物理学所不能解释的物理现象，并且预言了不少新的效应。狭义相对论最重要的结论是质量守恒原理失去了独立性，它和能量守恒定律融合在一起，质量和能量是可以相互转化的。其他还有比较常讲到的钟慢尺缩、光速不变、光子的静止质量是零，等等。而古典力学就成为了相对论力学在低速运动时的一种极限情况。这样，力学和电磁学也就在运动学的基础上统一起来。

1905 年 9 月，爱因斯坦写了一篇短文《物体的惯性同它所含的能量有关吗?》，作为相对论的一个推论。质能相当性是原子核物理学和粒子物理学的理论基础，也为 20 世纪 40 年代实现的核能的释放和利用开辟了道路，也就是原子弹的理论基础。创新有时就是一种思想大爆炸，如果不抓紧时间收集爆炸的残片，就会错失良机。灵感来了，就要废寝忘食地去抓住它。在这短短的半年时间，爱因斯坦在科学上的突破性成就，可以说是"石破天惊"、"前无古人"。灵感能够使人一下子进入癫狂状态，一揽子解决很多重大问题。即使此时爱因斯坦就此放弃物理学研究，即使他只完成了上述三方面成就的任何一方面，他都会在物理学发展史上留下极其重要的一笔。爱因斯坦拨开了笼罩在“物理学天空上的乌云”，迎来了物理学更加光辉灿烂的新纪元。

1905 年真是发生了太多不可思议的事情，这一年被称为“爱因斯坦奇迹年”。狭义相对论建立后，爱因斯坦并不感到满足——永不满足，是创新者的宝贵品质，他力图把相对性原理的适用范围推广到非惯性系。爱因斯坦从伽利略发现的“引力场中一切物体都具有同一加速度”这一古老实验事实找到了突破口——“居善地”，善于选择问题，于 1907 年提出了等效原理。在这一年，他的大学老师、著名几何学家闵可夫斯基提出了狭义相对论的四维空间表示形式，为相对论进一步发展提供了有用的数学工具，可惜爱因斯坦当时并没有认识到它的价值。如果能够更多地借助数学工具的力量，爱因斯坦更将如虎添翼。等效原理的发现，爱因斯坦认为是他一生最愉快的思索——思维的愉悦性特征，但以后的工作却十分艰苦，并且走了很大的弯路。

1911 年，他分析了刚性转动圆盘，意识到引力场中欧氏几何并不严格有效。同时还发现洛伦茨变化不是普适的，等效原理只对无限小区域有效，等等。这时的爱因斯坦已经有了广义相对论的思想，但他还缺乏建立它所必需的数学基础——反映出工具的重要性。

1912 年，爱因斯坦回到苏黎世母校工作后，在他的同班同学、于母校任数学教授的格罗斯曼的帮助下，他在黎曼几何和张量分析中找到了建立广义相对论的数学工具。他的研究工作峰回路转，柳暗花明，都是借助数学工具的力量。经过一年的奋力合作，他们于 1913 年发表了重要论文《广义相对论纲要和引力理论》，提出了引力的度规场理论。这是首次把引力和度规结合起来，使黎曼几何获得实在的物理意义。不过他们当时得到的引力场方程只对线性变换是协变的，还不具有广义相对论原理所要求的任意坐标变换下的协变性。这是由于爱因斯坦当时不熟悉张量运算，错误地认为，只要坚持守恒定律，就必须限制坐标系的选择，为了维护因果性，不得不放弃普遍协变的要求。知识就是局限，这一点体现得甚为明显。

从1915年到1917年的三年，是爱因斯坦科学成就的第二个高峰，类似于1905年，他也在三个不同领域中分别取得了历史性的成就。除了1915年最后建成了被公认为人类思想史中最伟大的成就之一的广义相对论以外，1916年在辐射量子方面提出引力波理论，1917年又开创了现代宇宙学。1915年7月以后，爱因斯坦在走了两年多弯路后——缺乏工具支持造成的——又回到普遍协变的要求。1915年10月到11月，他集中精力探索新的引力场方程，一连向普鲁士科学院提交了四篇论文。在第一篇论文中他得到了满足守恒定律的普遍协变的引力场方程，但加了一个不必要的限制。第三篇论文中，根据新的引力场方程，推算出光线经过太阳表面所发生的偏转是1.7弧秒，同时还推算出水星近日点每100年的进动是43秒，完满解决了60多年来天文学的一大难题。1915年的论文《引力的场方程》中，他放弃（剔除——否定的重要性）了对变换群的不必要限制，建立了真正普遍协变的引力场方程，宣告广义相对论作为一种逻辑结构终于完成了。1916年春天，爱因斯坦写了一篇总结性的论文《广义相对论的基础》；同年底，又写了一本普及性的小册子《狭义与广义相对论浅说》。1916年6月，爱因斯坦在研究引力场方程的近似积分时，发现一个力学体系变化时必然发射出以光速传播的引力波，从而提出引力波理论。1979年，在爱因斯坦逝世24年后，人们间接地证明了引力波存在——又一个伟大的假设得到证明。1917年，爱因斯坦用广义相对论的结果来研究宇宙的时空结构，发表了开创性的论文《根据广义相对论对宇宙所做的考察》。论文分析了“宇宙在空间上是无限的”这一传统观念，指出它同牛顿引力理论和广义相对论都是不协调的。他认为，可能的出路是把宇宙看作是一个具有有限空间体积的自身闭合的连续区，以科学论据推论宇宙在空间上是有限无边的，这在人类历史上是一个大胆的创举，使宇宙学摆脱了纯粹猜想的思辨，进入现代科学领域。

爱因斯坦的创造力真是惊人！其根本原因，细究起来，乃在于儿童以至青年时期的品格形成与习惯养成。广义相对论建成后，爱因斯坦依然不满足，要把广义相对论再加以推广，使它不仅包括引力场，也包括电磁场。他认为这是相对论发展的第三个阶段，即统一场论。1925 年以后，爱因斯坦全力以赴去探索统一场论。开头几年他非常乐观——经验亦是局限，以为胜利在望；后来发现困难重重，他认为现有的数学工具不够用；1928 年以后转入纯数学的探索。他尝试着用各种方法，但都没有取得具有真正物理意义的结果。1925 年至 1955 年这 30 年中，除了关于量子力学的完备性问题、引力波以及广义相对论的运动问题以外，爱因斯坦几乎把他全部的科学创造精力都用于统一场论的探索，可谓孤注一掷、全力以赴。他的勤奋更表现为一种偏执的狂热。他说："科学的全部不过就是日常思考的提炼。" 1937 年，在两个助手协助下，他从广义相对论的引力场方程推导出运动方程，进一步揭示了空间、时间、物质、运动之间的统一性。这是广义相对论的重大发展，也是爱因斯坦在科学创造活动中所取得的最后一个重大成果。

在统一场理论方面，他始终没有成功，但他从不气馁，每次都满怀信心地从头开始，表现出了惊人的执著精神。由于他远离了当时物理学研究的主流，独自去进攻当时没有条件解决的难题，因此同 20 年代的处境相反，他晚年在物理学界非常孤立。可是他依然无所畏惧，毫不动摇地走他自己所认定的道路，直到临终前一天，他还在病床上准备继续他的统一场理论的数学计算。这正是成功者、创新者所具有的独特的精神气质。

品格的力量

爱因斯坦怎么会如此杰出呢？让我们看看他在科学探索之外的表现，深切地感受一下他的宝贵品格，深深地品味一下这种宝贵品格与思维方式的内在联系。

他曾在给一位工人的回信中说道："你所读到的关于我信教的说法当然是一个谎言，一个被系统地重复着的谎言。我不相信人格化的上帝，我也从来不否认而是清楚地表达了这一点。如果在我的内心有什么能被称之为宗教的话，那就是对我们的科学所能够揭示的这个世界的结构的无限的敬仰。"爱因斯坦巨大的创造力，源于他对科学怀有宗教般的虔诚之心。

他还曾说："未来的宗教将是一种宇宙宗教，而佛教包括了对于未来宇宙宗教所期待的特征：它超越人格化的神，避免教条和神学，涵盖自然和精神两方面，它更是基于对所有自然界和精神界事物作为一个有意义整体的体验而引发的宗教意识。佛教正符合了这个描述。如果有任何能够应付现代科学需求的宗教，那必定是佛教。"这段话不仅表达了对基督教或犹太教等有神教的不满足，甚至超越了最虔诚的佛教徒对佛教的认识。

他还是位素食主义者。他曾说："我认为素食者的人生态度，乃是出自极单纯的生理上的平衡状态，因此对于人类的理想是有所裨益的。"

爱因斯坦因为在科学上的成就，获得了许多奖项以及名誉博士的头衔。如果是一般人就会把这些东西宝贝般地罗列在自己的履历里。可是爱因斯坦把以上这些东西，包括诺贝尔奖奖杯一起乱七八糟地放在一个箱子里，看也不看一眼。英费尔德说，他有时觉得爱因斯坦可能连诺贝尔奖有什么意义都不知道。据说他在得奖的那一天，脸上和平日一样平静，没有显出特别高兴或兴奋。诸葛亮说："非淡泊无以明志，非宁静无以致远。"此之谓欤？林则徐说："海纳百川，有容乃大；壁立千仞，无欲则刚。"亦此之谓欤？ "予善天"——水的给予性，此之证欤？一个人只有到了很高的精神境界，才会有如此的表现。

少年时代的爱因斯坦在瑞士生活时，过的是穷学生的生活，他对物质生活要求不高，有一碟意大利面条加上一点酱，他就感到很满足。成名后，成为教授以及后来为了躲避纳粹的迫害移民美国，他是有条件过很好的物质生活的，但是却仍过着像穷学生那样简朴无华的生活。当爱因斯坦来到普林斯顿的高等科学研究所工作时，当局给了他相当高的薪水——年薪 16 000 美元，他却说："这么多钱，是否可以给我少一点？给我 3 000 美元就够了。"这话无论从哪个角度看都是惊人的！

爱因斯坦对自己的衣着也是毫不在意的，长年穿着一件黑色皮上衣，不穿袜子，也不打领带，裤子有时既没有绑皮带也没有吊带。他和人在黑板前讨论问题时，一面写黑板，一面要把那像要滑下的裤子用手拉住，这种情形是有些滑稽。而他的头发却留得长长的，不加修饰。这对当年"贵族学府"普林斯顿大学的学生来说是件令人惊异的事，难怪他们要希望上帝叫他把头发剪掉。

爱因斯坦是个很节俭的人。他在计算的纸上是两面都写，而且他把许多寄给他的信的信封裁开，当作计算的草稿纸，不让它们在进入纸篓之前失掉可以再利用的价值。爱因斯坦在外出时经常坐二、三等车，平时只吃一些简单的食物。品格和习惯的含义，就是优秀与杰出，两者有着十分紧密的内在联系。节俭之人做大事者多，未尝听说奢侈之人做大事者。这个"大事"，是指"利物惠民"的大事。所以，我认为节俭的最高境界乃是大爱。节俭之人总是用充满慈爱的眼光看待包括人类自身在内的宇宙万物。人张其性，物尽其用，这是一种很高的境界。

1909 年 7 月，爱因斯坦应邀到日内瓦，参加隆重的日内瓦大学 350 周年校庆和纪念建校人加尔文的庆祝活动，并接受日内瓦大学颁发给他的荣誉博士学位。在庆祝活动的游行中，学校里的显要人物和政府中的大人物，都身穿燕尾服、头戴高礼帽，或者身穿中世纪式的绣金长袍，头戴平顶丝帽，而爱因斯坦却穿着一套平时上街穿的衣服，戴着一顶草帽。对这次庆祝活动所举办的盛大宴会，爱因斯坦很不以为然。他对坐在旁边的人说："如果加尔文还活着，他会堆起一大堆柴火，因为这样铺张浪费的盛宴而把我们全都烧死。"爱因斯坦自己曾说过："安逸和幸福，对我来说从来不是目的。我称这些伦理基础为猪倌的理想。"他甚至拒绝自己被安排在上流社会中居于与众不同的地位，对社会上给他的特殊照顾感到愤怒。

爱因斯坦是很珍惜时间的人，他不喜欢参加社交活动与宴会，他曾讽刺地说："这是把时间喂给动物园。"他集中精神专心地钻研，不希望把宝贵的时间消耗在毫无意义的社交谈话上。他也不想听那些奉承和赞扬的话。他认为："一个以伟大的创造性观念造福于全世界的人，不需要后人来赞扬。他的成就本身就已经给了他一个更高的报答。"1929 年 3 月，为了躲避 50 寿辰的庆祝活动，他在生日前几天，就偷偷跑到柏林近郊一个花匠的农舍里隐居起来。所有这些特立独行的行为与言论，都是常人难以理解的。唯其如此，他才达到常人难以企及的高度。这个高度既是精神的，又是物质的，那就是他在科学上的伟大贡献。而他在精神上的贡献，同样成为全人类的财富。

作为物理学革命中的伟大的科学巨匠，爱因斯坦从来没有自认为是一个超人。他认识到，自己所走的道路即是前人走过的道路的延伸，是在前人工作基础上的合理发展，因此他总是抱着感激和敬仰的心情赞赏前人的贡献。由此可见创新的气质性是多么重要！在谈到相对论的创立时，他说："相对论实在可以说是对麦克斯韦和洛伦兹的伟大构思画了最后一笔，因为它力图把场物理学扩充到包括引力在内的一切现象。"爱因斯坦曾几次在信中对赞扬他的成就的朋友写道："我完全知道我没有什么特殊的才能：兴趣、专一、顽强工作，以及自我批评使我达到我想要达到的理想境界。"这简直是令人叹为观止的境界！"自我批评"，就是一次次地自我否定。诚然，他有资格可以伟大到如此谦虚。

爱因斯坦是全人类命运的关注者。他热爱科学，也热爱人类。他没有因为埋头于科学研究而把自己置于社会之外，而是一直关心着人类的文明和进步，并为之顽强、勇敢地战斗。他说过："人只有献身于社会，才能找出那实际上是短暂而又有风险的生命的意义。"

他自己正是这样去做的。爱因斯坦同时还以极大的热忱关心社会进步，关心人类命运。他一贯反对侵略战争，反对军国主义和法西斯主义，反对民族压迫和种族歧视，以他的方式进行了不屈不挠的斗争。1914 年 4 月，爱因斯坦接受德国科学界的邀请，迁居到柏林，8 月即爆发了第一次世界大战。爱因斯坦在一份仅有四人赞同的反战宣言上签了名，后又积极参加地下反战组织的活动。他虽身居战争的发源地，生活在战争鼓吹者的包围之中，却清醒而坚决地表明了自己的反战态度。一名科学家能有这样的清醒头脑是不易的。9 月，爱因斯坦参与发起反战的团体“新祖国同盟”。在这个组织被宣布为非法、成员大批遭受逮捕和迫害而转入地下的情况下，爱因斯坦仍坚决参加这个组织的秘密活动。

正义感是一种难得的品格。正义感与勇气是一对孪生兄弟。勇气又是思维与创新之间的重要介质。10 月，德国的科学界和文化界在军国主义分子的操纵和煽动下，发表了所谓“文明世界的宣言”，为德国发动的侵略战争辩护，鼓吹德国高于一切，全世界都应该接受“真正的德国精神”。在“宣言”上签名的有 93 人，都是当时德国有声望的科学家、艺术家和牧师等。当征求爱因斯坦签名时，他断然拒绝了，而同时他却毅然在反战的《告欧洲人书》上签上自己的名字。这一举动震惊了全世界。这是何等的胆量、何等的勇气、何等的见识！此种胆识，能说与他在科学上的贡献毫无关联吗？优秀从来就是全面的。一个方面的优秀一定会带来其他更多方面的优秀。归根结蒂，是思维的问题。而思维的问题，归根结蒂是品格与习惯的问题。

1917 年，列宁领导的苏联社会主义革命胜利后，爱因斯坦热情地支持这个伟大的革命，赞扬这是一次对全世界将有决定性意义的、伟大的社会实验。他说：“我尊敬列宁，因为他是一位有完全自我牺牲精神、全心全意为实现社会正义而献身的人。我并不认为他的方法是切合实际的，但有一点可以肯定：像他这种类型的人，是人类良心的维护者和再造者。”1918 年 11 月，德国工人和士兵在俄国十月革命胜利的影响和鼓舞下发动起义。推翻德皇威廉二世下台后的第三天，爱因斯坦即给母亲连续写了两张明信片，欢呼“伟大的事变发生了……亲身经历了这个事变是多么荣幸!”爱因斯坦居然用了“荣幸”这个词，来形容经历动荡——至少是巨变——的感觉!

对常人来讲，安定的生活才是唯一的选择。在 20 年代到 30 年代初期，爱因斯坦基本上是一个绝对的和平主义者。但是，侵略和掠夺战争不断发生的现实，打破了他那美好的梦想。特别是 1933 年希特勒上台后，德国日益法西斯化，使爱因斯坦意识到新的野蛮战争不可避免，促使他改变了自己的观点。他明确表示：“当法律和人类尊严必须保卫时，我们一定要战斗。自从法西斯的危险到来后，现在我不再相信绝对的被动的和平主义是有效的了。只要法西斯主义统治欧洲，那就不会有和平。”法西斯政权建立后，爱因斯坦受到迫害，被迫离开德国。由于爱因斯坦的进步活动，又因为他是犹太人，因而被德国纳粹分子列为重要的迫害对象，幸而他 1932 年底离开德国到美国讲学，才未遭毒手。他在柏林的住处被查抄和捣毁，财产被没收，著作被焚毁，纳粹还悬赏两万马克要杀害他。面对纳粹分子暗杀的危险，爱因斯坦没有丝毫的畏惧，而是更坚定地战斗。当他的挚友劳厄写信劝他对政治问题采取明哲保身的态度时，他不顾个人安危，大声疾呼，指出法西斯就意味着战争，和平必须用武装来保卫，呼吁美国人民起来同法西斯做斗争。1933 年，爱因斯坦移居美国，任普林斯顿高级研究院教授，直至 1945 年退休。在美期间，爱因斯坦于 1940 年取得美国国籍。

在为人类的进步事业而战斗的历程中，爱因斯坦一直关心着被压迫、被奴役的国家和民族。他反对法西斯灭绝犹太人的暴行，为争取犹太人的生存权利而大声疾呼。但他也反对狭隘的犹太民族主义，希望看到犹太人“同阿拉伯人在和平共处的基础上达成公平合理的协议，而不希望创立一个犹太国”。这是多么难得的心胸、多么高远的见识!

1948 年 5 月 14 日，以色列国诞生。1952 年 11 月 9 日，爱因斯坦的老朋友以色列首任总统魏茨曼逝世。在此前一天，就有以色列驻美国大使向爱因斯坦转达了以色列总理本·古里安的信，正式提请爱因斯坦为以色列共和国总统候选人，爱因斯坦拒绝了。爱因斯坦说："关于自然，我了解一点，关于人，我几乎一点也不了解。我这样的人，怎么能担任总统呢？当总统可不是一件容易的事。方程对我更重要些，因为政治是为当前，而方程却是一种永恒的东西。"不是每个人都能够拒绝这样的诱惑——而且是幽默地拒绝，足见爱因斯坦清醒的头脑和淡泊的品格。

爱因斯坦还反对美国的种族歧视政策，支持黑人的解放运动，并呼吁"美国黑人在这个方向上所做的坚定的努力，应当得到大家的赞扬和支援"。

在 50 年代美国麦卡锡分子兴风作浪的时期，麦卡锡参议员说他是"美国的第一敌人"，而一些狂热人士还造谣说他是共产分子，并且说他的前助手英费尔德从他那里知道原子弹的材料，准备供给苏联这些情报。事实上，他除了由于担心纳粹能制造新式武器，在匈牙利物理学家西拉德促动下，于 1939 年向罗斯福总统建议这方面该进行研究写的一封信外，此后他完全不知道美国政府秘密从事原子弹的制造。一些从事这一工作的爱因斯坦的朋友也对他保密，不让他知道有这回事。但当他知道德国没有制成原子弹，而美国已造出原子弹后，他感到沉重和不安。他说："如果知道德国不会制造原子弹，就不会为打开这个潘多拉魔匣做任何事情。"第二次世界大战结束前夕，当获悉美国对广岛、长崎投下原子弹，杀伤许多日本平民时，他感到非常痛心，对于自己曾给罗斯福写信一事感到无比懊悔。他后来写了一封告美国公民书，说："我们将此种巨大力量解放的科学家们，对于一切事物都要优先负起责任。必须限制原子能，绝对不能使用来杀害人类，而应用来增进人类的幸福。"我们应该注意他使用的"优先"一词，足见其责任感与使命感之强！这样有道义感的科学家不多见。这是创新的"人文性"问题。

1949 年，爱因斯坦写了一篇《为什么要社会主义?》的论文。在这里，他提出了现在看来还是正确的看法："计划经济还不就是社会主义。"邓小平说过，计划经济不等于社会主义，资本主义也有计划；市场经济不等于资本主义，社会主义也有市场。这与爱因斯坦的说法何其相似！看来真理真的是超越时空的。但爱因斯坦还说："计划经济本身可能伴随着对个人的完全奴役。社会主义的建成，需要解决这样一些极端困难的社会问题——政治问题，鉴于政治权力和经济权力的高度集中，怎样才有可能防止行政人员变成权力无限和傲慢自负呢？怎样能够使个人的权利得到保障，同时对于行政权力能够确保有一种民主的平衡力量呢？"这简直是未卜先知之语，彻底的一针见血之论，仿佛亲眼所见，联想后来的整个社会主义实践，岂不令人叹欤？

1955年，爱因斯坦与罗素联名发表了反对核战争和呼吁世界和平的《罗素—爱因斯坦宣言》。真正的科学家，就应该是爱人类的。战后，他为开展反对核战争的和平运动和反对美国国内法西斯恐怖，进行了不懈的斗争。

他对水深火热、饥寒交迫的旧中国劳动人民寄予深切同情。"九一八"事变后，他一再向各国呼吁采用联合的经济制裁制止日本对华侵略。1936年沈钧儒等"七君子"因抗日被捕，他热情参与营救和声援。像爱因斯坦这样在自然科学创造上有划时代贡献，在对待社会政治问题上又如此严肃、热情，是很难能可贵的。

1955年4月18日，人类历史上最伟大的科学家爱因斯坦因主动脉瘤破裂在美国普林斯顿逝世。巨星陨落，举世同悲。爱因斯坦在去世的前几天还为以色列广播录音，他说："我们这时代最大的问题是人类分成两个互相对敌的阵营：共产世界和所谓的自由世界。由于'自由'及'共产'这两个词的意义我很难理解，我宁愿用'东方'和'西方'的权力冲突来说。然而，这地球是圆的，这样'东方'和'西方'的真正精确意义也不能说清楚。"这是多么幽默和睿智的表述，用一种淡定而又无可奈何的口吻表达了对人类前途的深切关注。

爱因斯坦生前不要虚荣，死后更不要哀荣。他留下遗嘱，要求不发讣告、不举行葬礼。他把自己的大脑供给医学研究，身体火葬焚化，骨灰秘密地撒在不让人知道的河里，不要有坟墓也不想立碑。在把他的遗体送到火葬场火化的时候，随行的只有他最亲近的 12 个人，而其他人对于火化的时间和地点都不知道。这难道不是“不争之争”吗？爱因斯坦在去世之前，把他在普林斯顿默谢雨街 112 号的房子留给跟他工作了几十年的秘书杜卡斯小姐，并且强调：“不许把这房子变成博物馆。”他不希望把默谢雨街变成一个朝圣地。他一生不崇拜偶像，也不希望以后的人把他当作偶像来崇拜。的确，偶像难道不是权威吗？权威难道不是局限吗？局限难道不是禁锢吗？想开了，也就放下了；放下了，也就解放了。他曾风趣地说：“为了惩罚我蔑视权威，命运也将我变成了一个权威。”他的奉献是彻底的。爱因斯坦曾经说过：“我自己不过是自然的一个极微小的部分。”他把一切献给了人类从自然界获得自由的征程，最后连自己的骨灰也回到了大自然的怀抱。但是正如英费尔德第一次与他接触时所感受到的那样：“真正的伟绩和真正的高尚总是并肩而行的。”爱因斯坦的伟大业绩和精神永远留给了人类。

爱因斯坦无疑是人类历史上最具创造性才智的人物之一。他一生中开创了物理学的四个领域：狭义相对论、广义相对论、宇宙学和统一场论。他是量子理论的主要创建者之一。他在分子运动论和量子统计理论等方面也做出了重大贡献。品格是什么？从前面我们看到了，品格是生发一切智慧与能力的一个巨大的“场”。创造性就是一种品格。

下面，我们再看看爱因斯坦的科学成就与他的哲学思想有着什么样的密切关联。爱因斯坦从小就读过康德的《纯粹理性批判》，这使他的思考转向宇宙、哲学和自然现象中的逻辑。但他后来说：“创新不是由逻辑思维带来的，尽管最后的产物有赖于一个符合逻辑的结构。”青年时期，他也喜欢读哲学书籍。他一生坚持了一个自然科学家必然应具有的自然科学唯物论的传统，吸收了斯宾诺莎等人的唯理论思想以及休谟和马赫的经验论的批判精神，通过毕生对真理的追求和科学实践，形成了自己独特的科学思想和科学研究方法。坚信自然界的统一性和合理性，相信人的理性思维能力，求得对自然界的统一性和规律性的理解，是他生活的最高目标。统一性思想、简单性思想、相对性思想、对称性思想作为科学活动的指导思想始终贯穿和广泛应用于他的科学探索之中。他也是一位纯熟地运用想象与逻辑、直觉与数学等科学方法的大师。他曾说："真正有价值的是直觉。在探索的道路上智力无甚用处。"爱因斯坦在科学思想上的贡献，在历史上也许只有牛顿和达尔文可以媲美。

综观爱因斯坦的一生，可以说他不仅是一位伟大的科学家，而且是一位富有哲学探索精神的杰出的思想家，同时也是一位有强烈正义感和社会责任感的世界公民。爱因斯坦说自己是和平主义者和人道主义者，晚年他成为民主社会主义者。他曾经说："我认为甘地的观点是我们这个时期所有政治家中最高明的。我们应该朝着他的精神方向努力：不是通过暴力达到我们的目的，而是不同你认为邪恶的势力结盟。"他的一生崇尚理性，相信人类进步，努力使科学造福于人类，把真、善、美融为一体。他认为："人只有献身于社会，才能找出那实际上是短暂而有风险的生命的意义。一个人的真正价值首先取决于他在什么程度上和在什么意义上自我解放出来。"这正是爱因斯坦一生的真实写照和完美体现。

灵动的语言，跳跃的思维

爱因斯坦的很多言论听来都很出乎意料，细思却又在情理之中。他的语言直截了当、别开生面、充满人性，且极富深意，令人仿佛看到思维在跳跃。

"一个人的价值，应当看他贡献什么，而不应当看他索取什么。"记得这句话是我上中学时当作名言警句淘到的，还写进作文里添彩。现在人到中年，对这句话的理解已经不再是中学生的文本式解读，而是由衷地感到，爱因斯坦有着多么宽阔的心胸和恢弘的气度，有着多么崇高的价值观，而这正是做大事之人的品格。这也就是前面讲的思维这个维度的底蕴构成的问题。

“对我来说，生命的意义在于设身处地替他人着想，忧他人之忧，乐他人之乐。”这是“予善天”式的思维，是“先天下之忧而忧，后天下之乐而乐”的情怀。我们看到，这是多么善良的内心啊！我想，爱因斯坦是个说真话的人，他并不是共产党员，不需要在思想汇报里或党员会议上表这个态，他说的就是他的心里话。我想说：正是这种品质，才成就了爱因斯坦传奇的一生。

“凡是在小事上持轻率态度的人，在大事上也是不足信的。”这是苛刻的认识吗？不。这是求实的态度，是严谨的态度，是科学的态度！什么是做大事？大事乃是小事的积累。做大事就是要从细节做起。列宁就曾说过，“不要拒绝做小事情。”大事业就是由无数的小成就积累起来的。

“不管时代的潮流和社会的风尚怎样，人总可以凭着自己高贵的品质，超脱时代和社会，走自己正确的道路。”这话说得很确实、很中肯、很耐人寻味。这也正是爱因斯坦对他自己一生的真实写照。联系当前物欲横流、急功近利、心浮气躁的社会，我们真该好好反思。

“通向人类真正伟大境界的通道只有一条苦难的道路。”就如老话讲的，“宝剑锋从砥砺出，梅花香自苦寒来。”记得泰戈尔说过：“只有经历地狱般的磨炼才能练就创造天堂的力量，只有流过血的手指才能弹奏出世间的绝唱，让人生在苦难中起舞吧。”巴尔扎克也讲：“苦难是人生的老师。”成就非常之事，就须吃得非常之苦。就如孟子说的：“天将降大任于斯人也，必先苦其心志，劳其筋骨”。

“一个人只有以他全部的力量和精神致力于某一事业时，才能成为一个真正的大师。因此，只有全力以赴才能精通。”这话千真万确。或者说，全力以赴未必能成为大师，但要成为大师必须全力以赴。这句话体现了爱因斯坦内在的执著精神。我想，这与其说是一种意志力，不如说是一种思维方式。

我一向觉得做大事绝不是靠聪明，而主要是靠方式。有什么样的思维方式才有什么样的成就。“我没有什么特别的才能，不过喜欢寻根刨底地追究问题罢了。”这分明是前面讲的问题意识！以问题为中心进行探索，是不断追问式的思维。

“没有牺牲，也就绝不可能有真正的进步。”牺牲精神，也是前面讲的气质性问题。气魄、奉献精神，也属于“维度的底蕴”。牺牲也是获取的最好方式，也就是“不争之争”。那些把骨灰撒向江海山峦的人，永远比蜗居在安稳坟墓中的人更有价值且流芳后世。

“一个人被工作弄得神魂颠倒直至生命的最后一息，这的确是幸运。”这样的生命是怎样的一种精神境界和生存状态？生命到了最后一息还在工作，竟然说是幸运！这是何等样的价值观和幸福观。能收获如此幸福的人，普天之下又能有几人？

“简单淳朴的生活，无论在身体上，还是精神上，对每个人都是有益的。”这或许正是圣人们所以长寿的秘诀，孔子、老子、孟子以及古印度和古希腊的智者多数是长寿的。

精神上的追求对人来讲更为重要。“推动你的事业，不要让你的事业推动你。”这话说得多好啊！主动性思维乃是主动性行为的前提。这还是个思维方式的问题。

“为了使每个人都能表白他的观点而无不利的后果，在全体人民中，必须有一种宽容的精神。”求全责备乃许多国人的通病，使人都只学会挑毛病而不去做事。强调人的解放，这也是创新对人的基本要求。

“最重要的宽容就是国家和社会对个人的宽容。”这话说得多么切中要害。个人对宽容的国家和社会最大的回馈就是源源不断地爆发创造力、创新力。企业管理也是如此。

“宽容意味着尊重别人的无论哪种可能有的信念。”所以说，可贵的创新往往就隐含在这些“杂草式”的念头之中。对不论多么可笑的想法，都应抱着不否定的尊重的态度。

“在真理的认识方面，任何以权威者自居的人，必将在上帝的戏笑中垮台!”创新就是需要否定自己和蔑视权威，这是创新的否定性特征。

“真正有价值的东西不是出自雄心壮志或单纯的责任感，而是出自对人和对客观事物的热爱和专心。”大爱是一种化境。没有爱，心灵就是荒芜的，世界也是荒芜的，事业也一定是荒芜的。

“智慧并不产生于学历，而是来自对于知识的终身不懈的追求。”所以，我一向主张企业不要搞学历教育，而应下大力气搞培训，尤其是“内训”。学历只是阶段性的肯定。要提倡终生学习。

“所谓教育，是忘却了在校学的全部内容之后剩下的本领。”这话说得多么痛快！企业更要讲这样的本领，非如此不能创造性地工作。

“学校的目标应是培养有独立行动和独立思考的人。”这是精辟之论。独立行动与独立思考是创新的必由之路。

“有时候一个人为不花钱得到的东西付出的代价最高。”爱因斯坦的思维真的很独特！竟然如此敏锐！贪官污吏和那些没出息的“富二代”们就是这话绝妙的注脚。

“一个人对社会的价值，首先取决于他的感情、思想和行动对增进人类利益有多大作用。”感情是思想的基础，思想是行动的指南，解决问题必须从感情和思想入手，这才是正途。感情和思想可以生发智慧与能力。为社会价值和人类利益着想，是典型的“给予式”思维。

“只有为他人而生活的生命才是值得的。”这话多么像一名共产党员说的！爱因斯坦的伟大之处在于：他是20世纪的良心。

“照亮我的道路，并且不断地给我新的勇气去愉快地正视生活的理想，是善、美和真。”这话能反映出爱因斯坦宝贵的品格。这几乎就是他的宗教。所以我前面讲，做事需要宗教式的情感。

“由百折不挠的信念所支持的人的意志，比那些似乎是无敌的物质力量具有更大的威力。”信念、勇气是思维战无不胜的力量。这是前面讲过的思维的底蕴问题。

“信念最好能由经验和明晰的思想来支持。”信念是目的，其他一切都是工具和手段。

“对真理和知识的追求并为之奋斗，是人的最高品质之一。尽管把这种自豪喊得最响的往往是那些努力最小的人。”如果说爱因斯坦的思维很独特，那是因为他的价值观定位在将追求真理作为人的最高品质，并且他对鱼目混珠的现象有敏锐的观察。

“有不少人，他们不追求那些物质的东西，他们追求理想和真理。”追求物质享受的人不会有大出息，因为他们的思维已经局限在眼前狭小的范围内了。为他人而努力，这样的思维会带领人进入神奇的创造境界。

“真正的快乐是对生活的乐观、对工作的愉快、对事业的兴奋。”这讲的正是思维创新的愉悦性特征。

“对一个人来说，所期望的不是别的，而仅仅是他能全力以赴地献身于一种美好事业。”这样的幸福观，才是最伟大的幸福观。

“我每天上百次地提醒自己：我的精神生活和物质生活都依靠着别人的劳动，我必须尽力以同样的分量来报偿我所领受了的和至今还在领受着的东西。”这话难道感动不了我们吗？我们每一个人都应该细细品味这句话，内心深处一定会对爱因斯坦油然而生敬意。我觉得常人要领悟这话还要靠年龄。记得上中学时，我就知道这句话，但没有像今天这样感动。如果有人并不认同爱因斯坦的这句话，或者听了无动于衷，我觉得那简直就是没有人性。

“在一个崇高目的的支持下，不停地工作，即使慢，也一定会获得成功。”创新需要这种执著精神。

“成功＝艰苦的劳动＋正确的方法＋少说空话。”这也可以说是思维创新的公式。

“只有热爱才是最好的老师。”强调的是创新的气质性。

“为了惩罚我蔑视权威，命运也将我变成了一个权威。”这话前面提到过，多么幽默地说明了一个朴素的道理：创新需要否定。

“唯一会妨碍我学习的是，我所受到的教育。”一语中的之见！

说明知识就是局限。

“在我审视我自己和我的思考方式时，我的结论是：在吸收有益的知识方面，奇思玄想的天赋对我而言，比我的才干更重要。”可见想象力的重要性。

“很少有人能镇定地表达与他们的社会环境之偏见相左的意见。大多数人甚至无法形成这种意见。”创新需要勇气、清醒与执著。

“科学是一件美好的事，如果人无须赖此维生的话。”精妙之论。仅仅是维持生计，这是猪倌的理想。只为谋生而做事，不会有更高远的追求，也就不会有这种追求过程中的快乐，更不会有这种快乐中的创造。从事科学研究，需要彻底的投入，需要彻底的不顾一切。

“书读得太多，而脑筋用得太少的人，都会落入懒得思考的习惯。”吸收知识如果不伴随独立思考，就是无价值的，就不会有创新。

“任何聪明的傻瓜都可以让事情更大、更复杂、更激烈。要往反方向发展需要一丝天分以及许多勇气。”天分、勇气对于创新来讲是那么重要！缺乏创新思维的人往往就是那些喜欢把事情复杂化的人。

“伟大的心灵总是会遭逢凡夫俗子顽强的抵抗。”如果不能确定某个思想或行为是不是创新，就可以看看究竟有多少凡夫俗子来反对。这也算一种反证法吧。

“真实只是一种幻觉，尽管是一种挥之不去的幻觉。”这是一名科学家应该说的话吗？也许有人会这么问。这个问题，不能从一般意义上理解。“真实”，首先是一个人类发明和使用的概念，而不是物与事的属性。凡概念，都带有人的判断性，或者说都从属于人为规定的范畴。事实上，科学一直被人类的直觉引领着，反过来再证实这种直觉的准确性。幻觉就不能是准确的东西吗？幻觉就一定不是科学的吗？没那回事。

“我没有特殊天赋，我只是极为好奇。”这句话道出了创新的全部秘密。对未来来讲，好奇心是一把万能钥匙。强烈的好奇心会引发美妙的幻觉。

“如果我们知道我们在做什么，那就不能称为研究了，不是吗?”幽默，但很准确的说法。

“这个世界最令人不解的事情是，它是可以理解的。”自信而又理性的说法，同时带着某种“禅”的意味。

“发展儿童般渴望认知的欲望，并将这儿童引导至重要的社会领域。”科学需要童心，创新需要童心，大科学家往往就像小孩子。

“物理学的概念是人类心智的自由产物，它不是全然由外在世界决定的，无论它看来是否如此。”自由，在爱因斯坦那里竟然不受外在世界的决定。也许正是这种认识，才能真正进入了解客观世界的通道。

“不是我聪明，只是我和问题周旋得比较久。”树立强烈的问题意识多么重要。

“坚持不懈就是天才。”执著本身就是天才的一种表现形式。勤奋与独立思考，是创新的两大重要元素。

“时间存在的唯一理由是，如此才不会所有事情同时发生。”简单地解释更需要智慧。科学首先需要哲学思维。

“创意的奥秘是知道如何隐藏你的来源。”创新就是艺术地出人意料。

“不曾犯错的人什么新生事物都没试过。”创新需要一种永不满足、不怕失败的精神，需要持续不懈地努力。

“重要的是，不要停止质疑。”质疑是否定的前提，否定是创新的开始。

“用自己的眼睛看，用自己的心感受的人屈指可数。”多数人是用别人的眼睛看，用别人的脑袋思考。所以真正能够创新的人总是少数——重要的少数。

“世界上，宇宙中，有多少难解的谜啊，还是抓紧时间工作吧。”好奇心与责任感在爱因斯坦那里形成了“统一场”，这是上帝对爱因斯坦最好的回报。

据说爱因斯坦甚至还说过这样的话：“科学只能证明某种物体的

存在，而不能证明某种物体的不存在。”黑格尔曾说：“神的存在无法证明，只能体验!”中国有句老话，叫“疑心生暗鬼”。《论语》中有“子不语怪力乱神”的话。我想，爱因斯坦的话是抱着一种科学的态度，黑格尔的话则是一种现实感受，而孔子是本着“知之为知之，不知为不知”的态度，对自己不知道的事情不妄加评论而已。但爱因斯坦的落脚点是抓紧时间工作，这尤为可取。

爱因斯坦的言论，真的很丰富。前面举出的这些言论，几乎不像是一位物理学家说出来的话。正因为如此，他才不仅仅是一位物理学家。从他的言论中，我们能够充分感受到他品格之宝贵、习惯之良好。我想，这正是他思维如此活跃的全部底蕴。

2. 神奇的爱迪生

托马斯·阿尔瓦·爱迪生是 19 世纪末和 20 世纪初最伟大的发明家，甚至应该说他是人类历史上最伟大的发明家。爱迪生除了在留声机、电灯、电话、电报、电影等方面的发明和贡献以外，在矿业、建筑业、化工等领域也有不少著名的创造和创见。爱迪生一生共有一千多项创造发明，为人类的文明和进步做出了不可估量的巨大贡献。选择他作为案例，尤其能够说明：知识并不重要，想象力才是洞悉世界奥妙的法宝。

家庭及成长环境

爱迪生于 1847 年 2 月 11 日诞生于美国。美国，可以说是爱迪生的一个最大的家庭背景。为什么这么说呢？因为美国是一个鼓励创新的国家，也是一个创新条件丰富的国家。特别是在原始创新方面，在全世界可谓首屈一指。可见营造有利创新的环境多么重要。

爱迪生出生在中西部的俄亥俄州的米兰小市镇。父亲是荷兰人后裔，母亲曾当过小学教师，是苏格兰人后裔。这算爱迪生的第二个重要背景。荷兰是个很小的国家，但却创造了许多世界奇迹。15、16 世纪，凭借着世界上最发达的造船业和航海技术而称霸于世，荷兰人被誉为“海上马车夫”。这也是世界上第一个资本主义国家。苏格兰人则沉默内敛，做事一丝不苟，且具反抗精神。爱迪生作为荷兰人与苏格兰人的后裔，秉承了荷兰人爱冒险、苏格兰人严谨认真且反抗压迫的精神。

重要的是，他的母亲也是有文化的妇女，这算是他的第三个重要背景。因为母亲在儿童成长时期的作用是十分重要的，尤其在思想品质、行为习惯、思维方式的养成方面，母亲的作用至关重要。

爱迪生七岁时，父亲经营屋瓦生意亏本，将全家搬到密歇根州休伦北郊的格拉蒂奥特堡定居下来。搬到这里不久，爱迪生就患了猩红热，病了很长时间。有人认为这种疾病是造成他耳聋的主要原因。

爱迪生八岁上学，但仅仅读了三个月的书，就被老师斥为“低能儿”而撵出校门。又一位少时学业不佳的伟人。对现代的中国教育来讲，失学未必就代表今后不能成材。甚至有见识有胆识的父母已经在主动造成孩子“失学”——只是不在学校学习，在家里启动了造就神童之旅。从此以后，他的母亲是他的“家庭教师”。由于母亲良好的教育方法，他对读书产生了浓厚的兴趣。据说，他不仅博览群书，而且一目十行，过目成诵。八岁时，他读了英国文艺复兴时期最重要的剧作家莎士比亚、狄更斯的著作和许多重要的历史书籍。到九岁时，他能迅速读懂难度较大的书，如帕克的《自然与实验哲学》。斥爱迪生为“低能儿”、撵其出校门的老师几乎算是造就爱迪生的第一人，厥“功”至伟，全世界都应该感谢他，他使爱迪生充分享受了失学之乐趣，成为一个身心解放、对未知充满强烈好奇心的“正常”儿童。

爱迪生十岁时酷爱化学。据说 11 岁那年，他就实验了他的第一份电报。为了赚钱购买化学药品和设备，他开始了工作。12 岁的时候，他获得列车上售报的工作，辗转于休伦港和密歇根州的底特律之间。他一边卖报，一边兼做水果、蔬菜生意，只要有空他就到图书馆看书。生活、工作是造就人才的真正学校。他买了一架旧印刷机，开始出版自己的周刊——《先驱报》。多么独特的想法！你可以说这是不自量力，但伟业往往就是从不自量力开始的。总是自量其力，什么事也干不成。项羽在观看秦始皇出游时曾说："彼可取而代之也!"大英雄形象跃然。爱迪生的第一期周刊就是在列车上印刷的。他用所挣得的钱在行李车上建立了一个化学实验室。爱动手，动手能力自然就强，而动手其实就是动脑。不幸有一次化学药品着火，他连同他的设备全被扔出车外。另外有一次，当爱迪生正力图登上一列货运列车时，一个列车员抓住他的两只耳朵助他上车。这一行动导致了爱迪生成为终身聋子。生活的磨砺是爱迪生的一笔重要财富。这远比按部就班地上学更能激发他的好奇心和创造欲。

独特的精神气质与想象力

前面讲过，爱迪生小时候曾以大无畏的英雄气魄救出了一个在火车轨道上即将遇难的男孩。孩子的父亲对此感恩戴德，但由于无钱可以酬报，愿意教他电方面的技术。从此，爱迪生便和神秘的科学世界发生了关系，踏上了探索的征途。这个机遇无疑是他的气质与个性带来的。好人总是有好运，道理或在于此。

1863 年，爱迪生担任大干线铁路斯特拉福特枢纽站电信报务员。从 1864 年至 1867 年，在中西部各地担任报务员，过着类似流浪的生活。足迹所至，包括斯特拉福特、艾德里安、韦恩堡、印第安纳波利斯、辛辛那提、那什维尔、田纳西、孟菲斯、路易斯维尔、休伦等地。这其实是一段难得的游历生活，而游历是创造力的添加剂。

1868 年，爱迪生 21 岁时，以报务员的身份来到了波士顿。同年，他获得了第一项发明专利权。这是一台自动记录投票数的装置。爱迪生认为这台装置会加快国会的工作，它会受到欢迎的。然而，一位国会议员告诉他，他们无意加快议程，有的时候慢点投票是出于政治上的需要。从此以后，爱迪生决定，再也不搞人们不需要的任何发明——这是创新的应用性问题。

1869 年 6 月初，他来到纽约寻找工作。当他在一家经纪人办公室等候召见时，一台电报机坏了。爱迪生是那里唯一的一个能修好电报机的人——少年时期的积累终于发挥了作用，于是他谋得了一个比他预期的更好的工作。10 月，他与波普一起成立了“波普—爱迪生公司”，专门经营电气工程的科学仪器。在这里，他发明了“爱迪生普用印刷机”。他把这台印刷机献给华尔街一家大公司的经理，本想索价 5 000 美元，但又缺乏勇气说出口来。于是他让经理给个价钱，而经理给了 4 万美元。很多人的勇气只是漫天要价。爱迪生的气质性却给他带来了“不争之争”。爱迪生的“贪心”只是体现在对未知领域的不断探索上。

爱迪生用这笔钱在新泽西州纽瓦克市的沃德街建了一座工厂，专门制造各种电气机械。他通宵达旦地工作。他培养出许多能干的助手。这一点非常重要。“一个好汉三个帮。”同时，也巧遇了勤快的玛丽，他未来的第一个妻子。在纽瓦克，他做出了诸如蜡纸、油印机等发明。从 1872 年至 1875 年，爱迪生先后发明了二重、四重电报机，还协助别人搞成了世界上第一架英文打字机。

1876 年春天，爱迪生 29 岁时，又一次迁居，这次他迁到了新泽西州的“门罗公园”。他在这里建造了第一所“发明工厂”，它“标志着集体研究的开端”。1877 年，爱迪生改进了早期由贝尔发明的电话，并投入了实际使用。他还发明了他心爱的一个项目——留声机。电话和电报“是扩展人类感官功能的一次革命”；留声机是改变人类生活的三大发明之一，“从发明的想象力来看，这是他极为重大的发明成就”。到这个时候，人们都称他为“门罗公园的魔术师”。

爱迪生在发明留声机的同时，在经历无数次失败后终于对电灯的研究取得了突破。1879 年 10 月 22 日，32 岁的爱迪生点亮了第一盏真正有广泛实用价值的电灯。为了延长灯丝的寿命，他又重新试验。在艰苦卓绝的试验中，他大约试用了 6 000 多种纤维材料，才找到了新的发光体——日本竹丝，可持续 1 000 多个小时，达到了耐用的目的。从某一方面来说，这一发明是爱迪生一生中登峰造极的成就。接着，他又创造了一种供电系统，使远处的灯具能从中心发电站配电。这是一项重大的工艺成就。

他在纯科学上第一个发现出现于 1883 年。试验电灯时，他观察到他称之为“爱迪生效应”的现象：在点亮的灯泡内有电荷从热灯丝经过空间到达冷板。爱迪生在 1884 年申请了这项发现的专利，但并未进一步研究。这是很可惜的！而其他科学家利用“爱迪生效应”发展了电子工业，尤其是无线电和电视。

爱迪生又试图为眼睛做出留声机为耳朵做出的事——绝对大胆的、浪漫的想象力，电影摄影机即产生于此。使用一条乔治·伊斯曼发明的赛璐珞胶片，他拍下一系列照片，然后将它们迅速地、连续地放映到幕布上，产生出运动的幻觉。他第一次在实验室里试验电影是在 1889 年，1891 年申请了专利。1903 年，他的公司摄制了第一部故事片《列车抢劫》。爱迪生为电影业的组建和标准化做了大量工作。

1887 年，爱迪生 40 岁，他把实验室迁往西奥兰治以后，为了使他的多种发明制成产品和推销，他创办了许多商业性公司。这些公司后来合并为爱迪生通用电气公司，就是今天著名的通用电气公司。此后，他的兴趣又转到荧光学、矿石捣碎机、铁的磁离法、蓄电池和铁路信号装置上。第一次世界大战期间，他研制出鱼雷机械装置、喷火器和水底潜望镜。

1929 年 10 月 21 日，在电灯发明 50 周年的时候，人们为爱迪生举行了盛大的庆祝会，德国的爱因斯坦和法国的居里夫人等著名科学家纷纷向他祝贺。不幸的是，就在这次庆祝大会上，当爱迪生致答辞的时候，由于过分激动，突然昏厥过去。从此，他的身体每况愈下。1931 年 10 月 18 日，一颗充满幻想的头脑停止了工作，这位为人类做出伟大贡献的发明家离开了这个等待着继续被发现的世界，终年 84 岁。

成功的"秘诀"

爱迪生的文化程度很低，对人类的贡献却这么巨大，这里的"秘诀"是什么呢？就是他与众不同的思维方式、一颗强烈的好奇心、一种亲自做试验的内在冲动和动物般捕捉灵感的本能。此外，他还具有超乎常人艰苦工作的无穷精力和果敢精神。他在"发明工厂"把许多不同专业的人组织起来，里面有科学家、工程师、技术人员、工人共100多人。爱迪生的许多重大发明就是因为有了这个集体的力量才获得成功的。他的成就主要归功于他的勤奋带来的创造性才能以及集体的力量。

3. 世界首富的思维

下面，我们再选择一位实业巨子，以其成长过程作案例，再次解析思维创新的问题。据报载，这位实业家2007年4月财富超过"股神"巴菲特，7月成为世界新首富。这位比盖茨更富有的人，就是墨西哥的电信大亨卡洛斯·斯利姆·埃卢。这位大亨将当了13年世界首富的比尔·盖茨拉下马，以678亿美元的家产成为新的世界首富。斯利姆是一位有个性、低调的富豪。这几乎已经成为那些真正的大富豪们的行为定式，这足以令人深思。真正的富豪与我们平时看到的所谓"大款"不可同日而语。斯利姆虽然姓Slim（苗条），但他的财富却相当肥硕。墨西哥一家财经新闻网站报道说，由于斯利姆旗下美洲移动通讯公司的股价从2007年3月到6月狂涨了27%，斯利姆的身家财产已经达到678亿美元。这个数字等于墨西哥国内生产总值的8%，也超过了微软创始人比尔·盖茨592亿美元的资产。和盖茨一样，斯利姆也表现得很低调。他的发言人表示，斯利姆对这些排名并不关注。我想，往往这样的人会有更大作为，这就是"不争之争"。这也是创新的气质性问题、思维的维度问题，而气质是维度中的重要一维。斯利姆公开说过很多次，他无意和人竞争排名。他致力于慈善事业，在墨西哥创造更多的就业机会——又一位“予善天”式人物。斯利姆在少年时代便表现出他的投资天赋。天赋常常表现为良好的直觉！下面我们会看到这种直觉的来源。

他是个黎巴嫩移民的后代，这是一个很重要的背景。黎巴嫩向以深厚的文化底蕴著称。黎巴嫩人的祖先腓尼基人就擅长经商和航海，为东西方文明的交流做出过重要贡献。腓尼基人使用的 22 个字母经希腊传遍欧洲，派生出希腊语、拉丁语和斯拉夫语等多种语言，可谓西方诸语言的祖先。据统计，《圣经》中提及黎巴嫩的章节多达 66 处。历史上，黎巴嫩先后被古埃及、亚述、巴比伦、波斯、马其顿、罗马、拜占庭、阿拉伯、欧洲十字军、奥斯曼等列强占领，也因此留下了不同文明的印记。黎巴嫩的社会风尚主要受宗教影响，提倡宽厚、仁慈、平等、博爱。

斯利姆在 11 岁时就做出人生的第一笔投资——购买政府储蓄债券。等到 15 岁的时候，他已经成为墨西哥最大银行的股东。1962 年，斯利姆毕业于墨西哥国立自治大学土木工程系。之后，他曾当过一段时间的老师。

在斯利姆看来，父亲是带领他进入商界的导师。孩童时代，父亲每个星期会给他五比索的零花钱，但要求他记录下每一笔开支。了不起的父亲！这难道不是一种习惯养成吗？西方的很多富家子弟并没有被父母溺爱。斯利姆的父亲对斯利姆做的，难道不是一种品格修炼吗？这与斯利姆的思维方式的生成是大有关系的。直到现在，在斯利姆办公室的书架上，他还留着五本当年的账本，上面记录着他买过玉米圆饼、油炸圈饼和饮料。

斯利姆的父亲朱利安生在黎巴嫩，十几岁时离开家乡来到墨西哥。他先是在墨西哥首都开了一家名为“东方之星”的干货店。在墨西哥城被围困的艰难时期，朱利安做出了一项大胆的决定：他在市中心买下了一处地产。斯利姆的父亲是一位有眼光的生意人。这就是斯利姆的环境。这项具有赌博风险的行为后来被证明是一个明智之举。在他去世后，他给斯利姆留下了一笔丰厚的遗产。

正是从父亲身上，斯利姆学到了做生意的诀窍。1982年，墨西哥发生经济危机，货币贬值，大家纷纷撤出投资，把资金转向美国和欧洲。在此情况下，斯利姆做出了和父亲当年一样的决定：以低价收购了许多濒临破产的烟草企业和餐饮连锁公司。这是个逆向思维。前面也说过，夕阳已久的产业是可以进入的。过去有人戏说几大傻："泡妞泡成老公，炒股炒成股东。"其实炒股就是要把自己当成股东去炒。这是投资理财中最重要、最有远见的一种思维方式。几年后，他收购的这些企业资产大增。

更大机遇出现在1990年。当时墨西哥掀起了一股国有企业私有化的浪潮，斯利姆趁机买下了墨西哥电话公司——抓住机遇的远见之举，"动善时"式的思维。在他接手这家电话公司时，公司的效率极其低下，安装一条电话线需要几个月甚至几年的时间，在业内名声很差。这恰恰是低价收购的绝好时机。然而，斯利姆成功地将它改造成了一个现代化、专业化的大企业。如今，墨西哥90%的电话线路都由斯利姆掌控，形成了垄断经营。依靠这棵摇钱树，斯利姆逐渐建立了自己庞大的产业帝国，一步步从墨西哥首富发展成为拉美首富，直到现在的世界首富。

斯利姆似乎拥有点石成金的天赋。我想，天赋是因人而异的。过去老师常对我们讲一分耕耘，一分收获，以激励我们要勤奋学习。其实这并不科学。有的人固然是"一分耕耘，一分收获"，但有些人却是一分耕耘，三分、五分、九分收获。当然有的是三分耕耘，一分收获。这就是吸收能力的问题、学习能力的问题、天赋的问题。古代王室出身的伟人很多，譬如佛祖，譬如赫拉克利特，似乎凭借天赋和直觉就能嗅到真理。这是血统的关系。血统就是天赋的基因。斯利姆的生财之道是低价收购经营困难的企业，然后扭亏为盈。

斯利姆不喜欢人家把他称为"拉美的巴菲特"，因为他认为巴菲特的过人之处表现在股票投资上，而他做的比投资更加深入，他更倾向于亲自操办实业。他雄心勃勃，比盖茨胃口更大。他不满足现状，他的雄心推动他不断向更广阔的领域扩张。在墨西哥，他涉足的领域几乎无处不在，墨西哥就像是一个“斯利姆王国”。每天早上，墨西哥人在手机闹铃声中醒来，他们使用的手机服务是斯利姆提供的；他们出门开车上班，车的轮胎是在斯利姆开的店里买的，路上的基础设施所使用的钢材是斯利姆的公司生产的；中午，他们可能在斯利姆开的餐馆吃饭；晚上回到家里打开电视，他们收看的是斯利姆电视台播放的新闻；上网，他们用的是斯利姆公司提供的网络。据统计，斯利姆的投资领域包括拉美最大的移动通讯公司、银行、代理、保险、互联网业务、餐饮、零售、电子、石油设施、钢铁、水泥，甚至航空公司。有人说，斯利姆每分钟都在赚钱，只要墨西哥有人打电话，或是去一趟购物中心，斯利姆就能变得更富有。

他不懂电脑，但懂投资，对高科技有着一流的“嗅觉”。生活中，斯利姆是一个非常传统的人，和很多现代科技保持着距离。能以超常的速度计算公式和数字的斯利姆对电脑始终不感兴趣。在他的办公室，他更依赖的是一页页的财务报表，就像他从孩童时代开始使用的账本——习惯问题。1999 年圣诞节时，斯利姆的家人曾送给他一台笔记本电脑，但他笑称自己只懂得如何按开机键。不过，这并不意味着斯利姆拒绝接受现代事物。

尽管斯利姆不会用电脑，但是他懂得怎样做生意。他知道，新技术将深刻地改变人们的生活方式和社会的方方面面。2000 年，斯利姆开始进军互联网和个人电脑领域。他先是收购了美国最大的电脑零售商 CompUSA，后来又与微软公司合作，启动了一个西班牙语网站。他说：“我也不会开飞机，但是这不妨碍我经常乘飞机。”

斯利姆曾经“耻笑”盖茨和巴菲特的乐善好施。他说：“一个商人创建一个上市公司比像圣诞老人那样到处散钱更重要。”其实这也是与韦尔奇并称为 20 世纪最伟大的 CEO 斯隆的观点。把金钱施舍给穷人，未见得就是件好事，这并不是金钱的最佳使用方式。金钱的本性应该是循环出新的财富，而不仅仅是消费、维持毫无创造力的生计。把金钱简单地交付出去，倒是一种不负责任的做法。把金钱集中在像盖茨和巴菲特这样的人手中，其实是交给他们一种责任。斯利姆的眼光显然更为长远，他有着谋取更多利益的抱负。在他身上，客观上体现出了经济的“经世济民”之道。

在很长的时间里，斯利姆并没有和其他人分享他的财产。在积攒了多年财富之后，斯利姆开始投身慈善。他创办的两个基金会向贫穷儿童捐出了 7 万副眼镜，为 15 万名大学生提供了奖学金。在医疗方面，斯利姆的基金会为没有能力支付手术费用的墨西哥人支付了超过 20 万次手术的费用，并成立了一个肾脏移植中心。从 2007 年开始，斯利姆把更多的权力移交给了他的三个儿子和三个女婿。他表示自己将把精力集中到慈善事业。创造就业、回报社会，斯利姆的慈善行为就是他的价值观的体现。这就是创新型人才的基本特征。在十多年前，斯利姆用于慈善的开支只占他全部资产的 1%，而现在他大约把 20%的财富用于慈善——“予善天”的思维。斯利姆筹划成立三个慈善机构，资助墨西哥贫困人口接受教育、享受医疗保障和日常娱乐。他在接受采访时表示：“我将在慈善事业上付出更多的努力，但贫穷要靠教育和就业来解决。中国有句名言，叫‘授人以鱼，不如授人以渔’。”这句中国名言的道理造就了很多斯利姆、松下幸之助这样的富豪。

品格就是财富。蝉联 13 年全球首富的盖茨没有自己的私人司机，也没有包机旅行过。公务旅行时，不坐头等舱却坐经济舱。穿衣方面不追求名牌，爱买打折产品。和盖茨一样，尽管家财万贯，但斯利姆的生活却相当节俭。对于衣食住行和穿着打扮，并不讲究。他住在一幢比小时候住的还要小的房子里，周末度假用的房子也已经用了几十年。其貌不扬的他总爱戴一只廉价的塑料电子表，经常穿着一身松松垮垮的衣服——几乎是爱因斯坦的翻版。虽然他的公司是墨西哥最富有的企业，但几十年来，他的办公室一直是一栋土褐色的两层水泥楼房，淹没在墨西哥城的摩天大厦丛林里。他仅有的奢侈就是抽古巴雪茄和收藏艺术品。斯利姆的家庭生活一直很低调。26

岁那年，他和索玛雅结婚，开始了两人30多年的婚姻生活。这是很难得的！这就是品格。1999年，索玛雅因为肾病去世，此后斯利姆没有再婚。妻子死后，他成立了一个以妻子的名字命名的博物馆，陈列他的艺术藏品。当然，我们可以说他的成功是因为垄断经营，但不能不说他的思维方式更为独到，否则也形成不了垄断经营的局面。

4. 解读伟人是洞悉思维创新的捷径

前面从思维创新的角度，我们审视了三位人物的生平及他们的言论。我们没有从中看到知识的巨大作用，看到的只是他们在成长历程中表现出来的超人的精神气质、见识、胆识、想象力、良好的习惯、品格、文化背景、好奇心和活生生的创造力。而这，就是我前面一再讲的维度的底蕴问题。说到这里，我觉得，要解读思维创新问题，几乎所有伟大人物都是很好的案例。因为没有创造力、没有独特的思维方式是成就不出伟业的。创造力和独特的思维方式就是伟人的主要精神内涵。甚至可以说，创造力和独特的思维方式就是伟人的标签。我们可以数一数我们熟悉的这些名字：孔子、老子、庄子、孙子、墨子，他们的思想几千年来一直影响着中国人。他们的思维方式完全不同，但都很独到，都很有创造力。

在我眼里，孔子是个好学而正直的人，他乐观向上，积极进取，一生都在追求真善美，一生都在追求构建理想的社会。更重要的是，他的一切言行无不与他的品格相关，这些言行几千年来影响深远，波及世界，孔子堪称世界文化的先驱与楷模。

在我眼里，老子是个深刻而淡泊的人，他的思维视角之独特、思想之深邃，世间罕有匹敌。他一生特立独行，“神龙见首不见尾”，他的思想是构筑中华文化思想体系的重要支柱和组成部分。

在我眼里，庄子是个浪漫而率真的人，率性而单纯。他的思想深邃而瑰丽，这使他的语言风格极为奇特，汪洋恣肆、仪态万方、雄美奇巧、曼妙活泼、引人入胜。他超乎寻常的想象力令人叹为观止，他崇尚自然与宁静，其人格魅力历久弥芳，深深感染并深刻影响着中国知识分子的精神操守。

孙子被尊为“兵圣”，也是位世界级的文化人物。他的思想被西方军事家、经济学家反复研究。日本企业有效地把孙子的思想应用于企业经营管理等领域。英国著名战略家利德尔·哈特甚至在《孙子兵法》英译本的序言中说，孙子的思想“对于研究核时代的战争是很有帮助的”。

在我眼里，墨子是个认真而自律的人，中国人的认真精神是自他之后失传至今的，这是件很可惜的事情。他主张的“兼爱”、“非攻”、“尚贤”、“节用”几乎就是一个“以人为本”的理论体系。他是中国逻辑思维、实证思维第一人。他精通工艺，崇尚知识，刻苦实践，擅长推论，行为自律，真正是一位难得的经世致用的人才。

说起这些伟人，当然还有很多。比如中国的现代伟人中，毛泽东首屈一指。毛泽东的思想，是引导中国革命走向胜利的法宝。我的“内训”设计中就有毛泽东思想这门课，用毛泽东思想治理社会主义企业应该是我们的理想。这种理想并不排斥现代科学和现代管理方法。我深切地感到，邓小平同志发展了毛泽东思想，他提出要吸收人类创造的一切文明成果，为我所用。毛泽东思想的核心是解放思想、实事求是。我想，用这样的思想治理企业，是最恰当不过的。也就是说，要自由地看待企业的实践，一切围绕解决问题来进行实践。所以，联系当时的实际来重读毛泽东著作，是办中国的事情最有益的取径。邓小平理论与毛泽东思想是一脉相承的，都是建设中国特色社会主义的行动指南。联系当时的实际重读小平同志的“南方谈话”，也是办中国的事情最有益的取径。他们的共同之处是：在关键的历史时期总是能够表现出独特的、超乎寻常的思维方式，这使得他们的重大决策既切合实际，又高瞻远瞩、超前主动。毛泽东有反抗精神，小平也有，小平经常斩钉截铁地说“不行”，例如“不解放思想不行”、“没有人才不行”、“不改革不行，不开放不行”、“不靠自己不行”、“搞西方那一套不行”，等等，这种明确说“不行”

的精神在今天尤为难得。

有些大人物之所以成为大人物，就是因为他们有着迥异于常人的、独特的思维方式。比如十月革命后，列宁曾经主张废除沙俄时期与中国签订的不平等条约，归还沙俄时期侵占的144万平方公里的中国领土，相当于6个英国、11个捷克。日本昭和天皇裕仁曾对靖国神社合祭二战甲级战犯表示不满，自1978年合祭后一直没有去参拜靖国神社。应该说这样的决策是绝对出人意料的，至少本国人民对此是不理解的。这种特异的思维方式，是超越眼前格局与利益的思维方式，是关注大局走势的思维方式，是人道的思维方式，是意味深长的思维方式，是一种战略性的思维方式。这种异于常人的思维，是大智慧，也是品格决定的。

5. 值得研究的两封信

几乎所有的信件，都可当作案例来研究。特别是私人信件、战争时期的电报、重大事件中的公开信等等，其真实性、史料价值无可估量，值得后人认真研究。我对白纸黑字一向多有疑惧，独对信件多了一份信任与偏爱。嵇康的《与山巨源绝交书》、司马迁的《报任安书》堪称千古名篇，值得反复赏读；《傅雷家书》、《曾国藩家书》也很值得一读。近来我经常拿来细读的两封信，仿佛戏迷欣赏百听不厌的唱段，每次玩味都有无限感慨，心中叹服不已。这两封信一封是毛泽东写的，另一封是林彪写的。

1937年，红军将领黄克功在陕北对女学生刘茜逼婚未遂，开枪将她打死在延河边，被判处死刑时，很多人主张从轻发落，让他戴罪立功，他本人也要求以战死的方式执行死刑。毛泽东给审判长雷经天同志写了一封信，这封信是毛泽东特有思维方式的经典案例。这封信是这样写的：

雷经天同志：

你的及黄克功的信均收阅。黄克功过去斗争历史是光

> 荣的，今天处以极刑，我及党中央的同志都是为之惋惜的。但他犯了不容赦免的大罪，以一个共产党员红军干部而有如此卑鄙的，残忍的，失掉党的立场的，失掉革命立场的，失掉人的立场的行为，如为赦免，便无以教育党，无以教育红军，无以教育革命者，并无以教育做一个普通的人。因此中央与军委便不得不根据他的罪恶行为，根据党与红军的纪律，处他以极刑。正因为黄克功不同于一个普通人，正因为他是一个多年的共产党员，是一个多年的红军，所以不能不这样办。共产党与红军，对于自己的党员与红军成员不能不执行比较一般平民更加严格的纪律。当此国家危急革命紧张之时，黄克功卑鄙无耻残忍自私至如此程度，他之处死，是他的自己行为决定的。一切共产党员，一切红军指战员，一切革命分子，都要以黄克功为前车之戒。请你在公审会上，当着黄克功及到会群众，除宣布法庭判决外，并宣布我这封信。对刘茜同志之家属，应给以安慰与抚恤。

这封信写得很精练，情、理、法兼通。信中先是肯定了“黄克功过去斗争历史是光荣的”，接着又表达了惋惜之情，说“今天处以极刑，我及党中央的同志都是为之惋惜的”，这两层意思可看作下文转折的铺垫，十分必要。“但他犯了不容赦免的大罪，以一个共产党员红军干部而有如此卑鄙的，残忍的，失掉党的立场的，失掉革命立场的，失掉人的立场的行为，如为赦免，便无以教育党，无以教育红军，无以教育革命者，并无以教育做一个普通的人。”话锋一转，语气转为急促和愤慨，为这件枪杀案定了性，尤其“失掉人的立场”一语，使案件性质几无翻转可能，又落脚在“如为赦免，便无以教育党，无以教育红军，无以教育革命者，并无以教育做一个普通的人”，使处以极刑的意义得到最深刻的阐释。“因此中央与军委便不得不根据他的罪恶行为，根据党与红军的纪律，处他以极刑。”“不得不”一处用词甚确。“正因为黄克功不同于一个普通人，正因为他是一个多年的共产党员，是一个多年的红军，所以不能不这样办。共产党与红军，对于自己的党员与红军成员不能不执行比较一般平民更加严格的纪律。”几处“正因为”、“不能不”用词甚为精准，逻辑严密，使结论无懈可击。结尾尤其有力且具警钟意味：“当此国家危急革命紧张之时，黄克功卑鄙无耻残忍自私至如此程度，他之处死，是他的自己行为决定的。一切共产党员，一切红军指战员，一切革命分子，都要以黄克功为前车之戒。”至此，处死黄克功的最终意义彰显无遗。最后又一转折：“请你在公审会上，当着黄克功及到会群众，除宣布法庭判决外，并宣布我这封信。对刘茜同志之家属，应给以安慰与抚恤。”公开宣读，不仅震慑全场甚至可以穿越历史时空回响不绝，且这封信以情开头，又以情收束，令人感慨系之。这封信有梁启超“报笔”风格，也有韩愈老辣味道，足见其“伟大之器”，是毛泽东思维特点表现甚为明显的一封信。

林彪的这封信写得很实际，也很深邃，研究这封信可以很好地窥见他的思想。1947 年 6 月，林彪的东北民主联军三战四平失利后，攻城将领李天佑收到了林彪的这封亲笔信：

> 天佑同志：
>
> 总部 2 日关于夏季攻势经验教训总结电，盼切勿草率看过，而应深切具体地研究，使今后思想有个标准：要把实事求是的原则，一切决定于条件的原则（这个原则我同你谈过），革命的效果主义的原则，实践是正确与否的标准的原则，加以很好的认识。你是有长处的，有前途的，但思想不够实际。夏季攻势中，特别是四平战斗直至现在，从你们的电报和你们的实际行动的结果上看，表现缺乏思想，缺乏见识。为了今后战胜敌人，盼多研究经验和学习毛主席的军事思想。……在军事上要发挥战斗的积极性，而同时必须从能否胜利的条件出发。凡能胜利的仗，则须很艺术地组织，坚决地打；凡不能胜的仗，则断然不打，不装好汉。如不能胜的仗也打，或能胜的仗如不很好地讲究战术，则必然把部队越搞越垮，对革命是损失。以上原

> 则，有益于进步，望深刻体会之。这些原则同时也是我正在努力加深认识的东西。

这封信发出八个月后，即 1948 年 2 月，林彪四战四平，还用李天佑指挥，在同一战场由同一指挥员进行大规模作战。这在世界军事史上也是罕见的，这是林彪用兵的经典之作。“总部 2 日关于夏季攻势经验教训总结电，盼切勿草率看过，而应深切具体地研究，使今后思想有个标准”，起首一句，林彪的爱将之情跃然纸上，且颇有苦口婆心之意。“要把实事求是的原则，一切决定于条件的原则（这个原则我同你谈过），革命的效果主义的原则，实践是正确与否的标准的原则，加以很好的认识。”实事求是，这是共产党的思想法宝；一切决定于条件，这一条也是共产党集体智慧的结晶，是很讲究科学的；效果主义，这是实用的原则，称为“主义”，这算是林彪骨子里的风格；实践是正确与否的标准，这简直就是“实践是检验真理的唯一标准”的最早阐述。“你是有长处的，有前途的，但思想不够实际。夏季攻势中，特别是四平战斗直至现在，从你们的电报和你们的实际行动的结果上看，表现缺乏思想，缺乏见识。为了今后战胜敌人，盼多研究经验和学习毛主席的军事思想”，此处肯定爱将，又指出不足，同时突出地提到经验和毛泽东军事思想，可见其在心目中的重要性。“在军事上要发挥战斗的积极性，而同时必须从能否胜利的条件出发。凡能胜利的仗，则须很艺术地组织，坚决地打；凡不能胜的仗，则断然不打，不装好汉。如不能胜的仗也打，或能胜的仗如不很好地讲究战术，则必然把部队越搞越垮，对革命是损失。”这段话讲得很实际，坚持了实用主义、效果主义的原则，毛泽东军事思想的色彩很浓厚。“以上原则，有益于进步，望深刻体会之。这些原则同时也是我正在努力加深认识的东西。”这几句流露出深切的期望和爱护之意，同时又讲这是自己“正在努力加深认识的东西”，体现出平等探讨和推心置腹的意味。我认为，信既是写给对方的，也是写给自己的，这是信件真实性的一面。毛泽东和林彪的这两封信意境很高，很值得研究。

十一、工作者的六种思维

1. 什么是工作

我们大家其实都是管理者。现代意义上的管理者，倒不一定非要担任什么领导职务才算管理者。只要我们大体从属于脑力劳动者范畴，那么在今天我们就都可以称为管理者。不过我更愿意再宽泛一点讲，我们都是工作者，因为我们或者我们当中的某些人毕竟也不可避免地从事一些体力劳动，更因为“工作”这个词要比“管理”这个词古老地具有某种神圣的味道。那么我们作为工作者，又需要什么样的思维呢？或者反过来说，作为工作者又忌讳什么样的思维呢？下面就探讨一下这个问题。

首先要搞清楚工作的含义。究竟什么是“工作”？从词义上分析，“工作”既是名词，又是动词。当名词讲的时候，“工作”有“职业”的意思，比如“你找到工作了吗”；也有“业务”的意思，比如“你是做什么工作的”；也有“任务”的意思，比如“我手头还有一件工作没有完成”。当动词讲的时候，“工作”有“生产”、“制造”、“研究”的含义，这包括体力劳动和脑力劳动两方面的意思。通俗地讲，体力劳动是低端劳动，脑力劳动是高端劳动，但体力劳动大体是能够创造价值的，而脑力劳动则未必一定会创造价值。事实上，脑力劳动者常常会做“无用功”，也就是劳而无功。这尤其在我们国企是很危险的一种现象。由此我们应该得出一个结论：工作就是要做有用的事情，工作就是要能够创造价值，至少工作不要做

“无用功”。如果工作做的是“无用功”、劳而无功，就失去工作本身的意义了。明白这一点很重要，然后我们就可以好好地探讨一下工作者的思维问题。

前面讲过，思考是力度问题，主要是由知识与经验决定的；思维是维度问题，主要是由品格与习惯决定的；思想是高度问题，是思考与思维合成出来的结果。简单地说，思维就是思考的方式。有什么样的品格就会有什么样的思维，有什么样的习惯就会有什么样的思维。当年协和医院由于误诊将梁启超的右肾割除，社会上一片声讨，可梁启超为什么不但不追究，还要在报纸上用春秋笔法为协和医院开脱？时人不解，我们现在知道，他其实是为西医在当时中国的前途与命运进行的战略性考虑，何况协和医院是一家慈善机构办的西医院。我看协和医院应该给梁启超立一尊铜像，因为如果没有梁启超的义举，西医那时在中国将遭遇不可预见的灾难性局面。梁启超的思维与众不同，是因为他的品格与众不同。

品格，是价值观的人格化表象；价值观，是品格的最深刻内涵。价值观与品格，都通过人的习惯发生作用。对个人是如此，对组织、企业、国家甚至民族也是如此。为什么法国要为最后一名参加一战的战士举行国葬？这表面上看是数字化管理的问题，甚至会有人认为是作秀。其实这是价值观问题，是执政理念问题，是风气导向问题。这是在倡导一种平民也可以成为英雄的理念，任何人只要为国家和民族做出过贡献都能享此尊崇。

我们应该切己地反思一下：我们参加长征的红军战士还有多少名？我们大庆油田参加一次创业的“老会战”还有多少名？西方是数字化社会管理，其实背后就是价值观管理。所以统计水平不重要，统计什么才重要。这不是技术问题，是执政理念问题。价值观、执政理念决定工作创意。为什么秘鲁要发起全民守时运动？总统都要亲自上街率众游行？因为这种坏习惯将使秘鲁很难融入全球经济。

前面讲过，思维的底蕴就是品格和习惯，包括审美情趣、性格气质、习惯爱好、认知能力、情感体验、实践能力、品质与格调、想象力、洞察力、预见力、灵活性、叛逆性、欲望，等等。这些深度问题不解决，就解决不好思维的问题。工作者究竟需要什么样的思维，以我 25 年来的工作体会，可以总结归纳为六种思维。

2. 将工作视为对幸福的描绘

我要讲的工作者第一种思维是将工作视为对幸福的描绘。前面讲了工作的概念，但工作究竟是什么？《中华人民共和国职业分类大典》中，将我国职业归为 8 个大类，66 个中类，413 个小类，1 838 个细类。但这只是类的划分。工作的本质是什么？英国思想家波特乐说："每个人的工作，不管是文学、音乐、美术、建筑还是其他工作，都是自己的一幅画像。"按照这个说法，我们这些工作者都是在做什么？都是在给自己画像，通过工作在给自己画像。认真工作，就是认真画像。给自己画得一团糟，就代表没有好好工作。美国有个记者，叫格雷森，他说："我发现，辛勤工作的报酬几乎总是幸福。"幸福是什么？幸福是一种感觉，幸福是一种既丰富又稀缺的资源。你有能力收获幸福，那幸福就是个丰富的资源，你没有能力获取幸福，那幸福就是个稀缺的资源。收获幸福的最高能力，不是挣钱升官的能力，而是驾驭自己心灵的能力。我们说幸福是个既丰富又稀缺的资源，面对这个资源不开发、不劳动就不会得到幸福——创造幸福远比享受幸福更幸福。一些"富二代"往往体会不到创业者的幸福，他们可能活得百无聊赖，才会因为空虚而去做一些刺激感官的事情。

工作是人类谋生的载体，也就成为创造幸福的主要手段。伏尔泰是 18 世纪法国启蒙思想家、文学家、哲学家，被誉为"法兰西思想之王"、"欧洲的良心"。他说："工作能够撵跑三个魔鬼：无聊、堕落和贫穷。"英国作家塞尔斯说："为什么工作竟然是人们获得满足的如此重要的源泉呢？最主要的答案就在于，工作和通过工作所取得的成就，能激起一种自豪感。"居里夫人说："科学的探讨研究，其本身就含有至美，它给予人的报酬就是愉快，所以我在工作里面得到了快乐。”

1999年9月，英国广播公司在全球互联网上评选“千年第一思想家”，马克思名列榜首，爱因斯坦名列第二。同年，在英国剑桥大学文理学院教授中评选“千年第一思想家”，同样是马克思名列榜首，爱因斯坦名列第二。2005年英国广播公司又评选“古今最伟大的哲学家”，马克思还是名列第一。那么，马克思是为什么而工作的呢？马克思说：“如果我们选择了最能为人类福利而劳动的职业，那么重担就不能把我们压倒，因为这是为大家而献身；那时我们所感到的就不是可怜的、有限的、自私的乐趣，我们的幸福将属于千百万人，我们的事业将默默地但是永恒发挥作用地存在下去，而面对我们的骨灰，高尚的人们将洒下热泪。”这是他年轻时候的誓言，事实上正像他说的：“我是世界的公民，我走到哪儿就在哪儿工作。”他回答女儿“对幸福的理解”时说得很简洁：“斗争。”他一生被多个国家的执政者所驱逐，生活十分贫困，但他工作的目标却是为了全人类的幸福。

被称为人类历史上最伟大的管理学家、“大师中的大师”的德鲁克，他有一系列经典之问：你是谁？什么是你的优势？你的价值观是什么？你在哪里工作？你属于谁？是决策者、参与者还是执行者？你应该做什么？你如何工作？会有什么贡献？你在人际关系上承担什么责任？你的后半生的目标和计划是什么？细想一想，这些问题问得够狠，认真回答起来常常会使人汗流浃背，甚至羞愧不已，会觉得自己活得既不清晰又不尽力。

我们看看“杉杉控股”首席执行官胡海平是怎么回答的。“我是一个企业人。知识分子的社会责任感是我跟同龄人相比最大的优势。我出身贫寒，我时刻牢牢记住自己是靠共产党读的书，这使我有很强的社会责任感，以及感恩之心。少年时代的贫寒造就了我坚韧不拔的毅力，也造就了我不屈不挠的性格，任何困难对我来说都不算困难，办法总比困难多。我的价值观是希望我的存在能够为社会带来增值，我的存在能够让周围的人感到愉快并且带来实惠，带来利益。”“我在‘杉杉控股’工作，我的位置是执行总裁，是执行者。但我又是股东之一，所以我也是一个决策者，我处于决策和执行两者之间。”“我应该把我所在的企业经营好，让我们的员工能够安居乐业，能向国家缴纳更多的税。我努力勤奋地工作，注重方法、注重过程、心态平和。我希望在我的有生之年在企业创业、企业管理方面有一些独特的见解，或者有一些理论性的东西能够给别人以启发。”“我首先是起到一个协调的责任，第二是展现自我，如果你没有能力，自然赢不到社会对你的尊重，也无法承担企业的责任、社会的责任。”“我的后半生目标是让我所在的企业能够成为国际一流的企业，在某些领域成为国际单打冠军，成为让大家尊重的一家企业。个人作为主要的一个成员，也能够成为被社会尊重的一个人。同时，家庭生活、人际关系和工作都更加和谐。为实现上述目标，首先要组建一个非常强大的团队，要有宽阔的胸怀，要引进比自己更有能力的人才并肩作战。”

我们每个人真的得好好想一想，工作究竟是什么？说“工作就是上班”，甚至说“工作就是遭罪”，这是一种被动意识，抱这种意识的人不会有出息，当然也不会幸福；说“工作是促进效率”，这是一种被迫意识，但要比前一种意识好一点，也会得到一点小幸福；说“工作是使自我升值”，这是主动意识，抱这种意识的人会有一点出息，会有多一点的幸福；说“工作是学习”，这是更为主动且更为理性的认识，这样的人肯定会有出息，会收获很多幸福；说“工作即娱乐”，这是丰田公司的口号，这才称得上是真正上层次、上境界的认识，达到这种境界的人干工作“有瘾”，不但会有出息，还一定会收获更多幸福。所以，我要说的工作者的第一种思维就是认同“工作即娱乐”——上升至奉献层面的娱乐，换句话说，工作就是对幸福的描绘。

如果一个人能够以爱好为职业，那就是最幸福的工作。多数人因机缘的问题，不能以爱好为职业。那怎么办呢？那就要“干一行，爱一行；爱一行，钻一行”。所以我们要学会在工作中体会生命的意义，学会体验工作中的生命意义，认识到岗位是人生最好的舞台，岗位是修炼人生的最好场所，岗位上的修炼是最好的修炼，在岗位上修炼自己是最高的现实选择，因为这关系到他人，在岗位上修炼自己才是真本事，岗位就是你修炼自己的最佳道场。

孟子说：“独乐乐，不如众乐乐。”我们在岗位上做出成绩，就是在履行社会责任。比尔·盖茨已经捐款250多亿美元，他还宣布将其400多亿财产全部捐献出来用于研究疾病疫苗及改善贫困国家的状况。2006年6月，巴菲特宣布将370亿财产捐献给盖茨的慈善基金会。润丰集团董事长陈水波说：“做人要有良心，要知道反哺社会，不能光想着自己。你从社会获取财富，就应该把财富反过来再奉献给社会。你做了，社会不会忘掉你，群众的眼睛是雪亮的。”工作是我们获得奉献这种至上娱乐的源泉，我们要通过工作描绘自己的幸福及幸福的自己。

3. 不论做什么都要“取法乎上”

我要讲的工作者第二种思维是不论做什么都要“取法乎上”。跆拳道教练教孩子几天功夫，孩子就能用手掌砍断木板，秘诀是让孩子们在砍木板时眼睛盯着木板下面半尺的地方，这样当手掌砍到木板时正好是力量的峰点。而我们普通人只是将眼睛盯在木板上方，这等于是给自己的力量设限。

其实任何事情都是这样：把目标定得稍微远一点，你就可能取得让人惊讶的结果。在现实工作中，我们作为科员，要学会经常站在科长的角度看问题；作为科长，要学会经常站在处长的角度看问题；作为副职，要学会经常站在正职的角度看问题；甚至我们都要站在企业的高度、站在战略的高度、站在国家的高度、站在民族的高度看问题。如果能够做到这样，我们看问题的视野就会更宽，能力就会更强，结果就会大不一样。高尔基说过：“一个人追求的目标越高，他的才能就发展得越快，对社会就越有益。”孔子说：“取乎其上，得乎其中；取乎其中，得乎其下；取乎其下，则无所得矣。”

没有什么是不可能的，只要能够想到，持之以恒就会做到。所以，我们要像“一把手”一样思考问题，要像主人翁一样思考问题，这样我们的思路就会很开阔，方向会把握得很准确，很多问题也会变得很清晰、很简单。做事情，就要高标准，比如按自己享用的标准来造酒、按自己服用的标准来制药，这样的企业才会基业长青。

总的来讲，企业追求核心价值，就是“取法乎上”。管理学界有一句话：“有利润的企业不一定有价值，有价值的企业一定有利润。”比如我们大庆油田高级人才培训中心提出“做高品质培训”，做的很多事情都是“取法乎上”。2012 年我们研发党支部书记“内训”系列课程，不会因为这类培训不放在高培中心而不做，而是从为油田进行知识管理的角度来做。这是比培训更有价值的事情，这就是站在战略高度考虑问题，这就是“取法乎上”的思维。做这件事情我们用了八个月的时间，在全油田 5 500 多名党支部书记中优选出 128 名集中进行课程开发，研讨出 91 个工作中遇到的实际问题，积累了数百个真实案例，最终形成 33 门课程。两年的时间里，我们新开发“内训师” 105 名、新开发课程 123 门，有了这样的成绩，我们才能够召开 2012 年“庆祝教师节及内训师颁奖大会”，油田公司领导同志才会对那次庆祝活动那么支持。今后我们要通过项目研发、课程开发、建设油田“内训师”队伍的方式，再经过七八年规模化和标准化的经营与努力，为全油田各个层面、各个岗位做好知识管理工作。这是很有意义的一项工作，这是在为油田留下最实用的知识，也是最值得珍藏的记忆。

有时候，追本溯源就是“取法乎上”。比如西方经济学习惯将原因当作结果去看待，再不断地把找到的原因当作结果继续去分析原因，直至不可分解，这就是一种西方式的“取法乎上”的思维。应该说，这是一种真正的科学思维和科学精神。比如前面所举的西方某公司对大楼出现裂缝的调查结果，认定：管理者没有提出拉百叶窗的具体要求，是造成大楼裂缝的终极原因——不可分解的原因。没有这种追本溯源、“取法乎上”、“取法乎微”的思维，是找不到出现问题的根本原因的。我们还看到，很多问题归根结蒂是人的问题，特别是管理者的问题、“一把手”的问题。

4. 凡事都要“切己自反”

我要讲的工作者第三种思维是凡事都要“切己自反”。就是不管看到什么，都要和自己联系起来，都要关切到自己，进而要反省自己、检讨自己。比如看到有人家被盗，就要检查一下自己家里的门窗，这很自然，这就是“切己”；但若看到有人家被盗，不但去检查一下自家的门窗，还能跑去单位看看门窗是否安全，还不忘提醒亲友或同事注意防盗，这就不但是“切己”，而且是“自反”，就是看看自己还有没有尚未尽到的责任。

“切己自反”，语出南宋陆九渊，这本是他读书做人的致知论，但也是中国古人一贯强调的涵养功夫。陆九渊在 13 岁的时候就说出“宇宙内事乃己分内事，己分内事乃宇宙内事”这样深刻“切己”的话。孔子讲：“古之学者为己，今之学者为人。”为学要修养自己，不是用来夸夸其谈、好为人师或要求别人的。孔子讲的很多道理都有“切己性”，都是指无论做什么都要从修正自己开始。曾子讲：“吾日三省吾身。”每天都要反省自己，看看哪些事情做得还不够好，反躬自省。遇到事情，先要反求诸己，看看自己能做到哪些。我们有时候看到这不好，那也不好，就嚷嚷开来，从没想到自己应该做点什么。看到这不好，那也不好，马上想到要自己先做好，先别嚷嚷，先别去要求别人做到，这就是“切己自反”，这才对。

我曾有一位领导同事，我经常听到他说这个不行、那个不好，仿佛这些人全身都是毛病，很少听他夸奖过谁。那他说的对不对呢？多数还真对。问题是作为领导，总这么说解决问题吗？我看他很多时候是一筹莫展、毫无对策。我给他总结出“三多三少”：指责多，办法少；挑剔多，欣赏少；议论多，动手少。为什么会这样？就是不能“切己自反”，所以懂多少道理都没用，看问题多么准确也没有用。

我们常说“要求别人做到的，自己首先做到”，这其实就是中国传统文化。《礼记·大学》中说：“古之欲明明德于天下者，先治其国；欲治其国者，先齐其家；欲齐其家者，先修其身；欲修其身者，先正其心；欲正其心者，先诚其意；欲诚其意者，先致其知。致知在格物，物格而后知至，知至而后意诚，意诚而后心正，心正而后身修，身修而后家齐，家齐而后国治，国治而后天下平。”“修身、齐家、治国、平天下”，这是中国知识分子最为推崇的人生最优美的流程，“平天下”要从“修身”开始。朱熹、程子，也都很讲究“切己”的涵养功夫。

我们必须要强调，道理光知道不行，得信；光信也不行，要行。“博学、审问、慎思、明辨、笃行”，最后都要落脚到行动。对领导者来讲，“切己”说到底还是“切人”、“爱人”。“切己”只是手段，“切人”、“爱人”才是目的；“自反”说到底还是“反人”、育人，是“行不言之教”，做出榜样来影响他人、培养他人。所谓领导艺术就是通过管好自己而管好他人的艺术。所以，“切己自反”其实就是责任感的体现，而责任感是人最宝贵的品质之一。假如我们看到有人浪费，自己就要警觉，检点一下自己的行为，是不是自己也有浪费的现象；看到有人不尊重师长，自己就要检讨一下，自己对师长究竟怎么样；看到有人不知感恩，就要检讨一下自己对恩人究竟做过什么；看到别人办错了事，自己就要警惕，告诫自己不能犯同样的错误；自己办错了事呢？更不要到处找借口，怨天尤人，要永远从自身找原因。凡事要归因于内，不要都归因于外。

“切己自反”是指对自己要求严格一点，对他人就不要那么严格。要严于律己，宽以待人。可生活中我们经常看到的是什么？是严于律人，宽以待己。我们看到有人随手乱扔垃圾，说人家素质低，可我们自己有时也随手扔垃圾。我们要用反观内心的眼光审视自己。

遇事要反求诸己，从我做起，对他人不要求全责备。很多时候，完美不只在于善做加法，还要会做减法。不要只追求应有尽有，还要追求应无尽无。我们每个人都好比是一块原始的木头，想成为什么完全在于雕刻，即在于去掉哪些部分。人最应该庆幸的是自己的过错能够经常被人提到，这才是通达的认识。

建设性的否定最有意义，远比单纯的肯定更重要。敢于积极地否定自己，这才是对自己的大建设。再愚蠢的人也不会沾沾自喜地保留计算器上计算出来的正确结果。其实人也一样，人也要学会经常将自己“清零”。老子推崇初生婴儿的境界，我们最难得的就是拥有一颗赤子之心。做足“切己自反”的功夫，才能使自己飞跃得更快更高。

5. 要用感恩与敬畏的心去感知外部的世界

我要讲的工作者第四种思维是要用感恩与敬畏的心去感知外部的世界。我们来到世上，是很偶然的，这是大幸运，据说是三百万亿分之一的概率，我想应该比这还要小。人来到世上，一要懂感恩，二要知敬畏。对有关无关的人、对一草一木、对飞禽走兽，都要怀一颗感恩的心、敬畏的心，因为这一切都丰富着世界，这一切都有存在的理由，这一切都有运行的规律，这一切都启发着我们，这一切都与我们有关。

爱因斯坦说：“人是为别人而生存的——首先是为那样一些人，他们的喜悦和健康关系着我们的全部幸福；然后是为许多我们所不认识的人，他们的命运通过同情的纽带同我们密切结合在一起。我每天上百次提醒自己：我的精神生活和物质生活都依靠着别人（包括生者和死者）的劳动，我必须尽力以同样的分量来报偿我所领受了的和至今还在领受着的东西。我强烈地向往俭朴的生活。并且时常发觉自己占用了同胞的过多劳动而难以忍受。……我也相信，简单纯朴的生活，无论在身体上还是在精神上，对每个人都是有益的。”

我们要感恩父母，也要感恩社会、感恩企业、感恩共产党，当然还要感恩祖宗——我们身上继承着祖宗的血脉。中华文明是世界上唯一没有中断的文明，我们要传承好这个文明。这既是使命，也是本分。1988 年巴黎国际会议上，75 位诺贝尔获奖者提出“人类要在 21 世纪生存下去，就必须回到 2 500 年以前，去汲取孔子的智慧”，这无疑把儒家思想置于相当高的地位。

我们要怀一颗敬畏之心，敬畏自然、敬畏生命、敬畏规律、敬畏科学、敬畏真理、敬畏良知与正义。人如果什么都不怕，就很可怕，就会惹出祸端。目前全球人口约 70 亿，没有任何宗教信仰的约 11 亿，这些没有任何宗教信仰的人主要集中在我们中国。西方的基督教教人做善事，是为了赎罪；东方的佛教讲“六道轮回”，讲因果报应。我们中华文明是讲孝道的，是孝的文化。但今天我们看看，“老吾老以及人之老，幼吾幼以及人之幼”的文化正日趋淡薄。现实中很多人其实一身罪孽，却没有赎罪意识，也不怕报应。“地沟油”、“毒奶粉”，挑战我们民族道德底线的事件多有发生。近年来我们的慈善事业刚刚有些起色，出了一个陈光标，还有不少人说三道四。陈光标可能会有这样那样的问题，但对他说三道四的人可能还远远不及他，毫无“切己自反”的意识。

事实上，宗教与科学并不发生严重的敌对。西方很多科学家、哲学家，都有很深的宗教情结。牛顿如果不是在后半生致力研究上帝的存在，很可能在科学研究上取得更多重大的成就。但反过来说，牛顿如果不是具有虔诚的宗教情结，或许在科学上也不会做出如此重大的贡献。美国的科技是世界上最发达的，但据盖洛普民意测验中心在 2012 年所做的调查，美国有高达 77%的成年人是基督徒，基督教对美国社会的积极影响无法估量。这种情形，在欧洲也是如此。只有法律而没有宗教，西方社会不会达到目前的文明程度。往后看，欧洲资产阶级革命，其实是发轫于 16 世纪欧洲的宗教改革。宗教的一项重要功能在于唤起人们对内心良知与正义的崇拜，在于维护良知与伸张正义，在于给人的内心树立最高法则。

人与禽兽的区别是，人懂感恩、知敬畏。这是人之所以成为人的基本品质。孟子说："人之所以异于禽兽者几希，庶民去之，君子存之。舜明于庶物，察于人伦，由仁义行，非行仁义也。"意思是说人和禽兽的差别几乎是很小的，可就那一点点的小小差别，一般人还去抛弃它，只有君子才会保存它。舜帝洞察一般事物的道理，也了解人类的常情，他从仁义之路而行，而不是为行仁义而行仁义。《礼记》中说："是故圣人作，为礼以教人，使人以有礼，知自别于禽兽。"是说人与禽兽的区别是人知仁行礼，仁为里，礼为表，君子是表里如一的。孝子是不做坏事的，那会有辱于祖先。现代人忙碌且浮躁，对传统祭拜等形式一类的东西不屑一顾。我倒提倡"心祭"的形式，夜深人静的时候用一小段时间在心里面默默地祭奠、祭祀、祭拜那些值得我们怀念和尊崇的人或事。这是一种修养、一种滋润，万不可省略。

我们的"铁人"王进喜，别看他文化不高，却是知仁行礼的，身上有这种中华民族传统中最可宝贵的优秀品质。王进喜小时候给地主放过牛，在矿上当过童工，解放后当钻工。他既勤快，又能吃苦，各种杂活抢着干。王铁人为什么有那么大的工作热情？他说："党把我们当主人，主人不能像长工那样磨磨蹭蹭、被动地干活。"当时他享受困难补助每月 30 元，但他自己从来不花，把钱都补助给别人了。大队给他家送的猪肉和面粉，他都一律拒收。他觉得新社会已经给了他很多，自己不能要求太多。一次，他队上的人看到他母亲冬天在家里冻得受不了，就帮他修了一个暖气。他回来后坚决拆掉，不占公家便宜。他知道感恩，感恩新社会。他也知道敬畏。别看他工作起来战天斗地，"文革"时他顶住巨大压力说"想让我承认大庆红旗是黑的，那是痴心妄想，刀架脖子我也不承认"。但他敬畏周总理，总理让他干啥他就干啥。补拍跳泥浆池的镜头，他开始说啥也不干，后来人家说是总理让拍的，他二话不说就跳。在北京治病，医生说啥他都不听，总理要他配合治疗，他才听。他敬畏总理什么？人格。稻盛和夫说人格就是“性格＋哲学”，是“天赋＋后天修为”。

我们是企业工作者，更是石油工作者，我们要用勤奋工作回报企业，不要谁都不感激，不要什么都不怕。对企业、对国家和民族，我们要懂感恩、知敬畏，要守住这做人的基本良知。爱因斯坦说：“每个人都有一定的理想，这种理想决定着他的努力和判断的方向。从这个意义上，我从来不把安逸和享乐看作是生活目的本身——这种伦理基础，我叫它猪栏的理想。照亮我的道路，并且不断给我新的勇气去愉快地正视生活的理想，是善、真和美。”善、真和美，应该是宇宙运行的法则。《易经》中讲：“天行健，君子以自强不息；地势坤，君子以厚德载物。”从这个意义上说，中西方对宇宙的认识是一致的。

6. 要用欣赏他人的态度融入集体

我要讲的工作者第五种思维是要用欣赏他人的态度融入集体。对这一点，我是深有感触的。欣赏会产生神奇的力量。我曾经有一位领导同事，我从她身上感受到的，是对人的欣赏和激励，润物细无声，让人很舒服，又无形中产生一股上进的劲头。人无完人，谁都会有毛病，总是去挑剔他人，这是工作者很忌讳的一种思维。我见到有位同志，人还好，也比较敬业，责任心也比较强，可就是不能用欣赏的眼光看待他人。我听到她评价一位应该算比较优秀的年轻同志说“她就说行”；还有一位比较不错的同志，也评价这位年轻同志说“她只是理论”。其实我看在这个单位里能像那位被评价的年轻同志那样“说行”的、懂一点“理论”的很少，本是一个优点却被评价成缺点，叫人不能不深思这个单位的团队文化。

我觉得，人还是要看到他人的长处，取长补短——尤其是领导。宽容是美德，但要在宽容的基础上帮助他人改进、上进，这更是美德——用表扬的方式催人上进，这是领导艺术。一个企业，要营造团结的文化。不团结，人活得都很琐碎。这是很不好的风气。在这方面，我觉得“一把手”的责任很大。我们要习惯于欣赏他人，领导者要善于制造人与人之间的愉快，要善于营造互相欣赏的企业文化。企业文化，从某种意义上说就是“一把手”文化。“一把手”欣赏他人，慢慢就会形成好的风气和文化。假如我们大家坐在一起，拿出足够的时间来努力批评一个人，效果会怎样？这个被批评的人会很难过。批评准了更难过。他很可能会经受不住而产生一种“破罐子破摔”的心理，心想反正也这样了，大家都这么看我，我就这么着了。但假如我们大家坐在一起，拿出足够的时间来努力夸奖一个人，效果会怎样？就算没夸准，这个被夸奖的人也会感觉很幸福，同时又会产生一种紧迫感，觉得自己还差很多，还得努力。夸他的人，也能学会如何看待他人的优点，也会有收获。大庆油田会战时期就有“评功摆好”的传统，那时还要“大评大摆”。国外有人做过实验，大家天天说一个人脸色不好，后来果然这个人脸色不好了；大家天天夸一个人漂亮，后来这个人果然越长越漂亮。

夸奖，是一种很好的沟通方法。但夸奖不能搞成拍马屁，不能搞得“你好我好大家好”。管理是严肃的爱，当“老好人儿”是不负责任的，那不是爱。领导不是不开展批评，但高明的领导者要善于用提问的方式开展批评，好的提问可以促进思考，好的提问本身就是答案。总之，我们既要以欣赏他人的态度融入集体，还要坚持做自己，不要随大流。因为人，终究是自己的，自己要为自己负责。负什么样的责任？就是做一个特别的自己，做一个有独特韵味的自己，做一个开心的自己，做一个对他人有帮助的自己。归根结蒂，像稻盛和夫讲的，我们活着的目的就是要提升心性、锻炼灵魂，努力使自己走的时候比来的时候好一点点。

7. 承诺贡献

我要讲的工作者第六种思维是承诺贡献的思维。所谓承诺贡献这一点，德鲁克先生在1966年出版的《卓有成效的管理者》中重点描述过，他提出管理者要“重视贡献”，“重视贡献是有效性的关键”，管理者要时刻自问：“我能有什么贡献?”重视贡献，才会找到真正价值，才会关注外部世界，“只有外部世界才是产生成果的地方”。比如我们开发党支部书记培训班，不会因为培训任务不交给高培中心而放弃不做，因为我们是在用这种方式“为油田做知识管理工作”，这比单纯地办培训班更有意义。“重视贡献的人，其所作所为可能会与其他人卓然不同。”我们不会仅从高培中心的角度看待高培中心，而且会从油田的角度、从中国国有企业的角度看待自己。承诺贡献，“是为了挖掘工作中尚未发挥的潜力”。德鲁克这句话说得很深刻。否则，在工作中就不会有远大的目标。德鲁克下面这段话说得更明白：“一个人如果只知道埋头苦干，如果老是强调自己的职权，那么不论其职位有多高，也只能算是别人的‘下属’。反过来说，一个重视贡献的人，一个注意对成果负责的人，即使他位卑职小，也应该算是‘高层管理人员’，因为他能对整个机构的经营绩效负责。”承诺贡献的思维，与前面讲到的取法乎上的思维本质上大致相同，只是取法乎上的思维更加注重过程，而承诺贡献的思维更加注重成果。不仅如此，承诺贡献的管理者会带领出一支能打硬仗的高素质的队伍，这支队伍的每个人都更会有一个良好的人际关系。承诺贡献的思维最重要的是要求你从一开始就把焦点放在贡献上，这甚至是一项组织原则。

铁人馆免费参观、成立铁人精神宣讲团，我当初就是建议者和推动者，至今让我很有成就感。那是2006年铁人馆落成后第一天开馆的上午，我听到铁人馆售票的消息后找到当时的局长陈述不售票的理由，认为免费开放更有社会效益，结果当天下午就停止了售票。也是这一年，我在北京大学进行短期培训期间看到北大讲座很火，就推荐局长助理尤靖波同志到北京大学演讲，宣传大庆精神和铁人精神。如今“铁人精神宣读团”已经在国内一百多个企事业单位进行过宣讲，形成了品牌并屡获好评。这两件事情如果仅从岗位职责的角度讲，似乎和我不沾边，但从重视贡献的角度讲就是我的一个很好的创意。

我 2010 年 7 月调任油田高级人才培训中心主任，更加重视传播大庆精神和铁人精神，提出成立“国器领导力研修院”（“国器”二字取“国之重器”、“国之利器”之意），在全国范围内整合国企培训资源，也是一种贡献意识使然。现在我们做油田外部企业的培训，已经出现了三个变化：层次越来越高，由普通员工到正处级干部；周期越来越长，培训班由一两天到一两周；频率越来越快，由偶尔承办到连续承办，两年来总计培训了五千多名外部企业学员。所以，我们不仅要做好油田的培训，还要把高培中心做成中国石油石化企业培训基地，进而我们要成为国有企业培训基地，最终目标是要通过两到三代人的努力建成国内乃至世界一流的企业培训机构。这是个分三步走的阶段性的战略任务。两年来我们把这件事情当作了我们的责任和义务，当作了很重要的事情来做，我们要继续传播大庆精神和铁人精神、企业文化和管理经验。

配合油田“走出去”战略，我们的培训也真正走出了国门。两年来在油田承办了二十几期苏丹、伊拉克石油专家和官员培训班，共计培训两百多人。2012 年初在伊拉克建立的培训基地连续举办了二十多期培训班，共计培训六百多人，这都是突破性的成绩，具有特别重要的、标志性的意义。将来如果苏丹局势稳定的话，我们也要在那里建立培训基地。我们要为中国石油做中东地区的培训，今后中国石油走到哪里，我们的培训就延伸到哪里，我们中心的年轻人也就会有更加广阔的舞台得到锻炼。

重视贡献，对培训工作者来讲，要善于创新研制有效的学习方式。这是真正能够代表培训品质的事情，是培训界的“高科技”。这也属于项目研发范畴。两年来我们研制了七种学习方式，在处级领导干部培训班、油田技术专家培训班中应用，效果还是比较好的。我们也真是下足了功夫，光案例式学习的总结会我们就开了 14 次。更重要的是为中心培养了一批主持人和观察员，这批人将来会成为中心今后做高品质培训的财富。

我觉得管理者最大的贡献应该是培养人。比如，这两年我们培训中心就是致力于培养中心自己的人。我们是从两个方面来培养的：一个是促进转变观念，另一个方面是促进业务成长。

转变观念，中心一直把这一点作为关系中心未来长远发展的大事来抓，主要是提出并进一步明确中心的使命、中心的核心价值观、中心的发展目标、中心的战略、中心的行动方案、中心员工的目标、中心的校训、中心工作的指导思想。中心的使命就是为油田持续发展所需要的高层次人才、创新型人才和急需人才培养提供动力支持；中心的核心价值观就是做高品质的培训；中心的近期目标就是做石油石化企业培训基地，中期目标是成为国有企业培训基地，远期目标就是通过两到三代人的努力建成国内乃至世界一流的企业培训机构；中心的战略就是“做强内训，内训外化，做精外训，外训内化”；中心的行动方案就是挖掘与培养“内训师”，整合与重塑“外训师”，针对油田培训需求，以设计研发各类课程和学习方法等个性化培训产品的方式为油田做知识管理；中心员工的目标就是追求成长，释放潜能，尽职尽责，快乐工作；中心的校训就是博学、审问、慎思、明辨、笃行；中心工作的指导思想就是在解放思想中统一思想，在保持优势中打造优势，在转变发展中推进发展。

在促进业务成长方面，中心一直要求培训前在需求调研、课程设计上下功夫，培训中在课程导入、课程总结上下功夫，培训后在催化、评估上下功夫——包括对课程、对学员和对师资的评估；中心还将全部员工分为九个“内训”小组，有针对性地开展学习活动；特别是前面提到的，在深入推进案例式教学、研究式教学等七种新的学习方式中，我们着力在中心培养一批学习促动师、催化师、主持人、观察员。为了使员工深入理解中心倡导的理念，我们还创办了带有明显导向性的“主任奖”，轮换使用中心的年轻人采取全员访谈的方式在全中心评选获奖人选。这也是采用高度民主的方式评选出来的奖项，目的就是引导和激励员工转变观念、促进业务成长。

正是因为这两年我们做了这些“企业培训机构本应该做”的工

作，并且做得比较好，我们才得到了油田公司的肯定和信任，为我们向外交流提拔了两名领导干部，内部提拔使用了两名领导干部进入班子，还配备了两名主任助理专门负责项目研发和海外培训工作。这说明了什么？说明我们中心虽然单位很小，但是如果胸怀和视野足够大的话，事业就会做得很大，作用就会发挥得很大。

如今我们中心在国内培训界已开始有了一点影响力，不仅承办油田外部的培训项目越来越多，走出去授课的中心“内训师”也明显增多，并且得到好评，来中心或有意向来中心参观考察的业内同行也在增加。中心培训成果两次获国内“金奖”，前些日子又获《培训》杂志邀请加入《培训》杂志理事会企业大学委员会，并邀请我们担任2013年度理事会理事。

重视贡献，还要从业务之外找些切入点去做。比如，两年来我们中心设立公开书架，设立“图书漂流点”，三个校区全部实行禁烟，设置废旧电池回收箱，都获得良好的社会效益，甚至很多人打车到中心来扔废旧电池。所有这些小事其实都会形成很好的文化熏陶作用，更有助于中心树立良好形象，更有利于建设一支高品质的队伍，也就更有利于做出高品质的培训。所以，正如德鲁克先生讲的，“重视贡献是有效性的关键”，“只有外部世界才是产生成果的地方”，“重视贡献的人，其所作所为可能会与其他人卓然不同”。

小结：工作是神圣的，工作为我们带来食物，也带来朋友、带来荣誉、带来自豪感和幸福感；工作者是光荣的，工作者可以自食其力，养家糊口，还可以奉献社会；工作者必须努力学习知识、提高工作能力，这样才可以更好地工作；但工作者还必须修养自己的精神境界，工作本身就是一种修行；要努力形成良好的思维方式，因为良好的思维方式能够使工作者的才能更好地锻炼和发挥出来，从而去共同创造一个美好的社会。

十二、结束语：品格修炼与习惯养成是思维创新的总门径

最后，有必要简要地综述一下前面所讲的主要内容。我们在工作和生活中遇到很多问题解决不了、有很多困惑，其实不仅仅是知识的问题，也不仅仅是能力的问题，而往往是思维的问题。

思维是什么？思维就是思考方式的问题，思考方式就是要随着环境、条件的变化而适时地转换。为什么呢？因为这个世界是变化的，一切都是变化的，一切都在变化。国际环境是变化的，国内形势是变化的，企业的环境、个人的环境都是变化的。我们必须面对变化、迎接挑战，并勇于实践。

实践是什么？实践就是练功夫。很多企业组织到海尔参观学习，但真正把海尔的东西学到手的，几乎没有。为什么呢？因为海尔有功夫，它的招数是功夫支撑的，它的功夫是练出来的。

管理是综合的、多维的。管理是思想、是哲学、是智慧。管理当然也是知识、是科学。管理毫无疑问又是艺术、技巧，但归根结蒂管理是实践、是经验、是实务、是功夫。但套路不是功夫，功夫是一种反应，瞬间的正确反应。这种反应基于苦练，基于实战，基于某种天赋。如果我们指望到海尔去学，学了回来就能应用，这只能是梦想，是做不到的。对海尔也不公平。真正把海尔的功夫练到手，你才能把海尔的那些方法、那些招数运用起来，否则是不可以的。那些招数你仿得再像，也是不会起作用的。

不是所有科学的东西都是拿来就能应用的，它要受人的素质、

企业所处的环境、企业的发展阶段、企业的实力制约的。为什么很多规划难以落实？回头看看我们企业近些年的规划就会发现问题。能落实50％就算是好企业了。往往在做规划的时候，有很多创新的东西、有新意的东西、令人振奋的东西，但如果这些东西没有科学性、没有应用性、没有“人文性”，那么它是很难落到实处的。

我们搞创新，一定要首先进行思维的创新。要进行思维的创新，就一定要搞清楚思维其实就只是思考方式的问题，思维的创新就是不断地变换思考方式。

思考方式、思维的维度是由什么决定的？它通常不是由思考力所决定的，而是由品格和习惯所决定的。这就好比拳手出拳，其出拳线路（维度）不是由拳手的力量所决定的，而是由拳手的性格及出拳的习惯所决定的。

习惯有先天的，有后天的。先天的属于“获得性遗传”。后天养成的习惯有两种：一种是自觉的，一种是不自觉的。我们很多人的习惯，大部分是不自觉养成的。我们很少注意用自觉的行为去养成自觉的习惯。大家想一想是不是这样？我们每个人的习惯都不一样。譬如你几点起床、几点刷牙，是谁给你决定的？没有谁给你决定，也不是由你有意决定的，而是无意中形成的。所以对人危害最大的是什么呢？就是这种无意习惯。如果不能有意去养成好的思维习惯，那么你一生的命运也就是无意中决定的。如果思维不去有意养成好的习惯，而是任凭无意地养成你思维的习惯，这是最危险的，这时任何知识、能力和经验都挽救不了你。在拳手的力量相对固定的情况下，是什么决定拳赛的胜负？当然是出拳的方式、有意养成的出拳的良好习惯、变换出拳线路的能力。

习惯的力量是巨大的，所以要解决思维习惯的问题，这是很艰苦的一个过程。因此，所谓思维创新其实就是如何改变行为习惯的问题。大家都知道健康的重要，可是生活中有多少人能持之以恒地养成良好的饮食起居习惯、每天都坚持锻炼身体？很少。这是习惯养成的问题。你光知道健康重要有用吗？没用。因为你没有把它变成行为习惯。看一千本书，如果没有改变行为，白看。所以光听懂道理没有用，关键是要行动。道，是要行的。只是知，叫知道；只是悟，叫悟道；要行道，道才有意义。有些人早上睡懒觉，起床不刷牙，不吃早餐，中午喝酒，晚上还喝，喝完酒洗桑拿，洗完桑拿又去吃烧烤，后半夜才回家，这种生活你能说是健康的吗？不是。说你不懂健康是冤枉你，说你懂得健康为什么你又不改变这种生活方式呢？这是真的懂吗？这是习惯养成问题，所以说改变行为习惯是艰难的。

行为习惯又受价值观的支配，受品格、个性、爱好、情调的支配，所以要进行思维创新，根本上还要修炼品格。企业也是这样。企业也要锤炼品格，企业是有品格的。企业也要养成习惯，企业也是有习惯的。比如好的企业，就有创新的习惯。所以优秀不是素质问题，而是习惯问题。竞争也是竞争习惯，比谁的习惯更好。做企业，就是做未来。未来会发生什么？未来会出现什么？未来是什么样的？我们应该把自己准备到一种什么程度来应对未来？养成假设的习惯，能够使思维方式经常发生改变，始终处于超前的状态。

养成假设的习惯，十分重要。但你光知道假设重要有用吗？没用。关键要真正养成假设的习惯。我们要知道，懂的越多，不懂的也就越多。从这个道理上讲，知识越多，局限性就越大。所有的假设都是立足于已知之外提出来的。靠现有知识是提不出假设的。要我看，知识最好的功能是让人产生新的疑问。让人产生疑问的知识才是最好的知识，对知识产生疑问的知识分子才是最好的知识分子。爱因斯坦在二十多岁的时候就发明了相对论，是在知识储备不够丰富的情况下提出来的。我想，也许正因为如此，他才提出了相对论。当时很多大物理学家知识储备要比他大得多，为什么他们提不出来呢？因为知识越多，局限越大。企业薪酬改革为什么总是推进不下去？就是因为搞改革方案的人太懂了，知道这里面的很多难处，他们已经陷入一种僵局，进入一种无解状态了。其实往往道理是很简单的，是专家们想多了、搞复杂了，也就把自己限制住了。“地心说”最初由欧多克斯和亚里士多德提出，后由托勒密进一步发展。欧洲教廷接受“地心说”，是因为“地心说”有利于统治，便拿来作为神学的支柱理论——这一点很像孔子的儒家学说长期以来被中国封建社会确立为具有统治地位的学说。所以哥白尼的“日心说”挑战的不仅是“地心说”，而且是挑战整个欧洲宗教社会，成为一场宗教革命、政治革命和社会革命。哥白尼并不是学天文的，可见专业与贡献没有必然联系。

我们搞企业的，首先要清楚，管理的对象是什么？管理的对象从来就不是别的东西，就是人。不是机器，不是车间，不是设备，不是市场，也不仅是你的客户。管理的对象就是人，主要就是你本企业的员工，就是“一把手”自己。搞管理，就是搞人的管理。要想用人就得明白人是什么。但明白人是什么很难。因为人心叵测，人性又是发展的，所以只能假设。只能假设这部分人怎么样，那部分人怎么样，这时候的人是怎么样的，那时候的人是怎么样的。至于你的假设是不是对的，有没有效，这是两回事、两个问题。假设带来的管理方式才是最重要的。也就是说，你管理的对象是人，而这个人是不是像你假设的那样，已经变得不重要了。重要的是，你这种假设所必然带来的管理方式是不是有效的、是不是管用的。

现在假设已经职业化，假设的主体已经演变成一种机构，已经演变成一种组织，已经演变成一种行业。假设它改版了、升级了，时髦话讲就叫“预测”，现代咨询机构就是专门干这事的。兰德公司预测苏联卫星上天时间，误差不超过一周。在我看来，人是实现价值的主体。要给人实现价值的机会。企业、社会、国家都有这个责任。我想，还是不要一概而论。

不管把人假设成善还是恶，都可以获得管理上的成功，关键要看你的企业是处于哪种情况、在什么条件下，适合哪种就以哪种假设为基础设计管理理论。只要你提出的管理理论恰好符合你的管理对象，就会是成功的。或者进行某种权变，找到适当的比例，亦善亦恶地看待人，进行权变式的管理。因为人性是演变的，是越演变越复杂的。总之，不管你愿意不愿意，你有意或无意地都会做出假设，展开你的管理方式。我赞同“观念人”的说法，人是观念的总和。如果你的观念是落后的，你的人就是落后的，你的行为就是落后的。人的行为根源在于观念。

搞企业要清楚自己的优势和劣势。所谓优势，从来就是人的优势，不是物的优势。设备是要折旧的，行政指令性的交易份额是要慢慢消失的，技术也是要落后的，资金是要消耗掉的。所以活的东西才是优势，死的东西不是优势。人的优势，归根结蒂是精神的优势，不是知识上的优势，也不是经验上的优势。我们不要在头脑中固执地执著于某些思维定势。凡是成熟的管理理论，就是过时的理论。什么东西一旦成熟了，马上就会过时。因为管理只是实践，不存在科学不科学的问题。

前面讲的企业竞争假设的几个问题，我们还可以换个角度来谈。企业的竞争是人才的竞争，人才的竞争是人才机制的竞争，人才机制的竞争是人力资源管理水平的竞争，人力资源管理水平的竞争是人力资源部经理之间的竞争。这样表述不可以吗？当然是可以的。这样一来，一个假设包含一个假设，一个假设连带一个假设，一个假设比一个假设具体。这样一来，工作侧重点又不一样，工作方式就又不一样了。对问题的认定不同，就是领导能力的不同。要把目光放在不协调的、不顺畅的事情上，这样就会带来创新。对一个规范运作的公司来讲，能力是第一位的。但对我们这样的国有企业来说，管理上、机制上还有很多不够规范的地方，并且我们除了发展经济，还要履行政治责任、社会责任，仅仅有能力是不够的，更多地要体现一种强烈的责任心。贪多、贪大、求洋，其实很难真正落实一件事。抓工作还是要少抓、抓少，精抓、抓精。这才管用。

什么是执行？有人说执行就要不折不扣。我说不对。所有的执行都应该是创造性的、发挥性的。好的执行从来都是创造性的。所谓“不折不扣”地执行，是错误的。“不折不扣”地执行其实就是反对，就是怠工。如果谁自我否定的多了，可以做出这样的结论：他是一个不断进步的人，他是一个进步最快的人。反之，就没有进步的可能。

创新并不是高深莫测的，并不是很难的。翻新也是创新。稍有改变，也是创新。创新的概念很大、很广泛，创新也很容易。创新应该成为每个人的爱好。

我们要不断学习。我们可能经历不了一百个岗位，但我们可以看由一百个岗位上的人写出来的书来增长间接经验。这就是学习的捷径。学习就是为了激发不同的想法。

要学会输出。人只有在输出的时候，才会发现自己的无知，沉默的时候总觉得充实。讲课的人，收获最大，他准备了一年、几年，听的人半天就听完了。当然是用了一年、几年功夫的人收获大。

跟同事最好的相处方式，就是当作兄弟姐妹。这是个假设的问题。尽管不是事实，但这却是最有效的假设。所以不要过多地纠缠于正确不正确，要看有效还是没有效。

人要有激情，要热爱正在从事的工作。工作的最高境界是玩出来的。

要重视工具的开发与利用。人类有了火，有了弓箭和标枪，人类的狩猎能力就提高了，从而提高了人类的生活质量，促进了大脑的发育，人类就更聪明了。没有对工具的开发和利用，人类就没有今天。

定势之所以成为定势，是说明它在固定时期、固定场合是正确的，甚至是唯一正确的。“放之四海而皆准”，说明放在哪儿都不管大用。我们要学会用自己的大脑思考问题，不要人云亦云。

联系工作实际，对我们工作者而言，最要不得的思维方式就是：认为上班就是为了谋生，工作就是一种遭罪，从工作中是找不到人生乐趣的；工作差不多就行了，老板不批评就是好家伙，能蒙混过关就是有本事；出了问题那也都是别人造成的，都是因为有客观因素，自己是没有什么责任的；工作的目的就是要多索取，没有谁是对我有恩的，没有什么是值得敬畏的，没有谁是需要感激的，那些与我无关的事情没有什么可怕的；别人的毛病一抓一大把，没有什么是值得我佩服的；规矩是用来规矩别人的，到我这儿可以宽大；做贡献是傻瓜干的事情，自己分内的事情做完就行了。与此相反，最好的思维方式就是：将工作视为对幸福的描绘；不论做什么事情都要用最高的标准去做；对待任何事情都要深入“切己”和反思；凡事都要严于律己而宽以待人；要懂得感恩与敬畏；要重视贡献。

最后我想这样总结我的全部观点：思维创新是一切创新的基本特征和根本途径。思维方式的差别是根本性的差别。人与人的差别，往往是思维方式上的差别。改变思维方式，是应对一切变化的总门径——并且这种改变应该是永不停息的。至于我讲的实现思维创新的八个取径和一些特性，可以用这样八个字进行概括：“品格修炼，习惯养成”。可以说，品格修炼与习惯养成是实现思维创新的总门径。

以上全部内容只是我在工作和学习中的一点体会，也许不够完整、系统或科学，但感受是深切的，也是真实的。如果能使大家得到启发，哪怕只对其中的一句话留下印象，我都将是万分高兴的。

再版后记

修订五年前的旧作，像在跟自己打架，因为有些观点或叙述的方式已经改变，结果是用妥协的办法与过去的自己讲和，我觉得有限度地修订是一切作者对待旧作的基本原则。所幸现在的自己常被过去的自己感动，为那时思想的激扬或观点的新奇所惊叹。但假如没有中国人民大学出版社王海龙先生督促再版，可能就不会有机会生发这番感慨。郑重感谢诸位编辑的劳动，使得这本讲稿能够以更加完整和细致的面貌呈现给今天的读者。

2013 年 11 月 13 日

图书在版编目（CIP）数据

思维创新/那子纯著．—北京：中国人民大学出版社，2013.10
ISBN 978-7-300-18125-7

Ⅰ.①思… Ⅱ.①那… Ⅲ.①创造性思维-研究 Ⅳ.①B804.4

中国版本图书馆 CIP 数据核字（2013）第 226416 号

思维创新
那子纯　著
Siwei Chuangxin

出版发行	中国人民大学出版社		
社　　址	北京中关村大街 31 号	**邮政编码**	100080
电　　话	010－62511242（总编室）		010－62511770（质管部）
	010－82501766（邮购部）		010－62514148（门市部）
	010－62515195（发行公司）		010－62515275（盗版举报）
网　　址	http://www.crup.com.cn		
经　　销	新华书店		
印　　刷	北京宏伟双华印刷有限公司		
开　　本	720 mm×1000 mm　1/16	**版　　次**	2014 年 1 月第 1 版
印　　张	18.75 插页 2	**印　　次**	2023 年 5 月第 2 次印刷
字　　数	247 000	**定　　价**	70.00 元